Eckart K.W. Moltrecht, DJ4UF
Amateurfunk-Lehrgang Technik
für das Amateurfunkzeugnis Klasse E

Amateurfunk-Lehrgang

TECHNIK
für das Amateurfunkzeugnis
Klasse E

Eckart K.W. Moltrecht, DJ4UF

Verlag für Technik und Handwerk neue Medien GmbH
Baden-Baden

vth-Fachbuch
Best.-Nr.: 411 0064

Redaktion: Julian Lenz
Lektorat: Eckart Moltrecht

Bibliografische Information der Deutschen Nationalbibliothek
Die Deutsche Nationalbibliothek verzeichnet diese Publikation
in der Deutschen Nationalbibliografie; detaillierte bibliografische
Daten sind im Internet über http://dnd.d-nb.de abrufbar.

ISBN 978-3-88180-364-9
© 10. unveränderte Auflage, Nachdruck 2024
by Verlag für Technik und Handwerk neue Medien GmbH
Bertha-Benz-Str. 7, D-76532 Baden-Baden

Alle Rechte, besonders das der Übersetzung, vorbehalten. Nachdruck
und Vervielfältigung von Text und Abbildungen, auch auszugsweise,
nur mit ausdrücklicher Genehmigung des Verlages.

Printed in Germany
Druck: ColorDruck Solutions, Leimen

Inhaltsübersicht

Vorwort:	Was ist Amateurfunk?	6
Lehrplan:	Hinweise zur Vorbereitung auf die Prüfung	10
Kapitel 1:	Mathematische Grundkenntnisse und Einheiten	11
Kapitel 2:	Spannung und Strom, Wechselspannung	16
Kapitel 3:	Ohmsches Gesetz, Leistung, Arbeit	24
Kapitel 4:	Der Widerstand und seine Grundschaltungen	30
Kapitel 5:	Kondensator	41
Kapitel 6:	Spule, Transformator	47
Kapitel 7:	Schwingkreis, Filter	52
Kapitel 8:	Elektromagnetisches Feld	59
Kapitel 9:	Wellenausbreitung	65
Kapitel 10:	Dezibel, Dämpfung, Kabel	74
Kapitel 11:	Antennentechnik	85
Kapitel 12:	Halbleiter, Diode	99
Kapitel 13:	Transistor, Verstärker	107
Kapitel 14:	Modulation	114
Zwischentest		125
Kapitel 15:	Sender- und Empfängertechnik	126
Kapitel 16:	Betriebsarten	140
Kapitel 17:	Messtechnik	149
Kapitel 18:	EMV und Sicherheit	156
Abschlusstest		171
Anhang 1:	Prüfungsfragen Technische Kenntnisse	172
Anhang 2:	Lösungen der Prüfungsfragen	230
Anhang 3:	Formelsammlung	232
Anhang 4:	Diagramm Kabeldämpfung	237
Stichwortverzeichnis		238
Eigene Notizen (Internet-Links)		240

Was ist Amateurfunk?

Der Amateurfunk ist ein technisches Hobby, das sich mit den Möglichkeiten drahtloser Nachrichtenübertragung befasst. Funkamateure sind Leute, die sich in ihrer Freizeit mit Wellenausbreitung, mit dem Bau und Betrieb von Sendern und Empfängern, mit Antennen, Messgeräten und Zubehör beschäftigen.

Tradition

Es ist erst etwas mehr als hundert Jahre her, dass es im Jahr 1888 dem deutschen Physiker Heinrich Hertz zum ersten Mal gelang, elektrische Schwingungen zu erzeugen und in einiger Entfernung wieder zu empfangen. 1897 begann mit Marconi die Geschichte der "Telegrafie ohne Draht". Erst mit der Erfindung der Elektronenröhre als Verstärker entstand 1923 die drahtlose Funktechnik mit einer sich rasend schnell entwickelnden "Unterhaltungselektronik" (Rundfunk und Fernsehen).

Die ersten kommerziellen Stationen benutzten damals Frequenzen unterhalb von 1,5 MHz (man würde heute Mittelwelle dazu sagen) und man gab die Frequenzen darüber (Kurzwelle) als unbrauchbar für Funkamateure frei. Am 27. November 1923 wurde die erste zweiseitige Funkverbindung auf kurzen Wellen zwischen einem amerikanischen und einem europäischen Funkamateur hergestellt, und zwar auf einer Wellenlänge von etwa 110 Meter, das sind etwa 2,7 MHz. Das war, was die Funkamateure damals noch nicht wussten, die Geburtsstunde der Kurzwellenfunktechnik. Denn es stellte sich bald heraus, dass man auf kurzen Wellen mit weniger als 100 m Wellenlänge (oberhalb von 3 MHz) mit einem Bruchteil der Energie auskam, welche die kommerziellen Großstationen auf den langen Wellen brauchten. Die Funkamateure waren es also, die diese Eigenschaft der Kurzwellen entdeckt hatten!

Um Frequenzüberschneidungen zu vermeiden, wurden im Jahre 1927 in einer Konferenz die kurzen Wellen (das sind die Wellen von 100 Meter bis etwa 10 Meter Wellenlänge herab) unter den staatlichen und kommerziellen Funkstellen verteilt und den Funkamateuren mehrere schmale Bereiche in der Nähe von 160, 80, 40, 20, 15 und 10 Meter Wellenlänge überlassen. Das Ergebnis dieser Konferenz wurde in einem schriftlichen internationalen Vertrag niedergeschrieben, der als "Internationaler Fernmeldevertrag" noch heute Gültigkeit hat. Der Amateurfunkdienst war amtlich anerkannt und als gleichberechtigter Funkdienst festgeschrieben.

Amateurfunk - CB-Funk - PMR-Funk - Seefunk

Deshalb also haben die Funkamateure das Recht bekommen, bestimmte Bereiche der Kurzwelle zu benutzen, um eigene Versuche durchzuführen. Man hat diesem Umstand in Deutschland nach dem Krieg mit dem so genannten *Amateurfunkgesetz* Rechnung getragen, das immer wieder den neuen Gegebenheiten angepasst wurde und in der letzten Version von 1997 vorliegt.

Nicht zu verwechseln ist der Amateurfunkdienst mit Funkanwendungen wie dem *CB-Funk* auf 27 MHz oder dem moderneren *PMR446*. Die Funkgeräte besitzen hier nur geringe Reichweite und dürfen nicht verändert oder an Leistungsverstärkern betrieben werden. Insbesondere der CB-Funk (*Citizen Band*) wurde inzwischen mehr und mehr durch Mobiltelefone (Handys) verdrängt.

Die Funkgeräte solcher Funkanwendungen bedürfen einer behördlichen Prüfnummer, ihr Betreiber hingegen benötigt keine weitere Genehmigung. Beim Amateurfunkdienst ist es genau umgekehrt. Als Funkamateur darf man seine Funkgeräte und die Antennenanlage selbst bauen oder gekaufte Sender verändern. Dafür verlangt die zuständige Behörde gewisse Kenntnisse, die bei einer Prüfung nachzuweisen sind. Mit dem so genannten *Amateurfunkzeugnis* kann man ein internationales Rufzeichen beantragen, das unter Beachtung der jeweils nationalen Gesetze in der Regel auch zum Funkbetrieb im Ausland berechtigt.

Das *Seefunkzeugnis* hat übrigens nichts mit dem Amateurfunkzeugnis zu tun. Auch das Seefunkzeugnis berechtigt nicht zum Selbstbau von Funkanlagen.

Das Hobby Amateurfunk

Lohnt sich heute noch die Beschäftigung mit der Funktechnik und lohnt es sich Funkamateur zu werden? Ich sage: „Ja, denn Amateurfunk wird nie langweilig." Das Hobby Amateurfunk ist sehr vielfältig. Da gibt es auf der einen Seite diejenigen, denen es auf das Gespräch mit anderen Funkamateuren auf der ganzen Welt ankommt. Die Funkverbindung kann entweder in Telefonie (Sprache) oder auf irgendeine digitale Betriebsart mit Hilfe von Text- oder Bildübertragung stattfinden. Digitale Betriebsarten werden meistens mit Hilfe des Computers durchgeführt. Ständig werden von Funkamateuren neue digitale Übertragungsverfahren "erfunden", die dann weltweit von den anderen Funkamateuren ausprobiert werden.

Sehr interessant ist auch die Nutzung von Amateurfunksatelliten. Funkamateure haben eigene Satelliten gebaut, die ständig die Erde umkreisen und die man als Umsetzer nutzen kann. Neuerdings kann man sich mit mobilen oder tragbaren Funkgeräten mit Umsetzerstationen verbinden, die ihrerseits mit dem Internet verbunden sind und dann irgendwo anders auf der Welt einen anderen Umsetzer ansprechen, um dann eine Funkverbindung in andere Kontinente herzustellen. Dieses Verfahren heißt Echolink. Man benötigt dafür keine große Antennenanlage mehr.

Sehr stark im Kommen ist ein eigenes „Internet". Man nennt es HAMNET. Es entstehen eigene „Sendetürme" mit Verbindungsmöglichkeit nur für Funkamateure.

Vorwort

Auf der anderen Seite gibt es die "Techniker" unter den Funkamateuren, die gern ihre Funkanlage selbst bauen und die selbst gebauten Geräte ausprobieren wollen. Wegen der komplizierten Technik der Geräte mit teils einzeln schwer beschaffbaren Bauteilen werden gelegentlich Bausätze angeboten, die man eventuell selbst ergänzt und schließlich zu einem Funkgerät zusammenbaut. Ein entsprechendes Projekt finden Sie auf der Website des Autors dj4uf.de.

Am Markt existiert ein umfangreiches Angebot hochwertiger Funkgeräte und Zubehör. Ein Kurzwellengerät kostet etwa ab 1000 Euro, ein Funkgerät für Ultrakurzwelle ist schon für deutlich weniger Geld erhältlich. Wichtig ist eine wirkungsvolle Außenantenne. Im einfachsten Fall handelt es sich um einen mindestens zehn Meter langen Draht im Garten oder einen Stab von etwa 5 m Länge auf dem Dach. Auf UKW sind die Antennen deutlich kleiner. Da Funkamateure mit Klasse-A-Lizenz mit Sendern bis zu 750 Watt Sendeleistung arbeiten dürfen, müssen sie gegenüber der zuständigen Behörde die Einhaltung von Feldstärkegrenzwerten nachweisen. Entsprechende Kenntnisse gehören zum Prüfungsstoff.

So sieht eine typische Amateurfunkstation aus.

Das Amateurfunkzeugnis

Wer Spaß daran hat, elektronische Funkgeräte oder Antennenanlagen selbst zu bauen oder gern mit Funkamateuren auf der ganzen Welt sprechen möchte, muss die Prüfung zum Amateurfunkzeugnis ablegen. Man unterscheidet derzeit zwei Zeugnisklassen. Die Klasse E (Novice Licence) für den Einsteiger erfordert bei der Prüfung Kenntnisse aus den Bereichen Grundlagen der Elektrotechnik, Elektronik und Funktechnik, sowie Gesetzeskunde und Kenntnisse über die Durchführung des Funkbetriebs. Mit dem Amateurfunkzeugnis Klasse E darf man nicht nur Ultrakurzwellenfunkbetrieb, sondern seit 2006 auch Funkbetrieb auf einigen Kurzwellenbändern mit eingeschränkter Senderleistung durchführen. Für das Amateurfunkzeugnis Klasse A sind bei der Prüfung recht umfangreiche technische Kenntnisse erforderlich. Das Amateurfunkzeugnis Klasse A gestattet den Funkbetrieb auf allen zugelassenen Bändern mit der maximalen Senderleistung.

Vor 2004 gab es in Deutschland drei Klassen zum Amateurfunkzeugnis. Es waren dies die Klassen 1, 2 und 3. Um Kurzwellenfunkbetrieb durchführen zu dürfen, war das Amateurfunkzeugnis Klasse 1 mit einer Morseprüfung notwendig. Klasse 2 gestattete den Funkbetrieb auf den Ultrakurzwellen. Eine Morseprüfung war nicht erforderlich. Klasse 3 erlaubte den Funkbetrieb auf UKW mit eingeschränkter Senderleistung (10 Watt äquivalente isotrope Strahlungsleistung). Klasse 1 und 2 wurden ab 2002 zusammengefasst zur Klasse A (ohne Morseprüfung). Klasse 3 wurde zur Klasse E.

Personen, die die Prüfung zum Amateurfunkzeugnis bestanden haben, nennt man offiziell Funkamateure. Die Ausdrücke Amateurfunker oder Hobbyfunker verwendet man nicht gern für Funkamateure, um sie nicht mit den CB-Funkern zu verwechseln. Funkamateure erkennt man daran, dass sie während ihres Funkgesprächs ihr weltweit einmaliges Rufzeichen nennen. Darin weisen die ersten Zeichen (Präfix) auf das Land hin, gefolgt von einer Kombination weiterer Zeichen zur Unterscheidung (Suffix). Beispielsweise ist DL1XYZ ein Funkamateur aus Deutschland, K1ABC ein Funkamateur aus den USA und so weiter.

Hier im Buch geht es um die grundlegenden Kenntnisse zum Amateurfunkzeugnis der Klasse E. Wenn Sie mitmachen, lernen Sie außer den Grundlagen der Elektrotechnik auch die notwendigen Kenntnisse aus dem Bereich der Elektronik, der Sender- und Empfängertechnik, der Antennentechnik und der Messtechnik. Der Inhalt der einzelnen Kapitel wurde sehr stark an die aktuellen Prüfungsanforderungen angepasst. Wer darüber hinaus mehr wissen möchte oder die Ableitung von Formeln sucht, sollte im Buch zum Aufbaulehrgang für die Klasse A nachsehen, in dem alles noch ausführlicher dargestellt ist. Zur Prüfung für das Amateurfunkzeugnis Klasse E gehören zusätzlich auch Kenntnisse aus dem Bereich der Gesetze und der Betriebstechnik, die in einem separaten Buch (Amateurfunklehrgang Betriebstechnik und Vorschriften für das Amateurfunkzeugnis) vermittelt werden.

Nun viel Erfolg! Bleiben Sie dran!
Eckart K. W. Moltrecht, DJ4UF, Aachen im September 2016

Lehrplan/Lernplan

Die Prüfung für das Amateurfunkzeugnis besteht aus drei Teilen: Technik, Betriebstechnik und Gesetzeskunde (Vorschriften). Sie sollten für die Vorbereitung auf die Prüfung von Anfang an alle drei Fachgebiete gleichzeitig bearbeiten. Hier folgt ein Vorschlag für die Einteilung, wenn Sie in zwanzig Unterrichtseinheiten in knapp einem halben Jahr fertig sein wollen. Sie benötigen dafür außer diesem Lehrgang noch das Buch „Moltrecht, Amateurfunklehrgang Betriebstechnik/Vorschriften" vom VTH-Verlag (ISBN 978-3-88180-803-3) und dazu wiederum den offiziellen Fragenkatalog der Bundesnetzagentur, den Sie ebenfalls beim VTH-Verlag (www.vth.de) bestellen können.

Im Internet finden Sie bei www.amateurfunkpruefung.de einen kostenlosen Online-Lehrgang, bei dem zu jedem Kapitel Technik entsprechende Kapitel aus dem Bereich Betriebstechnik und Vorschriften zusammengefasst sind.

Die einzelnen Lektionen enthalten folgende Themen.

Nr.	Technik Klasse E	Betriebstechnik/Vorschriften
LB01	Einheiten, Spannung, Strom	Thema: Was ist Amateurfunk?
LB02	Wechselstrom, Frequenz	Gesetze: Was darf ein Funkamateur?
LB03	Ohmsches Gesetz, Leistung, Arbeit	Internationales Buchstabieralphabet
LB04	Widerstand	Thema: Q-Schlüssel
LB05	Kondensator	Betriebliche Abkürzungen
LB06	Spule, Trafo	Gesetze, Vorschriften, Regelungen
LB07	Schwingkreis, Filter	Europäische Landeskenner
LB08	Elektromagnetisches Feld	Außereuropäische Landeskenner
LB09	Wellenausbreitung	Deutsche Rufzeichen
LB10	Dezibel, Kabel	Funkbetrieb im Ausland
LB11	Antennentechnik	Amateurfunkstellen
LB12	Diode	Betriebsarten, Sendearten, Frequenzen
LB13	Transistor, Verstärker	Bandplan, Nutzungsplan
LB14	Modulation, Demodulation	Betriebsabwicklung Kurzwelle
LB15	Sender-/Empfängertechnik	Betriebsabwicklung UKW
LB16	Betriebsarten	Digitale und besondere Sendearten
LB17	Messtechnik	RST, Logbuch, UTC, QSL-Karte, Diplome
LB18	EMV, Sicherheit	Störungen, EMV, EMVU u. a.
LB19	Transceivereigenschaften	Höflichkeit im Amateurfunk
Test	Prüfungssimulation	

Kapitel 1: Mathematische Grundkenntnisse und Einheiten

Die Prüfung zum Amateurfunkzeugnis Klasse E enthält einige Berechnungen aus dem Bereich der Elektrotechnik. Deshalb sollen hier die mathematischen Voraussetzungen zum besseren Verständnis der folgenden Kapitel geschaffen werden.

Übersicht

- Größen und Einheiten
- Zehnerpotenzen
- Einfache Formel umstellen

Größen und Einheiten

Die Einheiten von physikalischen Größen sind gesetzlich festgelegt. 1969 wurde in der Bundesrepublik Deutschland das *Gesetz über Einheiten im Messwesen* verabschiedet. Damit wurden die folgenden SI-Einheiten (System International) zu gesetzlichen Einheiten. In dem System sind sieben Basisgrößen (Länge, Masse, Zeit, Stromstärke, Temperatur, Stoffmenge, Lichtstärke) und die zugehörigen Basiseinheiten festgelegt.

Basisgrößen	Einheiten	Zeichen
Länge	Meter	m
Masse	Kilogramm	kg
Zeit	Sekunde	s
Stromstärke	Ampere	A
Temperatur	Kelvin	K
Stoffmenge	Mol	mol
Lichtstärke	Candela	cd

Tabelle: MKSA-KMC-System

Man nennt dieses System in der Reihenfolge der Einheiten auch MKSA-KMC-System oder kurz MKSA-System, weil die vier ersten Einheiten die wichtigsten sind. Alle anderen Einheiten können aus diesen sieben abgeleitet werden.

Prüfungsaufgabe TA205
Welche der nachfolgenden Antworten enthält nur Basiseinheiten nach dem internationalen Einheitensystem?
A Meter, Volt, Watt, Sekunde
B Ampere, Meter, Kelvin, Sekunde
C Farad, Henry, Ohm, Sekunde
D Grad, Hertz, Ohm, Tesla

Aus diesen *Basiseinheiten* ergeben sich alle abgeleiteten gesetzlichen Einheiten, wie zum Beispiel Fläche, Frequenz, Leistung, Spannung, Widerstand und so weiter.

Größe	Formelbuchstabe	Maßeinheit	Abk. der Einheit
Spannung	U	Volt	V
Widerstand, Impedanz	R	Ohm	Ω = V/A
Leistung	P	Watt	W = V A
Leitwert	G	Siemens	S = 1/Ω
Kapazität	C	Farad	F = As/V
Induktivität	L	Henry	H = Vs/A
Frequenz	f	Hertz	Hz = 1/s
Ladung	Q	Coulomb	C = As
Energie, Arbeit	W	Wattsekunde	Ws
Elektrische Feldstärke	E	Volt pro Meter	V/m
Magnetische Feldstärke	H	Ampere pro Meter	A/m

Tabelle: Einige abgeleitete Einheiten

Bereits in dieser Tabelle einiger Einheiten kann man erkennen, dass es die gleichen Buchstaben als Formelbuchstabe und als Abkürzung der Einheit gibt. Beispielsweise bedeutet A als Größe: Fläche und als Einheit: Ampere. W als Größe bedeutet Arbeit (work) oder Energie und als Einheit Watt, also die Einheit der Leistung P (power).

Prüfungsaufgabe TA203
Welche Einheit wird für die elektrische Leistung verwendet?
A Wattsekunde (Ws)
B Kilowattstunden (kWh)
C Watt (W)
D Amperestunden (Ah)

Lösungshinweise: Wenn Sie sich bei diesem Lehrgang nicht sicher sind, welche Lösung einer Prüfungsaufgabe die Richtige ist, können Sie die Aufgabe mit Lösung im Anhang dieses Buches finden.

Prüfungsaufgabe TA201
Welche Einheit wird für die elektrische Spannung verwendet?
A Watt (W)
B Ampere (A)
C Ohm (Ω)
D Volt (V)

Prüfungsaufgabe TA208
Welche Einheit wird für die Kapazität verwendet?
A Farad (F)
B Ohm (Ω)
C Siemens (S)
D Henry (H)

Schauen Sie gegebenenfalls in der Tabelle nach.

Prüfungsaufgabe TA204
Welche Einheit wird für den elektrischen Widerstand angegeben?
A Siemens
B Farad
C Ohm
D Henry

Natürlich wissen Sie das.

Prüfungsaufgabe TA202
Welche Einheit wird für die elektrische Ladung verwendet?
A Kilowatt (kW)
B Amperesekunden (As)
C Joule (J)
D Ampere (A)

Tipp: Schauen Sie gegebenenfalls in der Tabelle nach!

Zehnerpotenzen

Das Messergebnis kann ein Vielfaches oder ein Teil einer Einheit sein. Es werden meist dezimale Vielfache oder Teile von Einheiten benutzt, zum Beispiel *kilo* für tausendfach oder *milli* für ein Tausendstel.

Faktor	Potenz	Vorsatz	Abk.
Billionenfach	10^{12}	Tera	T
Milliardenfach	10^9	Giga	G
Millionenfach	10^6	Mega	M
Tausendfach	10^3	kilo	k
Hundertfach	10^2	hekto	h
Zehnfach	10^1	deka	da
Zehntel	10^{-1}	dezi	d
Hundertstel	10^{-2}	zenti	c
Tausendstel	10^{-3}	milli	m
Millionstel	10^{-6}	mikro	µ
Milliardstel	10^{-9}	nano	n
Billionstel	10^{-12}	piko	p

Tabelle: Teile der Einheiten

Achten Sie darauf, dass die Abkürzungen für Tera, Giga und Mega mit großen Buchstaben und alle anderen mit kleinen Buchstaben geschrieben werden. Besonders wichtig ist es bei m oder M (milli oder Mega) und bei k für kilo, denn das große K wird in der Digitaltechnik auch für Kilo verwendet, wobei dort 1 K = 1024 bedeutet.

$1 \cdot 10^{-6}$ ist gleichbedeutend mit
$$\frac{1}{10^{+6}} = \frac{1}{1000000} = 0{,}000001$$

Tipp zur Umwandlung: Zählen Sie bei Zahlen kleiner als 1 wie oft Sie das Komma nach rechts setzen müssen, um eine Zahl größer 1 zu erreichen. Diese Anzahl entspricht der negativen Zehnerpotenz, z.B.

$0{,}42 \quad = 42 \cdot 10^{-2} \quad \text{oder} \quad 4{,}2 \cdot 10^{-1}$
$0{,}042 \quad = 42 \cdot 10^{-3} \quad \text{oder} \quad 4{,}2 \cdot 10^{-2}$
$0{,}00042 = 42 \cdot 10^{-5}$

Prüfungsaufgabe TA101
Für den Wert 0,042 A kann man auch schreiben
A $42 \cdot 10^3$ A   B $42 \cdot 10^{-2}$ A
C $42 \cdot 10^{-1}$ A   D $42 \cdot 10^{-3}$ A

Für die Umwandlung in kilo, milli, mikro und so weiter ist es zweckmäßig, wenn die Hochzahlen die Werte 3 (kilo), 6 (Mega), 9 (Giga) oder -3 (milli), -6 (mikro), -9 (nano) oder -12 (piko) haben.

Wenn die letzte Stelle nicht bei einem dieser Werte endet, kann man einfach eine Null anhängen. Für 0,00042 kann man auch 0,000420 schreiben, ohne dass sich der Wert ändert. Nun zähle ich bis zur Null sechs Stellen, also 10^{-6} und setze dann 420 davor, also $420 \cdot 10^{-6}$.

Prüfungsaufgabe TA102
Für den Wert 0,00042 A kann man auch schreiben
A $420 \cdot 10^{-6}$ A   B $420 \cdot 10^6$ A
C $420 \cdot 10^{-5}$ A   D $42 \cdot 10^{-6}$ A

Bei Zahlen größer als eins versetzen Sie gedanklich das Komma so weit nach links, bis eine einstellige Zahl dabei heraus kommt. Die Anzahl der Stellen, um die Sie das Komma nach links geschoben haben, entspricht der Hochzahl der Zehnerpotenz.

Beispiele
$420 \quad\; = 420{,}0 = 4{,}200 \cdot 10^2 = 4{,}2 \cdot 10^2$
$4200 \quad = 4{,}2 \cdot 10^3$
$42000 \; = 4{,}2 \cdot 10^4$

In der Elektrotechnik verwendet man normalerweise Zehnerpotenzen mit 3, 6, 9, 12 oder -3, -6, -9, -12.

Prüfungsaufgabe TA104
Für den Wert 4 200 000 Hz kann man auch schreiben
A $42 \cdot 10^{-5}$ Hz   B $4{,}2 \cdot 10^5$ Hz
C $42 \cdot 10^6$ Hz   D $4{,}2 \cdot 10^6$ Hz

Umgekehrt geht man vor, wenn eine Zahl mit Angabe durch Zehnerpotenz in eine Dezimalzahl gewandelt werden soll. Wenn die Zehnerpotenz positiv ist, verschieben Sie das Komma so weit nach rechts, wie die Hochzahl lautet.

Beispiele
$5{,}1 \cdot 10^2 = 510$,
also 2 Stellen nach rechts
$51 \cdot 10^5 = 5100000$,
also fünfmal nach rechts

Übungsaufgabe ÜB101
Der Zahlenwert $510 \cdot 10^2$ ist
A 5100   B 51000
C 0,0051   D 0,051

Die Lösungen der *Übungsaufgaben* finden Sie im Anhang dieses Kapitels. Die Lösung der *Prüfungsaufgaben* finden Sie im Anhang dieses Buches.

Übungsaufgabe ÜB102
Der Zahlenwert $51 \cdot 10^4$ ist
A 510000   B 51000
C 0,00051   D 0,000051

Vergleichen Sie Ihre Lösungen mit denen in der Tabelle im Anhang dieses Kapitels!

Prüfungsaufgabe TA206
0,22 µF sind
A 220 nF   B 22 nF
C 220 pF   D 22 pF

Lösungsweg mit Zehnerpotenzen: Schreiben Sie für µ die Zehnerpotenz 10^{-6}, versetzen das Komma um sechs Stellen nach links, also hier

0,22 µF = 0,000000220 F

füllen dann nach rechts mit Nullen auf und versetzen das Komma für „nano" beispielsweise um 9 Stellen nach rechts. Sie erhalten 220 nF. Von µF nach nF geht es auch einfacher, nämlich direkt drei Stellen nach rechts.

Übungsaufgabe ÜB103
0,047 kΩ sind
A 47 MΩ   B 470 Ω
C 47 Ω   D 470 mΩ

Übungsaufgabe ÜB104
144 250 kHz sind
A 0,14425 MHz   B 14,425 MHz
C 1,4425 MHz   D 144,25 MHz

Prüfungsaufgabe TA207
3,75 MHz sind
A 375 kHz   B 3750 kHz
C 0,0375 GHz   D 0,375 GHz

Tipp: 1 MHz sind 1000 kHz.

Prüfungsaufgabe TA103
100 mW entspricht
A 0,01 W   B 0,001 W
C 10^{-1} W   D 10^{-2} W

Tipp: 10^{-1} ist gleichbedeutend mit 0,1.

Übung

Wandeln Sie folgende Zahlenwerte einiger Messgrößen unter Verwendung der Kurzzeichen von Einheiten um und tragen Sie die Lösungen in die Tabelle ein.

U = 1280 Volt	U = 1,28 kV
I = 0,038 Ampere	I = ____ mA
f = 3580 Kilohertz	f = ____ MHz
P = ____ Watt	P = 450 mW
R = 27000 Ohm	R = ____ kΩ
U = 0,00001 Volt	U = ____ µV
I = 0,00025 Ampere	I = ____ mA
R = 0,047 Megaohm	R = ____ kΩ
t = 0,00005 Sekunden	t = ____ µs

Die richtigen Lösungen finden Sie am Ende dieses Kapitels auf der nächsten Seite.

Einfache Formel umstellen

Die Elektrotechnik „lebt" durch Formeln. Mit einfachen klaren Formeln lassen sich häufig komplizierte elektrotechnische Zusammenhänge leicht erklären. Sie sollten also ein wenig mit Formeln umgehen können. Weil das Umstellen von Formeln praktisch Grundvoraussetzung für die Lösung vieler Prüfungsaufgaben ist, soll es in diesem Kapitel geübt werden.

Eine typische Formel ist die mit einem Produkt, beispielsweise das Ohmsche Gesetz.

$$U = R \cdot I$$

oder die einfache Leistungsformel

$$P = U \cdot I$$

Wenn in einer Aufgabe nicht die links stehende Größe U (Ohmsches Gesetz) oder P (Leistungsformel) gesucht ist, muss nach der gesuchten Größe umgestellt werden. Mathematisch funktioniert es so, dass man einfach auf beiden Seiten durch diejenige Größe teilt, die man entfernen möchte.

> **Beispiel**
> $U = R \cdot I$
> soll nach I umgestellt werden.

Lösungsweg: Man dividiert durch R.

$$\frac{U}{R} = \frac{R \cdot I}{R}$$

R kürzt sich auf der rechten Seite heraus und I bleibt allein übrig. Dann werden die Seiten getauscht und man erhält

$$I = \frac{U}{R}.$$

Wer damit noch Probleme hat, kann folgendes Hilfsmittel benutzen. Man schreibt die Formel in folgender Weise in ein Dreieck.

Bild 1-1: URI- und PUI-Dreieck

Die Anwendung dieses Dreiecks funktioniert folgendermaßen. Wenn man beispielsweise beim Ohmschen Gesetz (linkes Dreieck in Bild 1-1) nach dem Strom I umstellen will, hält man den Buchstaben I zu und schaut, was übrig bleibt. Der waagerechte Strich ersetzt den Bruchstrich. Also in diesem Fall ist

$$I = \frac{U}{R}$$

Anhang Kapitel 1

Lösungen der Übungs- und Prüfungsaufgaben

TA101	D	TA203	C	ÜB101	B
TA102	A	TA204	C	ÜB102	A
TA103	C	TA205	B	ÜB103	C
TA104	D	TA206	A	ÜB104	D
TA201	D	TA207	B		
TA202	B	TA208	A		

Lösung der Übung

U = 1280 Volt	U = 1,28 kV
I = 0,038 Ampere	I = 38 mA
f = 3580 Kilohertz	f = 3,58 MHz
P = 0,45 Watt	P = 450 mW
R = 27000 Ohm	R = 27,0 kΩ
U = 0,00001 Volt	U = 10 µV
I = 0,00025 Ampere	I = 0,25 mA
R = 0,047 Megaohm	R = 47,0 kΩ
t = 0,00005 Sekunden	t = 50 µs

Kapitel 2: Spannung und Strom

Übersicht:

- Die elektrische Spannung
- Spannungsmessung
- Reihenschaltung
- Der elektrische Strom
- Stromstärke
- Ladungsmenge
- Wechselstrom, Wechselspannung
- Frequenz
- Periodendauer
- Effektivwert

Die elektrische Spannung

Sie wissen sicher, dass in einem Atom gleich viel negative Ladungen (Elektronen) und positive Ladungen (Protonen) vorhanden sind. Nach außen ist ein Atom und damit das gesamte Material, das aus diesen Atomen besteht, elektrisch neutral.

Gelingt es irgendwie, dieses natürliche Gleichgewicht zwischen den positiven und den negativen Ladungen aufzuheben (zu stören), so werden die voneinander getrennten verschiedenen Ladungen das Bestreben haben, durch die Anziehungskräfte wieder zusammen zu kommen.

Definition: Das Ausgleichsbestreben unterschiedlicher elektrischer Ladungen nennt man elektrische Spannung.

Das Trennen der Ladungen bei einer Spannungsquelle geschieht durch Energiezufuhr, zum Beispiel Reibung (Glasstab), chemische Vorgänge (Batterie, Akkumulator), durch Bewegen eines Magneten in einer Drahtschleife (Induktion beim Generator), durch Wärmewirkung (Thermoelement), durch Belichtung (Fotoelement), durch Druck (Piezoeffekt beim Feuerzeug) und so weiter.

Die Elektrode (Anschlussklemme) einer Spannungsquelle, an welcher Elektronenüberschuss herrscht, ist der Minuspol, denn die negative Ladung der Elektronen überwiegt. Am Pluspol einer Spannungsquelle herrscht Elektronenmangel.

Alle Bauelemente in der Elektrotechnik stellt man zeichnerisch durch ein (genormtes) Schaltzeichen dar. Eine Batterie wird zum Beispiel durch folgendes Zeichen dargestellt.

Kapitel 2: Spannung und Strom

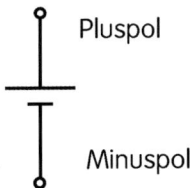

Bild 2-1: Schaltzeichen für eine Batterie

Das Formelzeichen für die elektrische **Spannung** ist **U** (merke: Unterschied). Die **Einheit** für die Spannung ist das **Volt**, abgekürzt **V**.

Beispiele
- Die Netzspannung im Haushalt beträgt U = 230 V (früher 220 V).
- Die Spannung eines Akkumulators im PKW beträgt U = 12 V.

Neben dieser Einheit Volt (V) verwendet man Vielfache und Teile dieser Einheit. Wie es beispielsweise beim Meter Kilometer, Millimeter und Mikrometer gibt, verwendet man in der Elektrotechnik Kilovolt, Millivolt oder Mikrovolt.

1 kV	$= 10^3$ V	$= 1000$ V
1 mV	$= 10^{-3}$ V	$= \dfrac{1}{1000}$ V
1 µV	$= 10^{-6}$ V	$= \dfrac{1}{1000000}$ V

Es gibt sehr hohe und sehr niedrige Spannungen. Im Amateurfunk verarbeitet ein guter Empfänger Signale, die mit einer Spannung von weniger als ein Mikrovolt (1 µV = 1 Millionstel V) von der Antenne geliefert werden, zu brauchbaren Lautstärken. In Sendern arbeiten starke Endstufen manchmal mit Röhren, die mit Spannungen von mehr als 2 Kilovolt betrieben werden.

Spannungsmessung

Die Spannung kann mit einem Spannungsmesser (Voltmeter) zwischen zwei Punkten einer Schaltung gemessen werden, zwischen denen ein Potenzialunterschied herrscht. Der Spannungsmesser muss parallel zur zu messenden Spannung geschaltet werden.

Ein Spannungsmesser wird rund gezeichnet (Anzeigegerät). Er erhält als Zusatzsymbol ein V für die Einheit. Er wird immer zur zu messenden Spannung *parallel* geschaltet.

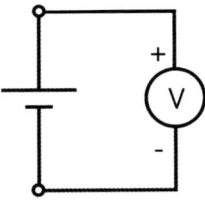

Bild 2-2: Schaltung für den Spannungsmesser

Beim Anschluss eines Spannungsmessers ist auf die Polarität zu achten, das heißt: Der Pluspol des Spannungsmessers wird an die Plusklemme der Batterie und der Minuspol an die Minusklemme angeschlossen. Es gibt elektronische Messgeräte (digitale Messgeräte), die eine automatische Umschaltung vornehmen. Die Polarität wird hierbei durch ein Plus- oder Minuszeichen angezeigt. Siehe auch Kapitel 17: Messtechnik!

Alle Spannungen über 50 Volt sind lebensgefährlich. Ein Berühren kann tödlich sein.

Deshalb darf bei Spannungen über 42 Volt nach den Vorschriften des Verbandes Deutscher Elektrotechniker (VDE) das zufällige Berühren Spannung führender Teile nicht möglich sein. Bei Spannungen über 50 Volt sind besondere Schutzmaßnahmen erforderlich, die in Kapitel 18 beschrieben werden.

Reihenschaltung von Spannungsquellen

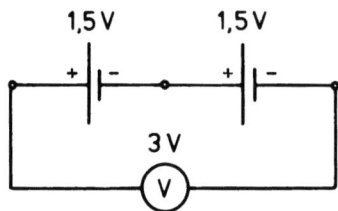

Bild 2-3: Reihenschaltung von zwei Spannungsquellen

Mehrere Spannungsquellen, zum Beispiel handelsübliche 1,5-V-Zellen, lassen sich zu so genannten *Batterien* zusammenschalten. Bild 2-3 zeigt: Schaltet man zum Beispiel zwei Zellen von je 1,5 Volt so hintereinander, dass der Pluspol der einen mit dem Minuspol der anderen zusammengeschaltet wird, misst man mit einem Spannungsmesser eine Gesamtspannung von 3 Volt.

Man nennt diese Schaltung eine Reihenschaltung oder Serienschaltung von Spannungsquellen.

Merken Sie sich: In einer **Reihenschaltung** addieren sich die Teilspannungen zur Gesamtspannung.

Haben Sie einen Spannungsmesser? Als Funkamateur sollten Sie ein Vielfachmessgerät besitzen, denn Sie werden immer wieder in die Verlegenheit kommen, eine Spannung oder einen Strom messen zu wollen.

Messen Sie bitte einmal die Gesamtspannung der im Bild 2-4 gezeigten „Gegenreihenschaltung", bei der die Batterien so hintereinander (in Reihe) geschaltet sind, dass sich die beiden Pluspole oder die beiden Minuspole berühren.

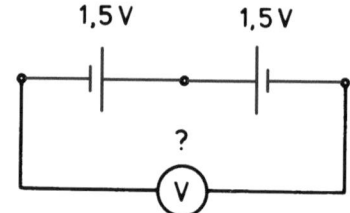

Bild 2-4: Gegenreihenschaltung von zwei Spannungsquellen

Bei der Gegenreihenschaltung werden die beiden Spannungen voneinander subtrahiert (abgezogen). Bei der Schaltung im Bild 2-4 messen Sie bei genau gleichen Teilspannungen eine Gesamtspannung von null Volt.

Prüfungsfrage TB201
Welche Spannung zeigt der Spannungsmesser?

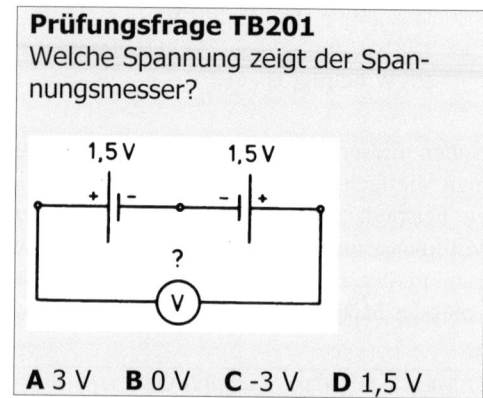

A 3 V   B 0 V   C -3 V   D 1,5 V

Es lassen sich beliebig viele Einzelzellen zu einer hohen Gesamtspannung zusammenschalten. Beim Bleiakkumulator, wie er im Auto verwendet wird, werden zum Beispiel 6 Zellen von je 2 Volt so hintereinander geschaltet, dass die Gesamtspannung 12 Volt beträgt.

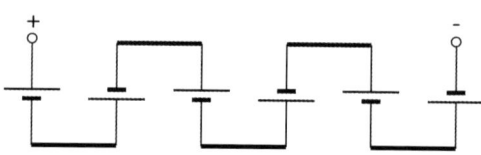

Bild 2-5: Schaltung eines Akkus für 12 V aus 6 Zellen von je 2 V

Der elektrische Strom

Elektrische Spannung entsteht durch Ladungstrennung. Verbindet man nach dieser Trennung die beiden Pole einer Spannungsquelle mit einem elektrischen Leiter, findet ein Ladungsausgleich statt. Den Ladungsausgleich nennt man elektrischen Strom.

Die Bewegung von Ladungsträgern allein ist noch kein elektrischer Strom, denn die Elektronen bewegen sich unter dem Einfluss der Temperatur ständig regellos umher. Erst wenn die Bewegung der Ladungsträger im Mittel in einer Richtung verläuft, findet ein Ladungstransport statt. In diesem Fall spricht man von elektrischem Strom.

Für die Stromrichtung wurde früher die Richtung vom Pluspol zum Minuspol festgelegt. Man nennt diese Definition der Stromrichtung „technische Stromrichtung". Erst später fand man heraus, dass in Wirklichkeit die Ladungsträger in umgekehrter Richtung fließen. In Kapitel 13 wird noch näher darauf eingegangen. Bearbeiten Sie hier schon mal die **Prüfungsfrage TB203**!

Ein elektrischer Strom kann nur fließen, wenn eine Spannungsquelle vorhanden ist, an die ein geschlossener Stromkreis angeschlossen ist. Ein geschlossener Stromkreis besteht aus der Spannungsquelle, dem so genannten *Verbraucher* (z.B. Glühlampe) und den Verbindungsleitungen (Bild 2-6).

Prüfungsfrage TB204
Kann in folgender Schaltung von zwei gleichen Spannungsquellen Strom fließen?

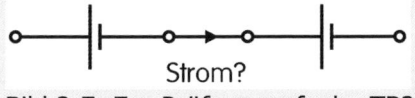

Bild 2-7: Zur Prüfungsaufgabe TB204

Antwort: Nein, denn es ist kein geschlossener Stromkreis vorhanden. Es handelt sich hier nur um die Reihenschaltung von zwei Spannungsquellen.

Die Stromstärke

Definition: Das Formelzeichen für die elektrische **Stromstärke** ist *I* (merke: Intensität). Die **Einheit** der elektrischen Stromstärke ist das **Ampere**, Abkürzung **A**.

1 Milliampere = 1 mA = 10^{-3} A = $\frac{1}{1000}$ A
1 Mikroampere = 1 µA = 10^{-6} A = $\frac{1}{1000000}$ A

Um über den elektrischen Strom eine Aussage machen zu können, muss man ihn mit geeigneten Anzeigegeräten messen. Die Stromstärke wird gemessen, indem man einen Strommesser (Amperemeter) in den geschlossenen Stromkreis einschleift. Dazu muss eine Verbindungsleitung aufgetrennt und der Strommesser „in Reihe" geschaltet werden (Bild 2-8). Mehr zur Strom- und Spannungsmessung finden Sie in Kapitel 17: Messtechnik!

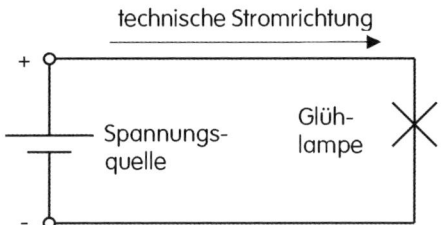

Bild 2-6: Der geschlossene Stromkreis

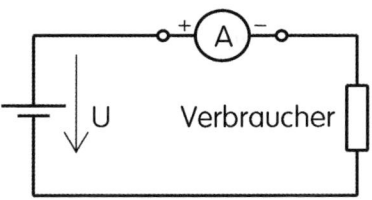

Bild 2-8: Schaltung für den Strommesser

Ladungsmenge

Beim Strom handelt es sich um die Bewegung von elektrischen Ladungsträgern. Wenn der Strom eine Zeitlang geflossen ist, hat man eine bestimmte Ladungsmenge transportiert. Es gilt der Zusammenhang *Ladungsmenge Q ist Stromstärke I mal Zeit t*, als Formel geschrieben

$$Q = I \cdot t.$$

Die Einheit der Ladungsmenge ergibt sich aus dieser Formel als abgeleitete Einheit Ampere mal Sekunden oder kurz Amperesekunden, abgekürzt As. Für diese Einheit Amperesekunde hat man eine neue Einheit definiert. Man hat sie Coulomb genannt und mit C abgekürzt.

$1\,C = 1\,A \cdot 1\,s = 1\,As$

Aufgabe: Tragen Sie zur Übung die Formelbuchstaben und die Abkürzungen der Einheiten in folgende Tabelle ein.

Größe	Formelzeichen	Einheit
Ladungsmenge		
Spannung		
Strom		

Akkus können relativ große Ladungsmengen speichern, deshalb verwendet man hier die Einheit Amperestunden. Es gilt:

1 Stunde = 60 Minuten = 3 600 Sekunden
1 h = 60 min = 3 600 s

Beispiel: Ein Akku wird 10 Stunden lang mit einer Stromstärke von 5,5 Ampere geladen. Wie groß ist die aufgenommene Ladungsmenge in Amperestunden?

Lösung: $Q = I \cdot t = 5{,}5\,A \cdot 10\,h = 55\,Ah$

Der Akku hat eine Ladungsmenge von 55 Amperestunden aufgenommen.

Prüfungsfrage TB205
Wie lange könnte man mit einem voll geladenen Akku mit 55 Ah einen Amateurfunk-Empfänger betreiben, der einen Strom von 0,8 Ampere aufnimmt?
A 68 Stunden und 75 Minuten
B Genau 44 Stunden
C 6 Stunden 52 min und 30 s
D 68 Stunden und 45 Minuten

Lösung: Es wird nach der Zeit t gefragt. Stellt man die Formel $Q = I \cdot t$ nach der Zeit t um, erhält man

$$t = \frac{Q}{I} = \frac{55\,Ah}{0{,}8\,A} = 68{,}75\,h$$

Die Einheiten Ampere im Zähler und im Nenner kürzen sich heraus und es ergibt sich eine Zeit von 68,75 Stunden. Die 0,75 Stunden müssen wir noch in Minuten umrechnen, $0{,}75 \cdot 60\,min = 45\,min$.

Prüfungsaufgabe TB202
Folgende Schaltung eines Akkus besteht aus Zellen von je 2 V. Jede Zelle kann 10 Ah Ladung liefern. Welche Daten hat der Akku?

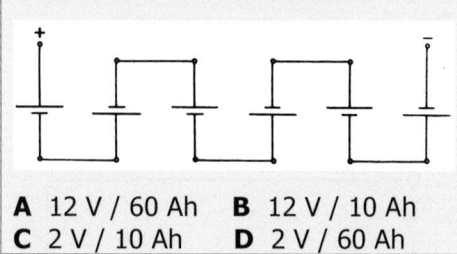

A 12 V / 60 Ah   **B** 12 V / 10 Ah
C 2 V / 10 Ah   **D** 2 V / 60 Ah

Tipp: Jede Zelle liefert z.B. 1 Stunde lang 10 A. Der Strom, der aus einer Zelle heraus in die nächste Zelle fließt, bleibt bei der Reihenschaltung erhalten, also liefert der Akku auch 1 Stunde lang 10 A, also 10 Ah.

Wechselstrom/-spannung

Bisher wurde in diesem Lehrgang eine gleich bleibende Bewegungsrichtung der Ladungsträger angenommen. Dies nennt man Gleichstrom. Ändert sich die Bewegungsrichtung der Ladungsträger ständig, fließt also der Strom hin und her, spricht man von Wechselstrom beziehungsweise als Ursache des Stromes von Wechselspannung.

Fließt beispielsweise eine Zeitlang der Strom gleichmäßig in eine Richtung – sagen wir: Plusrichtung – und danach eine Zeitlang in Minusrichtung, also umgekehrt, kann man diese Tatsache grafisch in Form eines Diagramms darstellen. Man zeichnet eine horizontale Linie, welche die Zeit darstellt, und beschriftet sie mit t (time). Senkrecht wird der Strom I aufgetragen. Werte oberhalb der t-Achse bedeuten Plusrichtung, Werte unterhalb bedeuten Minusrichtung des Stroms. Bild 2-9 A stellt dann den eben beschriebenen Wechselstrom dar. Man nennt diese Kurvenform nach ihrem Aussehen „rechteckförmig".

In der Praxis sieht der technische Wechselstrom aus der Netzsteckdose anders aus. Er entspricht der Kurvenform im Bild 2-9 B. Man nennt diese Form „sinusförmig". Eine solche Wechselspannung, bei der sich die Kurvenform regelmäßig wiederholt, heißt periodische Wechselspannung. Die Periode ist die Zeit, bis sich der Vorgang wiederholt.

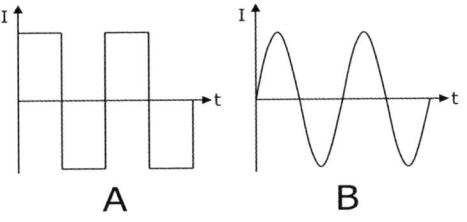

Bild 2-9: Formen von Wechselstrom
A: rechteckförmig, B: sinusförmig

Frequenz

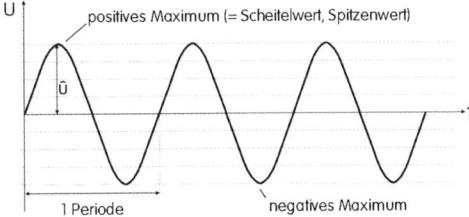

Bild 2-10: Sinusförmige Wechselspannung

Die Anzahl der Perioden je Sekunde ist die Frequenz f einer Wechselspannung mit der Einheit Hertz (Hz).

1 Hertz = 1 Periode je Sekunde

$$1\,\text{Hz} = \frac{1}{\text{s}}$$

Maßeinheit	Abk.		Angabe in Hz
1 Kilohertz	1 kHz	10^3 Hz	1 000 Hz
1 Megahertz	1 MHz	10^6 Hz	1 000 000 Hz
1 Gigahertz	1 GHz	10^9 Hz	1 000 000 000 Hz

Das Stromnetz in Europa hat 50 Perioden pro Sekunde, also 50 Hertz. In den USA beträgt die Frequenz 60 Hertz. Tonfrequenz zur Übertragung von Sprache oder Musik zum Beispiel enthält die Frequenzen 20 Hz bis 20 kHz. Der Frequenzbereich zur Übertragung von Sprache beträgt im Amateurfunk 300 Hz bis 3 kHz. Hochfrequenz ist der Bereich zur Funkübertragung. Er enthält den Frequenzbereich von zirka 100 kHz bei Langwelle bis weit in den Gigahertzbereich hinein für Satellitenfunk.

> **Prüfungsfragen**
> Bearbeiten Sie nun die Prüfungsfragen **TB606, TB701** und **TB702**.

Das Thema „nicht-sinusförmige Signale" wird im Lehrgang zur Klasse A sehr ausführlich behandelt. Die Frage TB702 können Sie mit dem Wissen aus diesem Lehrgang nicht beantworten.

Periodendauer

Die Zeitdauer T für eine vollständige Schwingung (1 Periode, siehe Bild 2-10) nennt man Periodendauer. Sie beträgt für unseren Haushaltsstrom eine fünfzigstel Sekunde.

$$\frac{1}{50}\,\text{s} = 0{,}02\,\text{s} = 20\,\text{ms}$$

Allgemein kann mit folgender Formel die Periodendauer aus der Frequenz errechnet werden.

$$\boxed{T = \frac{1}{f}},$$

wobei auch hier die Einheiten in ihrer Grundform Sekunde und Hertz eingesetzt werden.

Prüfungsaufgabe TB607
Die Periodendauer von 50 µs entspricht einer Frequenz von
A 200 kHz **B** 2 MHz
C 20 kHz **D** 20 MHz

Die Lösungen finden Sie am Ende des Buches im Anhang 2.

Umgekehrt ist $\boxed{f = \frac{1}{T}}$.

Üblicherweise benutzt man diese Formel, um aus einer Periodendauer die Frequenz zu ermitteln, denn auf dem Bildschirm eines Oszilloskops kann man die Periodendauer ganz gut ablesen. In dem Diagramm der folgenden Aufgabe ist horizontal die Zeit im Maßstab 3 µs pro Zeiteinheit (Kästchen, Division) aufgetragen.

Um die folgende Aufgabe zu lösen, müssen Sie die Periodendauer bestimmen, indem Sie die Anzahl der Kästchen für eine volle Periode zählen und diese Anzahl mit der Zeiteinheit pro Kästchen multiplizieren.

Prüfungsaufgabe TB610
Welche Frequenz hat die in diesem Oszillogramm dargestellte Spannung?

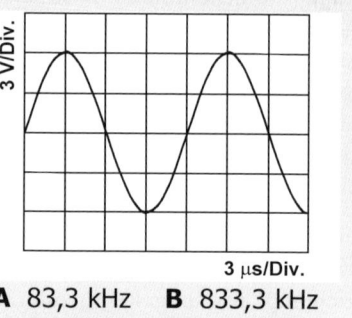

A 83,3 kHz **B** 833,3 kHz
C 8,3 MHz **D** 83,3 MHz

Lösung: Zunächst wird die Periodendauer abgelesen. Es sind 4 Kästchen für eine Schwingung. Ein Kästchen hat 3 µs.

$$T = 4 \cdot 3\,\mu\text{s} = 12\,\mu\text{s}$$

Die Formel wird nach f umgestellt und dieser Wert eingesetzt.

$$f = \frac{1}{T} = \frac{1}{12\,\mu\text{s}} = \frac{1}{12 \cdot 10^{-6}\,\text{s}} = \frac{10^6}{12}\frac{1}{\text{s}}$$

$$f = \frac{1000000}{12}\,\text{Hz} = 83333{,}33\,\text{Hz} = \underline{\underline{83{,}3\,\text{kHz}}}$$

Prüfungsfrage TB611
Welche Frequenz hat das in diesem Schirmbild dargestellte Signal?

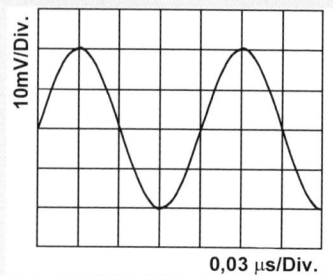

A 8,33 kHz **B** 16,7 MHz
C 8,33 MHz **D** 833 kHz

Effektivwert

Stellen Sie sich folgenden Versuch vor: Sie legen eine Glühlampe an eine bestimmte Gleichspannung. Anschließend wiederholen Sie den Vorgang mit einer Wechselspannung, die Sie so lange verändern, bis die Glühlampe genau so hell leuchtet wie zuvor mit der Gleichspannung. Betrachten Sie nun die eingestellten Werte wieder in einem Diagramm, so stellen Sie fest, dass der höchste Wert der Wechselspannung höher liegt als die Gleichspannung. Genauer gesagt liegt die Gleichspannung bei ca. 70% des Maximalwerts der Wechselspannung. Diesen Wert nennt man Effektivwert der Wechselspannung U_{eff}. Da der Effektivwert einer gleich großen Gleichspannung entspricht, schreibt man dafür häufig auch nur den Großbuchstaben U.

> **Beispiel**:
> Die Netzwechselspannung im Haushalt beträgt U = 230 Volt.

Bei einem sinusförmigen Verlauf der Wechselspannung kann man einen einfachen Zusammenhang zwischen dem Maximalwert (Scheitelwert oder Spitzenwert) U_{max} und dem Effektivwert U_{eff} nachweisen.

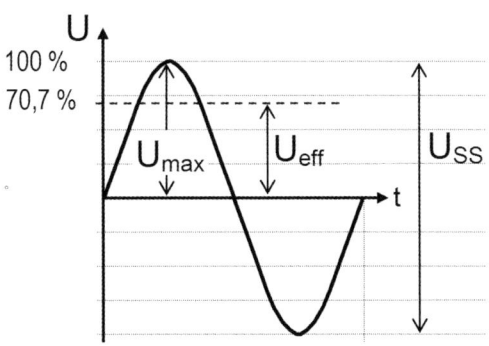

Bild 2-11: Spitzenwert, Spitze-Spitze-Wert und Effektivwert einer Sinusgröße

Wenn der Scheitelwert einer sinusförmigen Wechselspannung bekannt ist, kann man den Effektivwert mit folgender Formel berechnen. Eine mathematische Ableitung können wir uns hier ersparen.

$$U_{eff} = \frac{U_{max}}{\sqrt{2}}$$

Prüfen Sie mal mit dem Taschenrechner:

$$\sqrt{2} = 1{,}414$$

und der Kehrwert davon

$$\frac{1}{\sqrt{2}} = \frac{1}{1{,}414} = 0{,}707$$

Also $U_{eff} = 0{,}707 \cdot U_{max}$

Der Effektivwert einer sinusförmigen Wechselspannung beträgt etwa 70,7 % des Scheitelwertes. Gleiches gilt auch für den Strom. In der Praxis rechnet man häufig einfach mit 0,7 oder 70 Prozent. Wird bei einer Wechselspannung oder bei einem Wechselstrom keine nähere Angabe gemacht, ist grundsätzlich der Effektivwert gemeint.

> **Prüfungsfrage TB612**
> Eine sinusförmige Wechselspannung hat einen Spitzenwert von 12 Volt. Wie groß ist der Effektivwert der Wechselspannung?
> A 6 V   B 8,5 V
> C 17 V   D 24 V

Lösung: $U = 0{,}707 \cdot 12\,\text{V} = \underline{\underline{8{,}49\,\text{V}}}$

Bei Messungen mit dem Oszilloskop kann man den Wert von der positiven Spitze bis unten zur negativen Spitze leichter ablesen. Man nennt ihn Spitze-Spitze-Wert U_{ss} (Bild 2-11). Der Spitze-Spitze-Wert ist also doppelt so groß wie der Spitzenwert.

> Bearbeiten Sie **Frage TB613!**

Kapitel 3: Ohmsches Gesetz, Leistung und Arbeit

Dieses Kapitel aus der theoretischen Elektrotechnik enthält sehr wichtige Grundlagen. Wichtig sind vor allem der Begriff Widerstand und das Ohmsche Gesetz, aber auch die Zusammenhänge von Strom, Spannung und Zeit, also Leistung und Arbeit.

Übersicht:

- Ohmsches Gesetz
- Innenwiderstand
- Elektrische Leistung
- Elektrische Arbeit

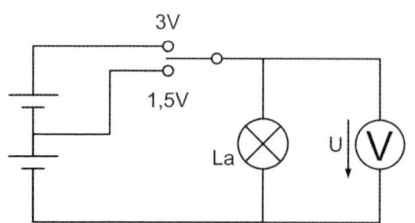

Bild 3-1: Nachweis der Abhängigkeit des Stromes von der Spannung

Das Ohmsche Gesetz

Ein einfacher Versuch nach Schaltung Bild 3-1 zeigt, dass es zwischen Spannung und Strom einen Zusammenhang gibt. Erhöht man beim Betrieb einer Glühlampe die Spannung, so leuchtet sie heller. Dies ist ein Zeichen, dass höherer Strom fließt.

Die Schaltung zeigt zwei in Reihe geschaltete Zellen von je 1,5 Volt. Mit dem Umschalter kann man auf die erste Zelle schalten und bekommt 1,5 Volt. Oder man schaltet auf die Reihenschaltung (Schalter oben) und die Betriebsspannung beträgt 3 Volt. Das Symbol mit dem Kreuz stellt eine Glühlampe als Verbraucher dar.

Dass nicht ein unendlich großer Strom fließt, liegt daran, dass der Leiterwerkstoff des Glühfadens in der Glühlampe dem Stromfluss einen Widerstand entgegensetzt. Dieser Widerstand wird sowohl von der vorhandenen Zahl der frei beweglichen Leitungselektronen als auch vom Atomgitteraufbau des Werkstoffes bestimmt.

Kapitel 3: Ohmsches Gesetz, Leistung, Arbeit

Der Widerstand der Glühlampe oder jeder andere Widerstand kann allgemein durch folgendes Symbol dargestellt werden.

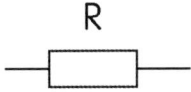

Symbol und Kennzeichen für den Widerstand

Die Größe eines Widerstandes wird mit dem Buchstaben R (resistor) gekennzeichnet, seine Einheit ist Ohm, abgekürzt Ω.

Definition
Ein Widerstand hat den Wert R = 1 Ω (sprich: ein Ohm), wenn bei Anlegen einer Spannung von 1 Volt ein Strom von 1 Ampere fließt.

Mit einer verstellbaren Spannungsquelle, wie sie in Bild 3-2 dargestellt ist, soll der Zusammenhang zwischen Strom, Spannung und Widerstand genauer untersucht werden. Denken Sie sich vier Zellen von je 1,5 Volt in Serie geschaltet mit je einen Abgriff bei 1,5 V, 3 V, 4,5 V und 6 V. Es kann über einen Strommesser ein Lastwiderstand R angeschlossen werden.

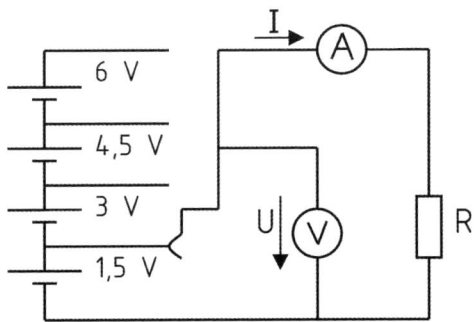

Bild 3-2: Messanordnung zur Messung des Zusammenhangs zwischen Spannung und Strom bei einem konstanten Widerstand

Versuch 1
Bei einem festen Widerstand von $R_1 = 220\ \Omega$ wird die Spannung verändert und der Strom gemessen.

Bei U =	1,5 V	3,0 V	4,5 V	6,0 V
beträgt I =	6,8 mA	13,6 mA	20,5 mA	27,3 mA

Diese Messwerte sind im Diagramm Bild 3-3 bereits eingetragen. Nachgetragen ist noch der Messwert 0, denn ohne Spannung (U = 0 V) fließt natürlich kein Strom (I = 0 A).

Versuch 2
Bei einem festen Widerstand von $R_1 = 100\ \Omega$ soll die Spannung verändert und der Strom gemessen werden.

Wenn Sie keine Messmöglichkeit haben, verwenden Sie die in folgender Tabelle eingetragenen Werte.

Bei U =	1,5 V	3,0 V	4,5 V	6,0 V
beträgt I =	15 mA	30 mA	45 mA	60 mA

Tragen Sie diese Messwerte zusätzlich in das Diagramm Bild 3-3 ein! Es muss sich eine Gerade ergeben. Verlängern Sie die Gerade! Sie muss durch den Nullpunkt gehen, denn natürlich fließt kein Strom (I = 0 A), wenn keine Spannung (U = 0 V) anliegt.

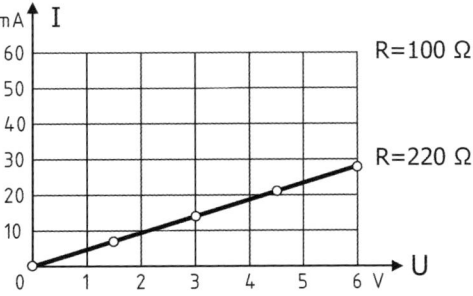

Bild 3-3: Kennlinien zum Ohmschen Gesetz

Aus dem Diagramm und aus der Tabelle kann man Folgendes erkennen: Bei Verdopplung der Spannung fließt genau der doppelte Strom, wenn man den Widerstand konstant lässt. Man sagt: Spannung und Strom sind proportional und schreibt

$U \sim I$ (sprich: U proportional I).

> **Versuch 3**
> Es soll ein konstanter Strom von 20 mA fließen. Der Widerstand wird verändert und die notwendige Spannung gemessen.

Bei R =	75 Ω	150 Ω	300 Ω
benötigt man U =	1,5 V	3 V	6 V

Bei Verdopplung des Widerstandes benötigt man eine doppelt so große Spannung, damit der gleiche Strom fließt. Spannung und Widerstand sind also proportional.

$U \sim R$

Beide Zusammenhänge lassen sich als Formel schreiben und ergeben *das Ohmsche Gesetz*.

$$\boxed{U = R \cdot I}$$

Der Widerstand R ist gewissermaßen der Proportionalitätsfaktor zwischen *U* und *I*. Die Grundform des Ohmschen Gesetzes lässt sich leicht merken, wenn man an den Schweizer Kanton URI denkt.

> **Prüfungsfrage TB903**
> Welche Spannung lässt einen Strom von 2 Ampere durch einen Widerstand von 50 Ohm fließen?
> A 25 V   B 200 V
> C 100 V   D 52 V

Gegeben: $I = 2$ A; $R = 50\ \Omega$
Gesucht: U
Lösung: $U = R \cdot I = 50\ \Omega \cdot 2$ A
          $\underline{U = 100\ \text{V}}$

Durch Umstellen der Grundformel erhält man weitere Formen des *Ohmschen Gesetzes*.

$$I = \frac{U}{R} \qquad R = \frac{U}{I}$$

Das Umstellen dieser Formel wurde im Kapitel 1 geübt. Kennen Sie das "URI-Dreieck"? Schauen Sie gegebenenfalls dort nach.

Das URI-Dreieck

Aus der letzten Formel ergibt sich die Einheitengleichung für Ohm.

$$1\ \Omega = \frac{1\ \text{V}}{1\ \text{A}} \quad \text{oder auch} \quad \frac{1\ \text{V}}{1\ \text{mA}} = 1\ \text{k}\Omega$$

> Bearbeiten Sie die **Prüfungsfrage TB902** aus dem Fragenkatalog (Siehe Anhang 1).

Mit Hilfe des *Ohmschen Gesetzes* sind die beiden Grundgrößen Strom und Spannung über den Widerstand miteinander verknüpft. Dieser Zusammenhang gilt für Gleichspannung und mit Einschränkungen auch für Wechselspannungen (Kapitel 2). Um eine Größe ausrechnen zu können, müssen die zwei anderen bekannt sein.

> **Prüfungsfrage TB904**
> Welcher Widerstand ist erforderlich, um einen Strom von 3 Ampere bei einer Spannung von 90 Volt fließen zu lassen?
> A 93 Ω   B 1/30 Ω
> C 270 Ω   D 30 Ω

Gegeben: $I = 3$ A; $U = 90$ V
Gesucht: R
Lösung: $R = \dfrac{U}{I} = \dfrac{90\ \text{V}}{3\ \text{A}} = \underline{\underline{30\ \Omega}}$

Kapitel 3: Ohmsches Gesetz, Leistung, Arbeit

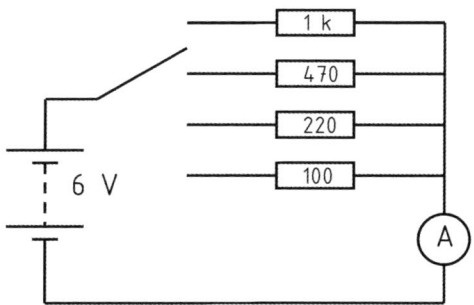

Bild 3-4: Praxis 1 zum Ohmschen Gesetz

Versuch
Mit einem vierpoligen Taster nach Bild 3-4 werden nacheinander vier verschiedene Widerstände eingeschaltet. Welche Ströme werden jeweils gemessen?

Lösung: Tragen Sie die gemessenen Werte in folgende Tabelle ein. Wenn Sie keine Messmöglichkeit haben, können Sie natürlich auch rechnen.

R	100 Ω	220 Ω	470 Ω	1 kΩ
I	__ mA	__ mA	__ mA	__ mA

Tipp: Die Widerstände wurden jeweils etwa verdoppelt, dann muss der Strom jeweils ungefähr halb so groß werden.

Der Innenwiderstand

Wenn man einen Generator G, (Bild 3-5) zum Beispiel ein Netzteil, mit einem Verbraucher belastet, so dass viel Laststrom I fließt, geht die Spannung U an den Klemmen etwas zurück. Man sagt, ein Generator hat einen Innenwiderstand R_i, an dem eine Spannung abfällt. Man berechnet den Innenwiderstand einer Spannungsquelle aus dem Spannungsunterschied Delta U (ΔU) an den Klemmen geteilt durch den Stromunterschied Delta I (ΔI) bei Belastung. Als Formel ausgedrückt schreibt man dafür

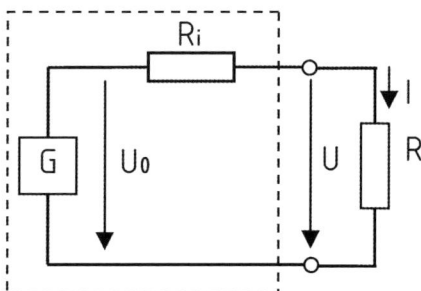

Bild 3-5: Begriffe Leerlaufspannung U_0, Innenwiderstand R_i, Klemmenspannung U, Laststrom I

$$R_i = \frac{\Delta U}{\Delta I}.$$

Prüfungsaufgabe TD302
Die Leerlaufspannung einer Gleichspannungsquelle beträgt 13,5 V. Wenn die Spannungsquelle einen Strom von 1 A abgibt, sinkt die Klemmenspannung auf 12,4 V. Wie groß ist der Innenwiderstand der Spannungsquelle?

Lösung: $R_i = \dfrac{\Delta U}{\Delta I}$

$$R_i = \frac{13{,}5\,\text{V} - 12{,}4\,\text{V}}{1{,}0\,\text{A} - 0\,\text{A}} = \frac{1{,}1\,\text{V}}{1\,\text{A}} = \underline{\underline{1{,}1\,\Omega}}$$

Übrigens: Eine „Spannungsquelle" sollte einen niedrigen Innenwiderstand haben. Es gibt auch „Stromquellen", die einen konstanten Strom liefern sollen. Diese müssen im Gegensatz zur Spannungsquelle einen großen Innenwiderstand haben. Mehr dazu im Lehrgang zur Klasse A.

Bearbeiten Sie anschließend selbständig die **Prüfungsfragen TD301** und **TD303** aus dem Anhang 1 (Seite 192).

Die elektrische Leistung

Fließt durch einen Widerstand Strom, so wird in ihm eine Wärmeleistung erzeugt. Anwendungen sind Kochplatte, Bügeleisen, Heizspirale eines Elektroöfchens. Ein Widerstand in einer elektronischen Schaltung soll aber nicht heiß werden.

Die Leistung ist umso größer, je größer Strom und Spannung sind. Die elektrische Leistung P (englisch: power) ist das Produkt aus Spannung U und Strom I.

$$\boxed{P = U \cdot I}$$

Die Maßeinheit für die elektrische Leistung ergibt sich aus dem Produkt Volt mal Ampere (V · A oder VA). Für die Leistung bei Gleichstrom wurde anstelle dieses Produktes die abgeleitete Einheit Watt (W) festgelegt.

$1\,W = 1\,V \cdot 1\,A$

Neben dieser Einheit gibt es auch wieder Vielfache oder Teile der Einheit.

1 Megawatt	1 MW	10^6 W	1000000 W
1 Kilowatt	1 kW	10^3 W	1000 W
1 Milliwatt	1 mW	10^{-3} W	$1/1000$ W
1 Mikrowatt	1 µW	10^{-6} W	$1/1000000$ W

Die Formel $P = U \cdot I$ gilt grundsätzlich bei Gleichstrom. Bei Wechselstrom gilt sie nur dann, wenn keine Phasenverschiebung zwischen Strom und Spannung auftritt, wenn nur eine so genannte *rein ohmsche Belastung* vorliegt. In den folgenden Aufgaben mit Wechselstrom oder Hochfrequenz wird angenommen, dass eine solche ohmsche Belastung vorliegt.

Näher soll hier im Rahmen des Amateurfunklehrgangs Klasse E nicht darauf eingegangen werden. In der theoretischen Elektrotechnik nennt man dieses Kapitel „Wechselstromtechnik". Die Wechselstromtechnik beinhaltet höhere Mathematik.

Prüfungsfrage TB908
Ein mit einer künstlichen 50-Ω-Antenne in Serie geschaltetes HF-Amperemeter zeigt 2 A an. Welche Leistung gibt der Sender ab?

Gegeben: $R = 50\,\Omega \qquad I = 2\,A$
Gesucht: P
Lösung: $P = U \cdot I$
Zunächst: $U = R \cdot I = 50\,\Omega \cdot 2\,A = 100\,V$
$P = 100\,V \cdot 2\,A = \underline{200\,W}$

Zu diesem Thema lösen Sie selbständig die Prüfungsaufgabe TB907 aus dem Anhang 1 dieses Buches, Lösung im Anhang 2!

Lösen Sie zum Thema Leistung, bzw. „Belastbarkeit von Widerständen" noch folgende Prüfungsfragen: TB901, TB910 und TB911!

Umgekehrt: Leistung gegeben – Strom gesucht:

Prüfungsaufgabe TB909
Ein Mobiltransceiver (Sender-Empfänger) hat bei Sendebetrieb eine Leistungsaufnahme von 100 Watt aus dem 12-V-Bordnetz des Kraftfahrzeuges. Wie groß ist die Stromaufnahme?
A 1200 A   **B** 16,6 A
C 8,33 A   **D** 0,12 A

Gegeben: $P = 100\,W \qquad U = 12\,V$
Gesucht: I
Lösung: $P = U \cdot I$,
umgestellt $I = \dfrac{P}{U} = \dfrac{100\,V \cdot A}{12\,V} = \underline{\underline{8,33\,A}}$

Lösen Sie nach demselben Prinzip die Prüfungsaufgabe TB906 aus dem Anhang 1 dieses Buches.

Die Lösungen finden Sie am Ende des Buches im Anhang 2.

Die elektrische Arbeit

Wie auch in der Mechanik ist die elektrische Arbeit W (englisch: work) umso größer, je länger eine Leistung verrichtet wird.

Arbeit = Leistung · Zeit

$$\boxed{W = P \cdot t}$$

Dieses Gesetz gilt auch in der Elektrotechnik. Setzt man für die Leistung noch Strom mal Spannung ein, kann man für die elektrische Arbeit auch schreiben

$$\boxed{W = U \cdot I \cdot t}.$$

Die Maßeinheit ergibt sich aus dieser Formel, indem man die Grundeinheiten Volt, Ampere und Sekunde einsetzt, also VAs oder Ws (Volt · Ampere = Watt), also Wattsekunden.

Merken Sie sich: Die Einheit der Arbeit ist 1 Wattsekunde.

Für größere Arbeit ist diese Einheit etwas unpraktisch. Im Haushalt verwendet man besser Kilowattstunden.

> **Übungsaufgabe ÜB301**
> Wie viel Wattsekunden hat eine Kilowattstunde?
> **A** 3 600 000 Ws   **B** 60 000 Ws
> **C** 3 600 Ws   **D** 60 Ws

Hinweis: Ersetzen Sie 1 Stunde durch Sekunden!

Sicher haben Sie auch 60 Minuten mal 60 Sekunden gerechnet und 1 kW = 1000 W. Lösung im Anhang 2 Seite 231!

Daraus ergibt sich eine Kostenberechnung für elektrische Arbeit. Denn für elektrische Arbeit aus dem Stromnetz muss man bezahlen, nicht für die Leistung. Es hängt davon ab, wie lange eine Leistung verrichtet wird.

> **Übungsaufgabe ÜB302**
> Ein Computer nimmt 120 Watt Leistung auf.
> a) Wie groß ist der "Stromverbrauch" (elektrische Arbeit oder Energie* in Kilowattstunden), wenn dieser den ganzen Tag von 8 bis 18 Uhr eingeschaltet bleibt?
> b) Wie hoch sind die "Stromkosten" (Kosten für die erbrachte elektrische Arbeit), wenn für eine Kilowattstunde 25 Cent bezahlt werden muss?

Lösung
a) $W = P \cdot t = 120$ W · 10 h = 1200 Wh = 1,2 kWh
b) Kosten K = 1,2 kWh · 25 Cent/kWh = 30 Cent

Es müssen 30 Cent dafür bezahlt werden. Betreibt man den Computer täglich zehn Stunden, kommen 30 mal 30 Cent gleich 9,00 Euro an Stromkosten für einen Monat zusammen.

> **Prüfungsaufgabe TB905**
> Eine Stromversorgung nimmt bei 230 Volt einen Strom von 0,63 Ampere auf. Welche elektrische Arbeit wird bei einer Betriebsdauer von 7 Stunden verbraucht?

Lösung:
$W = P \cdot t = U \cdot I \cdot t$
$W = 230$ V · 0,63 A · 7 h = 1014 Wh
$W = 1,01$ kWh

*Energie

Gespeicherte Arbeit wird in der Elektrotechnik auch *elektrische Energie* genannt. Ein Akku kann beispielsweise 60 Wattstunden an Energie abgeben. Oder die Energiekosten für den Desktop-Computer in obigem Beispiel betragen 9,00 € im Monat.

Kapitel 4: Der Widerstand und seine Grundschaltungen

Übersicht:

- Der spezifische Widerstand
- Bauformen der Widerstände
- Kennzeichnung der Widerstände
- Farbcode
- Toleranzschema
- Reihenschaltung
- Parallelschaltung

Der Widerstand

Sie haben im Kapitel 2 gelernt, dass elektrischer Strom dann fließt, wenn elektrische Ladungsträger bewegt werden. Bei Nichtleitern (Isolatoren) kann keine Ladung bewegt werden, weil die Elektronen fest an die Atomkerne gebunden sind.

Bei Metallen sind die Elektronen schon bei normaler Zimmertemperatur im gesamten Atomverband frei beweglich. Damit stehen bei Metallen genügend freie Ladungsträger zum Transport von elektrischen Ladungen zur Verfügung. Deshalb leiten Metalle gut.

Ein Kubikzentimeter Kupfer besitzt zum Beispiel 10^{23} (das ist eine 1 mit 23 Nullen) frei bewegliche Elektronen. Deshalb kann bei angelegter Spannung ein starker Strom fließen.

Fließt ein Strom durch einen Leiter, zum Beispiel durch den Glühfaden einer Glühlampe, müssen sich die Elektronen zwischen den Atomen des Leiters "hindurchzwängen". Die Atome sind außerdem schon bei Zimmertemperatur nicht in Ruhe, sondern vibrieren hin und her und zwar umso stärker, je höher die Temperatur ist.

Die beweglichen Ladungsträger haben auf ihrem Weg durch den Leiter ständig Zusammenstöße mit den Atomen und werden dadurch abgebremst. Der Leiter setzt somit dem Stromfluss einen Widerstand entgegen. Dieser Widerstand wird *elektrischer Widerstand* genannt.

Spezifischer Widerstand

Wovon hängt es ab, wie groß ein Widerstand tatsächlich ist? Bei langen Drähten müssen auf dem Weg viele "Hindernisatome" überwunden werden. Damit steigt auch der Widerstand mit zunehmender Länge. Je geringer die Querschnittsfläche ist, desto stärker werden die Ladungsträger behindert.

Der Widerstand R ist also umso größer je größer die Länge l des Leiters ist und je kleiner die Querschnittsfläche A ist.

Außerdem hängt der Widerstand noch vom Material des Leiters ab, denn es gibt gute und schlechte Leiter, je nachdem wie viele freie Elektronen vorhanden sind. Diese Materialkonstante wird *spezifischer Widerstand* ρ (griechisch: rho) genannt.

Je kleiner der Wert des spezifischen Widerstandes ist, desto besser leitet der Leiter. Silber (folgende Tabelle) hat eine bessere Leitfähigkeit als Gold. Gold oxidiert nur nicht und ist deshalb besser für Kontakte geeignet als Silber. Zinn (Lötzinn) leitet also relativ schlecht im Vergleich zu Kupfer. Kupferdrähte sollte man also am Ende nicht verzinnen, wenn sie als Kontakte dienen sollen.

Werkstoff	Spezifischer Widerstand	Leitfähigkeit
Silber	0,016	63
Kupfer	0,0178	56
Gold	0,022	45
Aluminium	0,027	37
Eisen	0,100	10
Zinn	0,115	8
Blei	0,208	5
Quecksilber	0,958	1
	$\dfrac{\Omega \cdot mm^2}{m}$	$\dfrac{m}{\Omega \cdot mm^2}$

Tabelle 4-1: Spez. Widerstand und Leitfähigkeit

Leitfähigkeit

Häufig wird anstatt des spezifischen Widerstandes die spezifische Leitfähigkeit κ (griechischer Buchstabe kappa) des Werkstoffes angegeben. Die Leitfähigkeit ist nichts anderes als der Kehrwert des spezifischen Widerstandes. Mit dem Kehrwert erhält man Zahlen größer als 1, die sich leichter merken lassen als diese 0,0...-Werte.

> **Beispiel**
> Wie groß ist die elektrische Leitfähigkeit von Kupfer?

Lösung: Den spezifischen Widerstand entnehmen wir der Tabelle und berechnen den Kehrwert „kappa".

$$\kappa = \frac{1}{\rho} = \frac{1\ m}{0{,}0178\ \Omega\ mm^2} = 56\frac{m}{\Omega\ mm^2}$$

Ein Kappa von 56 entspricht also einem Rho von 0,0178. Je größer die Zahl ist, desto besser ist die Leitfähigkeit (Tabelle 4-1).

> **Prüfungsaufgaben**
> Bearbeiten Sie **TB101** bis **TB103**.

Nichtleiter, Halbleiter

Nichtleiter (Isolatoren) sind solche Werkstoffe, die den Strom praktisch gar nicht leiten. Man benötigt sie, um zwei Leiter voneinander zu isolieren. Zu den Nichtleitern gehören die meisten Kunststoffe wie Teflon, Pertinax, PVC, Polyethylen (PE), Epoxid, Polystyrol sowie Glas, Porzellan, trockenes Holz. Halbleiter sind nicht einfach schlechte Leiter, sondern sie leiten Strom nur unter bestimmten Bedingungen (siehe Kapitel 13).

> **Prüfungsaufgaben**
> Bearbeiten Sie die Frage **TB104**.

Tipp dazu: Graphit leitet, Messing und Bronze sind Metalle

Kapitel 4: Der Widerstand

Bauformen der Widerstände

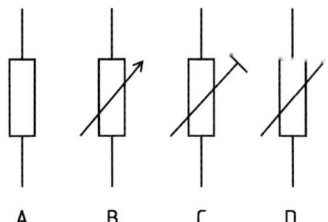

Bild 4-1: Schaltzeichen von Widerständen

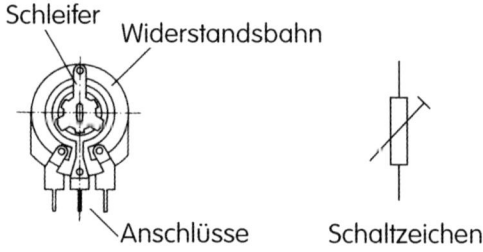

Bild 4-3: Trimmer-Poti

Widerstände werden in *Festwiderstände*, *einstellbare* und *veränderliche* Widerstände eingeteilt. Bei einstellbaren Widerständen ist der Widerstandswert durch den Anwender (meist mechanisch) veränderbar (Potentiometer und Trimmer, Bild 4-2 oder 4-3). Bei veränderlichen Widerständen ändert sich der Widerstand durch den Einfluss einer physikalischen Größe, beispielsweise durch Temperatur oder durch Spannung (Bild 4-4).

Im Bild 4-1 ist links (A) das Schaltzeichen eines Widerstandes allgemein dargestellt. Bild B zeigt einen von außen bedienbaren einstellbaren Widerstand, zum Beispiel ein Lautstärkeeinsteller. Man nennt ihn auch Potentiometer (Bild 4-2). Bild 4-1C zeigt ebenfalls einen einstellbaren Widerstand, allerdings ist er nicht von außen bedienbar, sondern wird intern im Gerät durch ein Werkzeug (Schraubendreher) verstellt, um einmalig Werte einzustellen.

Solch ein Potentiometer nennt man Trimmer (Bild 4-3). Bild 4-1 D dient als allgemeines Schaltzeichen für einen einstellbaren Widerstand. Es kann ein Potentiometer oder ein Trimmer sein.

In den Bildern 4-4A und B sind Widerstände dargestellt, die ihren Wert in Abhängigkeit von der Temperatur ändern. Die gleichläufigen Pfeile bedeuten: Je höher die Temperatur, desto höher der Widerstand. Man nennt solch einen Widerstand einen **PTC**, weil er einen *positiven* Temperaturkoeffizienten hat. Der Widerstand Bild B ist ein **NTC** (*negativer* Temperaturkoeffizient). Bei ihm verringert sich der Widerstand, wenn die Temperatur steigt. Bild C ist ein spannungsabhängiger Widerstand **VDR**. Bild D zeigt einen lichtabhängigen Widerstand **LDR**. Die beiden von links oben kommenden Pfeile in Bild 4-4D sollen den Lichteinfall beim LDR andeuten.

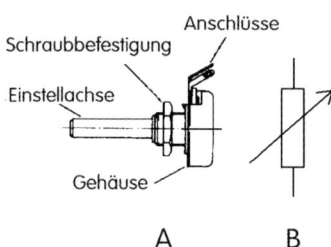

Bild 4-2: A Potentiometer, B Schaltzeichen

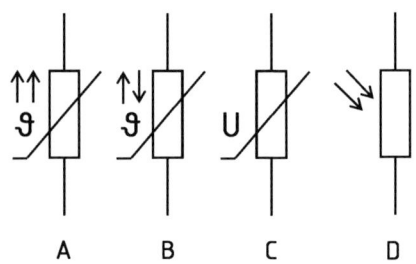

Bild 4-4: Schaltzeichen von veränderlichen Widerständen

Kapitel 4: Der Widerstand

Prüfungsaufgabe TC106
Welches der folgenden Bauteile ist ein NTC?

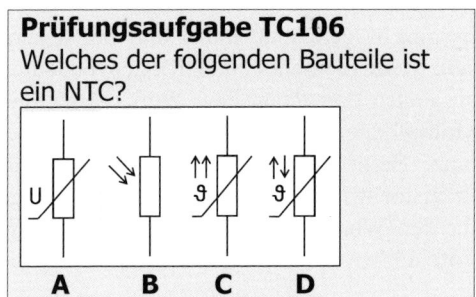

Lösung im Anhang 2! Bearbeiten Sie nun die Prüfungsaufgaben **TC105** und **TC107**.

Prüfungsfrage TC109
Welche Bauart von Widerstand folgender Auswahl ist am besten für eine künstliche Antenne (Dummy Load) geeignet?
A Ein Metalloxidwiderstand
B Ein Kohleschichtwiderstand
C Ein keramischer Drahtwiderstand
D Ein frei gewickelter Drahtwiderstand aus Kupferdraht

Bild 4-6: Drahtwiderstand hoher Belastbarkeit

Festwiderstände

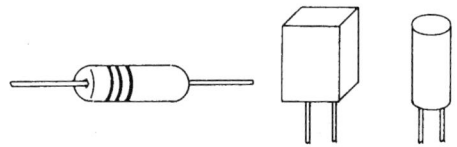

Bild 4-5: Bauformen von Festwiderständen

Bei *Festwiderständen* unterscheidet man Kohleschichtwiderstände, Metalloxidwiderstände, Metallschichtwiderstände und Drahtwiderstände. *Kohleschichtwiderstände* haben als Widerstandswerkstoff eine dünne Kohleschicht, die auf einen Träger aufgedampft wird. Große Widerstandswerte erreicht man durch Einschleifen einer durchgehenden Wendel über die gesamte Länge des Widerstandes. Die Kohleschicht wird durch einen eingebrannten Lack- oder Kunstharzüberzug geschützt und der Widerstandswert mit Farbringen gekennzeichnet. Diese Widerstandswerte gibt es für Leistungen (Belastbarkeit) zwischen $1/10$ und 2 Watt. Die Größe der Widerstände ist ein Maß für ihre Belastbarkeit (Bild 4-7).

Metalloxidwiderstände sind induktionsarm, eignen sich deshalb für sehr hohe Frequenzen und haben eine wesentlich größere Belastbarkeit als Kohleschichtwiderstände gleicher Abmessungen.

Metallschichtwiderstände haben eine Edelmetallschicht (EMS) als Widerstandsmaterial oder ein dünner Metallfilm bildet die Widerstandsschicht. Diese Widerstände haben enge Toleranzen und werden als Präzisionswiderstände in der Messtechnik verwendet.

Drahtwiderstände (Bild 4-6) bestehen aus einem Wickel aus Widerstandsdraht auf einem keramischen Isolierkörper. Sie haben höhere Belastbarkeiten als Schichtwiderstände aber den Nachteil der Frequenzabhängigkeit wegen der großen Induktivitäten durch die Wicklung. Drahtwiderstände sind für Hochfrequenzanwendungen ungeeignet.

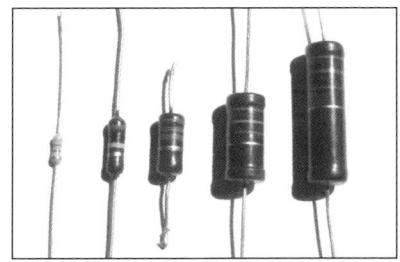

Bild 4-7: Kohleschichtwiderstände verschiedener Belastbarkeit

Internationaler Farbcode

Früher hat man den Nennwert des Widerstandes als Zahlenwert aufgedruckt. Allerdings musste man beim Einbau auf die Lage der Widerstände achten, damit die Beschriftung von oben sichtbar bleibt. Bei der automatischen Bestückung bei Leiterplatten ist dies schwierig zu erreichen.

Beim internationalen Farbcode werden die Nennwerte in Form von Farbringen nach einem festgelegten Code aufgedruckt. Man zählt die Ringe von außen nach innen. Bei Widerständen mit axialen Anschlüssen sind die Ringe so verteilt, dass sie einem Ende näher sind. Dies ist der erste Ring und damit die erste Ziffer der Kennzeichnung. Der nächste Ring ist die zweite Ziffer und als dritter oder vierter Ring folgt der Multiplikator. Siehe Formelsammlung!

Es gibt Widerstände mit 4 und mit 5 Ringen. Beim System mit 4 Ringen bedeuten die ersten drei Ringe den Wert (Ziffer und Multiplikator) und der vierte Ring die Toleranz. Beim System mit fünf Ringen für Präzisionswiderstände benötigt man 4 Ringe für den Wert und der 5. Ring bedeutet die Toleranz.

Die ersten Ringe bedeuten jeweils eine Ziffer, der Ring vor der Toleranz bedeutet die Zehnerpotenz als Multiplikator oder Anzahl der Nullen (Tabelle 4-2). Die Farbe rot (2) beim Multiplikator beispielsweise bedeutet mal 10^2 oder mal 100, also zwei Nullen anhängen.

> **Prüfungsfrage TC101**
> Die Farbringe gelb, violett und orange auf einem Widerstand mit 4 Farbringen bedeuten einen Widerstandswert von
> A 4,7 kΩ   B 47 kΩ
> C 470 kΩ   D 4,7 MΩ

Lösung: gelb: 4 – violett: 7 – orange: $\cdot 10^3$ oder 000 anhängen, 47000 Ω oder 47 kΩ.

> **Prüfungsfrage TC104**
> Die Farbringe rot, violett und rot auf einem Widerstand mit 4 Farbringen bedeuten einen Widerstand von
> A 2,7 MΩ   B 27 kΩ
> C 270 kΩ   D 2,7 kΩ

Lösung: 2 – 7 – 00, also 2,7 kΩ

> Bearbeiten Sie die **Prüfungsfragen TC102** und **TC103**.

Zu den Multiplikatoren gold oder silbern gibt es keine Prüfungsfrage in der Prüfung für die Klasse E. Den Farbcode brauchen Sie nicht auswendig zu lernen. Er steht in der Prüfungs-Formelsammlung der BNetzA. Siehe auch Anhang 3 in diesem Buch!

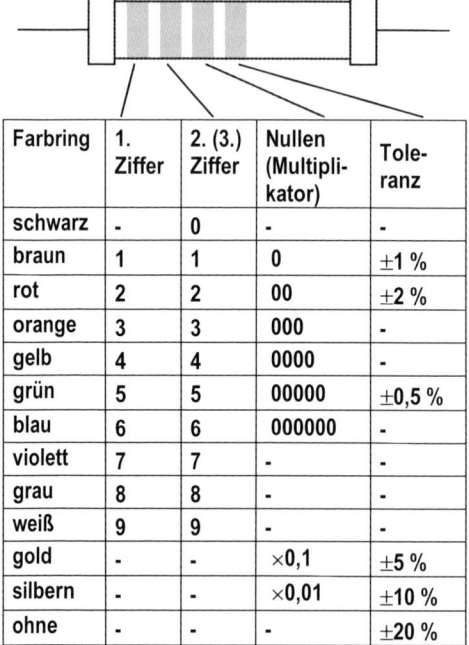

Farbring	1. Ziffer	2. (3.) Ziffer	Nullen (Multiplikator)	Toleranz
schwarz	-	0	-	-
braun	1	1	0	±1 %
rot	2	2	00	±2 %
orange	3	3	000	-
gelb	4	4	0000	-
grün	5	5	00000	±0,5 %
blau	6	6	000000	-
violett	7	7	-	-
grau	8	8	-	-
weiß	9	9	-	-
gold	-	-	×0,1	±5 %
silbern	-	-	×0,01	±10 %
ohne	-	-	-	±20 %

Tabelle 4-2: Internationaler Farbcode

Kennzeichnung bei SMD

Bei der SMD-Technik (surface mounted device) haben die Bauteile sehr geringe Abmessungen im Millimeterbereich. Die flache Oberfläche gestattet einen Aufdruck von drei bis vier kleinen Ziffern. Dabei gilt folgendes Kennzeichnungs-System.

R47	0,47 Ω	Bei Werten bis 976 Ω stellt R den Dezimalpunkt dar.
18R2	18,2 Ω	
220R	220 Ω	
220	$22 \cdot 10^0 = 22$ Ω	3-stelliger Code: Zählweise wie beim Farbcode
221	$22 \cdot 10^1 = 220$ Ω	
223	$22 \cdot 10^3 = 22$ kΩ	
2201	$220 \cdot 10^1 = 2,2$ kΩ	4-stelliger Code: Zählweise wie beim Farbcode
2202	$220 \cdot 10^2 = 22$ kΩ	

> Bearbeiten Sie die **Prüfungsfragen TC110** und **TC111**.

Das Toleranzschema

Sie werden sicher schon selbst festgestellt haben, dass es nicht alle Werte von Widerständen gibt. In der IEC-Reihe E12 mit 10% Toleranz (*silberne*) Reihe) gibt es folgende bevorzugte Widerstandswerte pro Dekade. Eine Dekade geht immer von 1,1 bis 9,9 oder von 10 bis 99 oder 100 bis 990 usw.

10 – 12 – 15 – 18 – 22 – 27 – 33 – 39 – 47 – 56 – 68 – 82

Die internationale Normreihe E12 geht in dieser Form von 1 Ohm bis 10 Megohm. Also gibt es auch die Werte: 100 – 120 – 150 und so weiter oder 1,0 – 1,2 – 1,5 usw.

Diese *Normreihe* E12 mit den zwölf Widerstandswerten pro Dekade entsteht durch die Auslieferungstoleranz von ± 10 %. Die Überschneidung erkennt man im Diagramm Bild 4-8.

> **Beispiel:** Welchen größten und welchen kleinsten Wert können ein Widerstand von 18 kΩ und der nächste mit 22 kΩ jeweils in der Normreihe E12 haben?

Lösung
10% von 18 kΩ sind 1,8 kΩ
R_{max} = 18 kΩ + 1,8 kΩ = 19,8 kΩ
R_{min} = 18 kΩ - 1,8 kΩ = 16,2 kΩ
10% von 22 kΩ sind 2,2 kΩ
R_{max} = 22 kΩ + 2,2 kΩ = 24,2 kΩ
R_{min} = 22 kΩ - 2,2 kΩ = 19,8 kΩ

Hieraus erkennen Sie, dass der größte vorkommende 18-kΩ-Widerstand mit 19,8 kΩ den kleinstmöglichen 22-kΩ-Widerstand mit 19,8 kΩ gerade erreicht. Dies ist lückenlos der Fall.

> **Prüfungsfrage TC108**
> Ein Widerstand hat eine Toleranz von 10 %. Bei einem nominalen Widerstandswert von 5,6 kΩ liegt der tatsächliche Wert zwischen ...

... Ergänzen Sie selbst! Siehe Anhang!

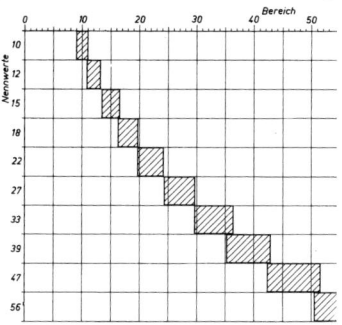

Bild 4-8: Zeichnerische Darstellung der Toleranzfelder der Reihe E12 im Ausschnitt

Reihen- und Parallelschaltung von Widerständen (Übersicht)

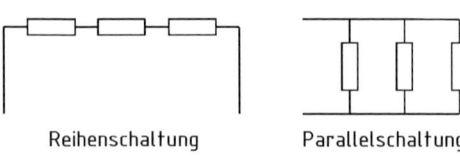

Reihenschaltung   Parallelschaltung

Bild 4-9: Schaltung von Widerständen

Die Zusammenschaltung von Widerständen lässt sich auf zwei Grundformen zurückführen: Reihenschaltung und Parallelschaltung (Bild 4-9). Die Reihenschaltung wird auch Serienschaltung genannt.

Eine Reihenschaltung entsteht, wenn man das Ende des ersten Widerstandes mit dem Anfang des zweiten verbindet und so weiter (Bild 4-9 links).

Bei der Parallelschaltung sind alle Anfänge und alle Enden jeweils miteinander verbunden und liegen damit alle direkt an der Spannungsquelle (Bild 4-9 rechts).

Man kann auch die Reihen- und die Parallelschaltung beliebig miteinander mischen. (Bild 4-10). Mehr dazu im Abschnitt „Gemischte Schaltung" von Widerständen.

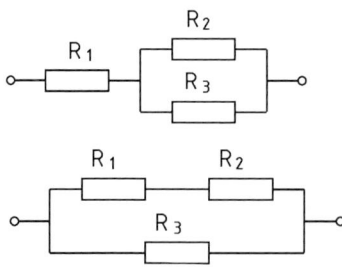

Bild 4-10: Beispiele von gemischten Schaltungen von Widerständen

Die Reihenschaltung von Widerständen

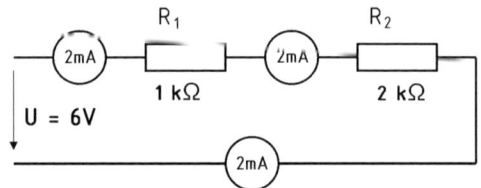

Bild 4-11: In einem unverzweigten Stromkreis ist der Strom überall gleich groß.

Zunächst wollen wir die Gesetzmäßigkeiten für die Reihenschaltung herleiten. Messen Sie einmal den Strom einer Reihenschaltung nach Bild 4-11 an verschiedenen Stellen. Er zeigt überall den gleichen Wert. Aus keinem Widerstand fließt mehr Strom heraus als hinein fließt.

Merke: In einer Reihenschaltung ist der Strom überall gleich groß.

Berechnen wir in obigem Beispiel (Schaltung Bild 4-11) die Spannungen an den beiden Widerständen.

$U_1 = R_1 \cdot I = 1 \text{ k}\Omega \cdot 2 \text{ mA} = 2 \text{ V}$

$U_2 = R_2 \cdot I = 2 \text{ k}\Omega \cdot 2 \text{ mA} = 4 \text{ V}$

Zusammen müssen sich die 6 V ergeben.

Merke: In einer Reihenschaltung sind die Teilspannungen zusammen so groß wie die Gesamtspannung.

$U = U_1 + U_2 = 2 \text{ V} + 4 \text{ V} = 6 \text{ V}$

Die Gesamtspannung liegt dabei an dem Gesamtwiderstand der zwei Widerstände:

$U = R \cdot I = 6 \text{ V}$

Setzt man die Werte aus Bild 4-11 ein mit

$U = R \cdot I$, $U_1 = R_1 \cdot I$ und $U_2 = R_2 \cdot I$, erhält man

$$R \cdot I = R_1 \cdot I + R_2 \cdot I = I(R_1 + R_2)$$

Da der Strom überall gleich ist, kann der Buchstabe I auf beiden Seiten der Gleichung gekürzt werden. Man erhält damit die Formel für die Reihenschaltung.

$$\boxed{R = R_1 + R_2}$$

Merke: Bei der Reihenschaltung sind die Teilwiderstände zusammen so groß wie der Gesamtwiderstand.

Dies gilt auch für mehr als zwei Widerstände, zum Beispiel

$$R = R_1 + R_2 + R_3$$

Noch eine vierte „Gesetzmäßigkeit" kann an diesem Beispiel abgeleitet werden. Betrachten Sie noch einmal die Ergebnisse der Spannungsberechnung aus der Schaltung Bild 4-11: Am 1-kΩ-Widerstand beträgt die Spannung 2 Volt und am doppelt so großen 2-kΩ-Widerstand beträgt sie 4 Volt.

Merken Sie sich: Bei der Reihenschaltung verhalten sich die Teilspannungen wie die zugehörigen Widerstände.

Diese Aussage lässt sich auch als Formel schreiben und führt uns dann zum nächsten Abschnitt.

$$\boxed{\frac{U_1}{U_2} = \frac{R_1}{R_2}}$$

Eine wichtige Anwendung der Reihenschaltung von Widerständen ist nämlich, aus einer höheren Spannung eine Teilspannung zur Spannungsversorgung einer elektronischen Schaltung zu gewinnen.

Der Spannungsteiler

Der letzte Merksatz lässt sich auch folgendermaßen ausdrücken.

In einer Reihenschaltung verhält sich die Teilspannung zur Gesamtspannung wie der Teilwiderstand zum Gesamtwiderstand (siehe Bild 4-12).

Als Formel geschrieben:

$$\boxed{\frac{U_1}{U} = \frac{R_1}{R}} \text{ oder } \boxed{\frac{U_2}{U} = \frac{R_2}{R}}$$

Hier im Beispiel gilt:

$$\frac{2\,\text{V}}{6\,\text{V}} = \frac{1\,\text{k}\Omega}{3\,\text{k}\Omega} \text{ oder } \frac{4\,\text{V}}{6\,\text{V}} = \frac{2\,\text{k}\Omega}{3\,\text{k}\Omega}$$

Merke: Großer Spannungsabfall am großen Teilwiderstand, kleiner Spannungsabfall am kleinen Teilwiderstand.

Dies führt uns zu folgender Prüfungsaufgabe zum Spannungsteiler.

Prüfungsfrage TD108
Die Gesamtspannung U an folgendem Spannungsteiler beträgt 12,2 V. Die Widerstände haben die Werte $R_1 = 10\,\text{k}\Omega$ und $R_2 = 2{,}2\,\text{k}\Omega$. Wie groß ist die Teilspannung U_2?

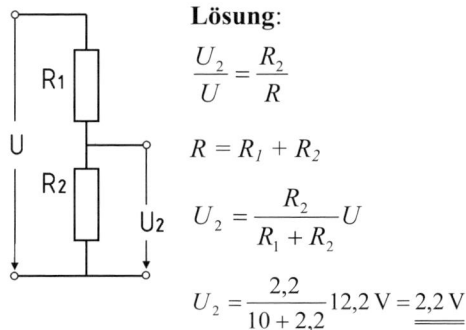

Lösung:

$$\frac{U_2}{U} = \frac{R_2}{R}$$

$$R = R_1 + R_2$$

$$U_2 = \frac{R_2}{R_1 + R_2} U$$

$$U_2 = \frac{2{,}2}{10 + 2{,}2} \cdot 12{,}2\,\text{V} = \underline{\underline{2{,}2\,\text{V}}}$$

Bild 4-12: Spannungsteiler

Kapitel 4: Der Widerstand

Die Parallelschaltung von Widerständen

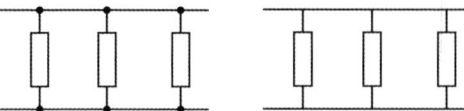

Bild 4-13: Parallelschaltung von Widerständen

Eine Parallelschaltung entsteht, wenn man alle Anfänge und alle Enden der Bauteile miteinander verbindet (Bild 4-13).

Praxis
Schließen Sie je einen Widerstand von 1 kΩ, 2,2 kΩ und 4,7 kΩ in Parallelschaltung an eine Spannungsquelle mit U = 6 V und messen Sie alle Teilströme und den Gesamtstrom.

Sie müssten die in Bild 4-14 gezeigten Messergebnisse erzielen.

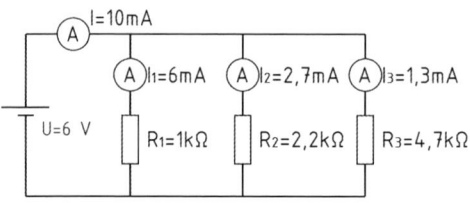

Bild 4-14: Messschaltung und Ergebnisse zur Parallelschaltung von Widerständen.

Messen Sie auch die Spannungen an jedem der Widerstände! Aus diesen Versuchsergebnissen lassen sich folgende wichtige Gesetzmäßigkeiten für die Parallelschaltung ableiten.

Merke: Bei der Parallelschaltung ist die Spannung an allen Widerständen gleich groß.

$$U_1 = U_2 = U_3 = U$$

Rechnen Sie in der Schaltung Bild 4-14 nach!

$$I = I_1 + I_2 + I_3 + ...$$

Merke: Der Gesamtstrom ist so groß wie die Summe der Einzelströme.

Teilt man in dieser Gleichung jeden Strom durch die immer gleiche Spannung U, erhält man

$$\frac{I}{U} = \frac{I_1}{U} + \frac{I_2}{U} + \frac{I_3}{U} + ...$$

$$\frac{I}{U} = \frac{1}{R}; \quad \frac{I_1}{U} = \frac{1}{R_1}; \quad \frac{I_2}{U} = \frac{1}{R_2} \quad usw.$$

Dies führt zur Formel für die Berechnung des Ersatzwiderstandes einer Parallelschaltung. Man findet sie auch in der Formelsammlung der BNetzA (siehe Anhang 3 in diesem Buch).

$$\frac{1}{R_G} = \frac{1}{R_1} + \frac{1}{R_2} + \frac{1}{R_3} + ... \frac{1}{R_n}$$

In Worten ausgedrückt: Bei der Parallelschaltung ist der Kehrwert des Ersatzwiderstandes gleich der Summe der Kehrwerte der Einzelwiderstände. Man nennt den Kehrwert eines Widerstandes auch Leitwert.

Merke: Bei der Parallelschaltung ist der Gesamtleitwert gleich der Summe der Einzelleitwerte.

Der Quotient $\frac{1}{R_n}$ auf der rechten Seite der Formel bedeutet, dass diese Formel bis zur beliebigen Zahl n so weiter geht. Handelt es sich um drei parallel geschaltete Widerstände, endet der Index bei der Ziffer 3.

$$\frac{1}{R_G} = \frac{1}{R_1} + \frac{1}{R_2} + \frac{1}{R_3}$$

Sind nur zwei Widerstände parallel geschaltet, lässt sich die Formel zur Berechnung des Gesamtwiderstandes auch anders schreiben. Können Sie in folgender Gleichung für die rechte Seite der Formel den Hauptnenner bilden und dann den Kehrwert dieses Ergebnisses schreiben?

$$\frac{1}{R_G} = \frac{1}{R_1} + \frac{1}{R_2}$$

Als Lösung muss herauskommen

$$R_G = \frac{R_1 \cdot R_2}{R_1 + R_2}$$

Prüfungsaufgabe TD109
Zwei Widerstände von 20 Ω und 30 Ω sind parallel geschaltet. Wie groß ist der Ersatzwiderstand?
A 15 Ω   B 50 Ω
C 12 Ω   D 3,5 Ω

Lösung:

$$R = \frac{20 \cdot 30}{20 + 30}\Omega = \frac{600}{50}\Omega = \underline{12\,\Omega}$$

Bearbeiten Sie die Prüfungsaufgabe TD110.

Schaltet man n gleiche Widerstände parallel, ergibt sich der Ersatzwiderstand, indem man den Einzelwert durch die Gesamtzahl n teilt.

$$R = \frac{R_1}{n}$$

Hat man beispielsweise fünf gleiche Widerstände von 100 Ohm parallel geschaltet, ist der Gesamtwiderstand ein Fünftel davon, also 20 Ohm.

Mit dieser Kenntnis lassen sich die vier Prüfungsaufgaben zu gemischten Schaltungen sehr leicht lösen.

Gemischte Schaltung von Widerständen

In der Praxis hat man es oft mit gemischten Schaltungen aus teils in Reihe und teils parallel geschalteten Widerständen zu tun.

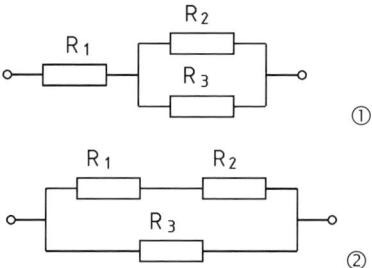

Bild 4-15: Grundschaltungen von gemischten Schaltungen

In der Grundschaltung Bild 4-15 ① ist zu einer Parallelschaltung von R_2 und R_3 noch ein Widerstand R_1 in Reihe geschaltet. In der Grundschaltung ② ist zu der Reihenschaltung aus R_1 und R_2 ein Widerstand R_3 parallel geschaltet. Entsprechend dieser Beschreibung erfolgt auch die Lösung zur Berechnung des Gesamtwiderstandes.

Prüfungsaufgabe TD101
Wie groß ist der Ersatzwiderstand der Gesamtschaltung nach Bild 4-15 ①, mit R_1 = 500 Ω, R_2 = 1000 Ω, R_3 = 1 kΩ?
A 5,1 kΩ   B 2,5 kΩ
C 501 Ω   D 1,0 kΩ

Zunächst wird die Parallelschaltung von R_2 und R_3 berechnet. Wenn man R_3 in Ohm ausdrückt, sieht man, dass R_2 und R_3 gleich sind. Schaltet man zwei gleiche Widerstände parallel, ist der Ersatzwiderstand halb so groß. Hier sind es also 500 Ω. Zu diesem Ersatzwiderstand wird der Reihenwiderstand R_1 addiert.

$$R_G = 500\,\Omega + 500\,\Omega = \underline{1\,k\Omega}$$

Prüfungsfrage TD102
Wie groß ist der Ersatzwiderstand der Gesamtschaltung?
Gegeben: $R_1 = 1\ \text{k}\Omega$, $R_2 = 2000\ \Omega$ und $R_3 = 2\ \text{k}\Omega$

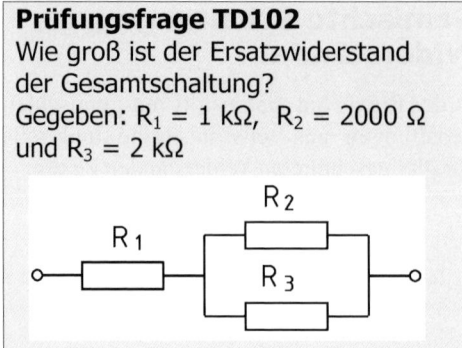

Lösung: Die beiden parallel geschalteten Widerstände R_2 und R_3 sind gleich. Beide haben 2000 Ohm. Parallel geschaltet ergeben sich also 1000 Ohm. Für die Berechnung des Gesamtwiderstandes braucht nur noch R_1 in Reihe geschaltet (addiert) zu werden. Als Gesamtlösung ergibt sich also $R_G = 2\ \text{k}\Omega$.

Prüfungsaufgabe TD103
Wie groß ist der Ersatzwiderstand der Gesamtschaltung? $R_1 = 500\ \Omega$, $R_2 = 500\ \Omega$ und $R_3 = 1\ \text{k}\Omega$

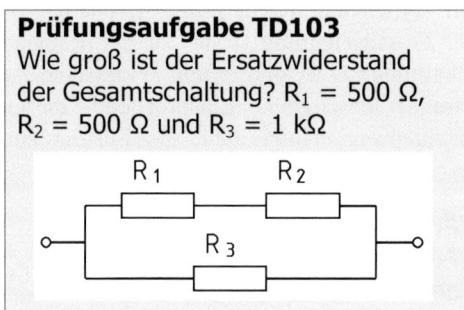

Lösung: Diesmal müssen erst die beiden Widerstände R_1 und R_2 addiert werden. R_1 und R_2 in Reihe geschaltet ergeben 1 kΩ. Damit sind zwei gleiche Widerstände von 1 kΩ parallel geschaltet und ergeben die Hälfte, also $R_G = 500\ \Omega$ ist die Lösung.

Prüfungsaufgabe TD104
Berechnen Sie den Ersatzwiderstand der Gesamtschaltung wie in Aufgabe TD103. Gegeben: $R_1 = 500\ \Omega$, $R_2 = 1{,}5\ \text{k}\Omega$ und $R_3 = 2\ \text{k}\Omega$

A 500 Ω B 1 kΩ
C 2 kΩ D 4 kΩ

Ähnlich auch hier: R_1 und R_2 ergeben zusammen 2 kΩ. Zu diesem Ersatzwiderstand wird ein gleich großer zu 2 kΩ parallel geschaltet. Der Gesamtwiderstand ist dann halb so groß, also 1 kΩ.

Zusammenfassung

Reihenschaltung
- Der Strom ist überall gleich.
- Die Summe der Teilspannungen ist gleich der Gesamtspannung.
- Die Spannungen verhalten sich wie die zugehörigen Widerstände.
- Der Gesamtwiderstand ist gleich der Summe der Einzelwiderstände.

Parallelschaltung
- Die Spannung ist überall gleich.
- Die Summe der Teilströme ist gleich dem Gesamtstrom.
- Die Ströme verhalten sich umgekehrt wie die zugehörigen Widerstände.
- Der Gesamtleitwert ist gleich der Summe der Einzelleitwerte.
- Der Gesamtwiderstand ist immer kleiner als der kleinste Einzelwiderstand.

Gemischte Schaltung
Bei einer gemischten Schaltung geht man so vor, dass man zunächst die Widerstände, die eindeutig parallel oder eindeutig in Reihe geschaltet sind, zu einem Ersatzwiderstand zusammenfasst und dann mit diesem Ersatzwiderstand weiter rechnet.

Hinweis
Wenn Sie im Text nicht alle Auswahlantworten einer Aufgabe finden, sehen Sie bitte im Anhang 1 nach. Die Lösungen der nicht beantworteten Prüfungsfragen finden Sie im Anhang 2 dieses Buches.

Kapitel 5: Der Kondensator

In den vorangegangenen Kapiteln haben Sie als wichtigstes Bauelement der Elektrotechnik den elektrischen Widerstand mit seinen Schaltungsarten kennen gelernt. In diesem Kapitel werden Sie in ähnlicher Weise den Kondensator als Bauelement und in seinen Schaltungsarten kennen lernen.

Übersicht:

- Was ist ein Kondensator?
- Kapazität
- Parallelschaltung
- Reihenschaltung
- Gemischte Schaltungen
- Wechselstromwiderstand
- Bauformen
- Kennzeichnung

Der Kondensator

In elektronischen Geräten, in Sendern und Empfängern, werden Sie an Bauelementen außer Widerständen recht häufig Kondensatoren finden.

Ein Kondensator besteht aus zwei voneinander isolierten, sich gegenüberstehenden Leitern (z.B. Metallflächen wie in Bild 5-1) und dem dazwischen liegenden Isolierstoff (Dielektrikum, sprich: Di-Elektrikum).

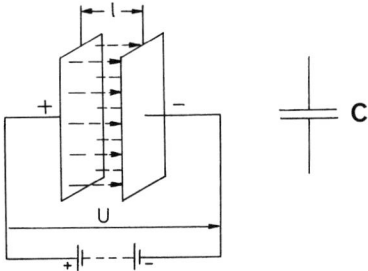

Bild 5-1: Kondensator und Schaltsymbol

Kapazität

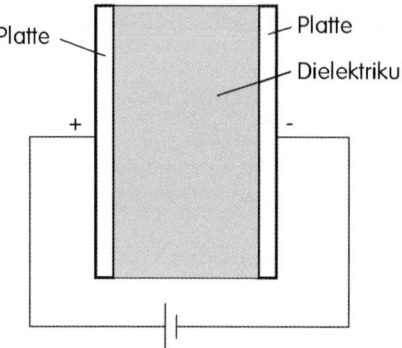

Bild 5-2: Aufbau eines Kondensators

Legt man an die Platten eine elektrische Spannung, werden von der einen Platte Elektronen abgezogen und auf der anderen Platte Elektronen zugefügt. Entfernt man nun die Spannung als Ursache des elektrischen Feldes von den beiden Elektroden, bleibt der derzeitige Zustand erhalten, weil sich die Platten gegenseitig anziehen.

Es können also elektrische Ladungen auf den Platten eines Kondensators gespeichert werden. Dieses Speichervermögen bezeichnet man als *Kapazität C*. Ein Kondensator vermag umso mehr elektrische Ladungen Q zu speichern, je größer seine Kapazität C und je höher die angelegte Spannung U ist. Dies kann durch folgende Formel ausgedrückt werden.

$$Q = C \cdot U \quad \text{bzw.} \quad I \cdot t = C \cdot U$$

$$\boxed{C = \frac{I \cdot t}{U}}$$

Die Einheit der Kapazität ist das Farad F.

$$1\,F = 1\,\frac{A\,s}{V}$$

1 Mikrofarad	=	1 µF	=	10^{-6} F	=	1000 nF
1 Nanofarad	=	1 nF	=	10^{-9} F	=	1000 pF
1 Pikofarad	=	1 pF	=	10^{-12} F		

Die Kapazität C hängt von der Fläche A der gegenüberliegenden leitenden Flächen und dem Abstand d zwischen diesen Flächen, sowie vom Werkstoff des Dielektrikums ab. Die Abhängigkeit vom Werkstoff wird in der Dielektrizitätszahl ε (griechisch: epsilon) ausgedrückt.

$$\varepsilon = \varepsilon_0 \cdot \varepsilon_r$$

Damit lässt sich die Kapazität eines Kondensators aus seinen geometrischen Abmessungen errechnen.

$$\boxed{C = \frac{\varepsilon_0 \cdot \varepsilon_r \cdot A}{d}} \quad (1)$$

Merke

Die **Kapazität C** eines Kondensators ist umso **größer**, je **größer die Fläche A** und je **geringer der Abstand d** der Platten ist. Die **Einheit** ist das Farad **F**.

Prüfungsaufgabe TC201
Welche Aussage zur Kapazität eines Plattenkondensators ist richtig?
A Je größer der Plattenabstand ist, desto kleiner ist die Kapazität.
B Je größer die angelegte Spannung ist, desto kleiner ist die Kapazität.
C Je größer die Plattenoberfläche ist, desto kleiner ist die Kapazität.
D Je größer die Dielektrizitätszahl ist, desto kleiner ist die Kapazität.

Lösung: Betrachten Sie die Formel (1): Der Plattenabstand steckt in d, die Plattenoberfläche in A und das Dielektrikum in ε_r. Die Spannung kommt in der Formel nicht vor. Größen, die auf dem Bruchstrich stehen, sind zur Kapazität proportional (C steigt, wenn diese Größe steigt). d steht unter dem Bruchstrich (umgekehrt proportional). Die Aussage A ist also richtig.

Parallelschaltung von Kondensatoren

Wie bei Widerständen gibt es bei Kondensatoren eine Parallelschaltung, eine Reihenschaltung und die gemischte Schaltung.

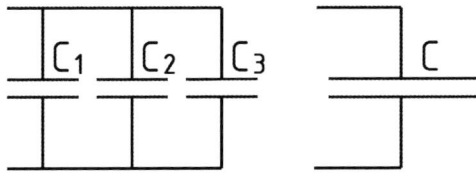

Bild 5-3: Parallelschaltung von Kondensatoren

Bei der Parallelschaltung vergrößert sich die wirksame Fläche (Bild 5-3) der gegenüber stehenden Platten. Mit größerer Fläche ergibt sich eine im Verhältnis größere Kapazität. Daraus lässt sich Folgendes ableiten.

Merke:
Die Gesamtkapazität C bei der Parallelschaltung von Kondensatoren ist gleich der Summe der Einzelkapazitäten.

$$C_G = C_1 + C_2 + C_3 + ...$$

Prüfungsaufgabe TC206
Drei Kondensatoren mit den Kapazitäten $C_1 = 0{,}1$ µF, $C_2 = 150$ nF und $C_3 = 50000$ pF werden parallel geschaltet. Wie groß ist die Gesamtkapazität?

Lösung: Zunächst wandeln wir die Kapazitätswerte in eine gemeinsame Größenordnung um. Ich wähle in diesem Fall Nanofarad (nF). 1000 pF = 1 nF, 1000 nF = 1 µF. Damit erhalten wir folgende Kapazitäten

$C_1 = 100$ nF, $C_2 = 150$ nF und $C_3 = 50$ nF.

$C_G = 100$ nF + 150 nF + 50 nF = 300 nF

$\underline{C_G = 0{,}3\ \mu F}$

Reihenschaltung von Kondensatoren

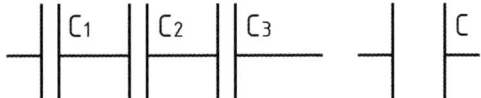

Bild 5-4: Reihenschaltung von Kondensatoren

Die Reihenschaltung mehrerer Kondensatoren (Bild 5-4) entspricht einer Vergrößerung des Plattenabstandes, was wiederum eine Kapazitätsverminderung bedeutet. Die Gesamtkapazität ist bei einer Reihenschaltung kleiner als die kleinste Einzelkapazität.

$$\frac{1}{C_G} = \frac{1}{C_1} + \frac{1}{C_2} + \frac{1}{C_3} + ...$$

Entsprechend der Formel für die Parallelschaltung von zwei Widerständen kann für die Reihenschaltung von zwei Kondensatoren folgende Formel hergeleitet werden.

$$C_G = \frac{C_1 \cdot C_2}{C_1 + C_2}$$

Übungsaufgabe ÜB501
Zwei Kondensatoren von 100 pF und 150 pF sind hintereinander (in Serie) geschaltet. Berechnen Sie die Gesamtkapazität.

Lösung mit der zweiten Formel

$$C_G = \frac{100\ \text{pF} \cdot 150\ \text{pF}}{100\ \text{pF} + 150\ \text{pF}} = \frac{100\ \text{pF} \cdot 150\ \text{pF}}{250\ \text{pF}}$$

pF kürzt sich einmal heraus.

$\underline{C_G = 60\ \text{pF}}$

Werden zwei gleich große Kondensatoren in Reihe geschaltet, halbiert sich die Kapazität, schaltet man drei gleiche Kondensatoren in Reihe, beträgt die Kapazität ein Drittel der eines Einzelkondensators und so weiter.

Kapitel 5: Der Kondensator

Gemischte Schaltungen

Wie bei Widerständen gibt es bei der gemischten Schaltung von insgesamt drei Kondensatoren die beiden Prinzipschaltungen: Zwei Kondensatoren parallel und dazu einer in Reihe oder zwei Kondensatoren in Reihe und dazu einer parallel, wie man dies in den beiden folgenden Prüfungsaufgaben sehen kann.

Prüfungsaufgabe TD105

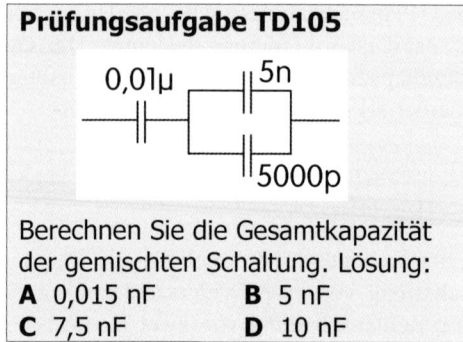

Berechnen Sie die Gesamtkapazität der gemischten Schaltung. Lösung:
A 0,015 nF   B 5 nF
C 7,5 nF   D 10 nF

Lösung: Zunächst wandeln wir die Kapazitätswerte in eine gemeinsame Größenordnung um. Ich wähle Nanofarad (nF). 1000 pF = 1 nF, 1000 nF = 1 µF. Als Bezeichnung wähle ich für den Serienkondensator C_1 und für die beiden parallel geschalteten Kondensatoren C_2 und C_3.

C_1 = 0,01 µF. Um nach Nanofarad zu kommen, muss ich das Komma um drei Stellen nach rechts versetzen. C_3 = 5000 pF. 1000 pF = 1 nF, 5000 pF sind also 5 nF.

Damit erhalten wir als Kapazitäten C_1 = 10 nF, C_2 = 5 nF und C_3 = 5 nF

Dann wird die Parallelschaltung von C_2 und C_3 berechnet.

$C_{2/3} = C_2 + C_3 = 5\,\text{nF} + 5\,\text{nF} = 10\,\text{nF}$

Dann wird die Reihenschaltung von C_1 und $C_{2/3}$ berechnet.

$$C_G = \frac{10 \cdot 10}{10 + 10}\,\text{nF} = \underline{\underline{5\,\text{nF}}}$$

In diesem speziellen Fall hätte folgende Überlegung schneller zum Ziel geführt. Schaltet man zwei gleiche Kondensatoren in Reihe (hier 10 und 10 nF), erhält man genau die Hälfte der Kapazität (hier: 5 nF).

Prüfungsfrage TD107
Welche Gesamtkapazität hat die folgende Schaltung?
Gegeben: C_1 = 0,01 µF; C_2 = 10 nF; C_3 = 5000 pF

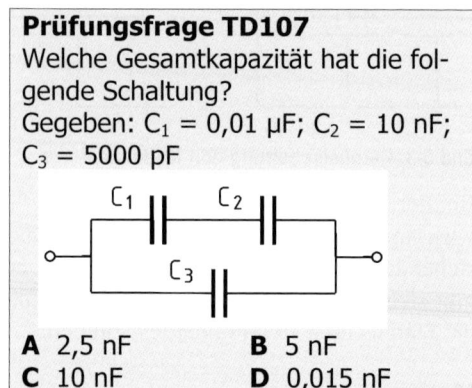

A 2,5 nF   B 5 nF
C 10 nF   D 0,015 nF

Lösung: Zunächst wandeln wir wieder die Kapazitätswerte in eine gemeinsame Größenordnung um. Ich wähle Nanofarad (nF). Damit erhalten wir als Kapazitäten C_1 = 10 nF, C_2 = 10 nF und C_3 = 5 nF

C_1 und C_2 sind in Serie geschaltet. Da die beiden Kapazitätswerte gleich sind, ergibt sich bei der Reihenschaltung die Hälfte, also 5 nF. Zu diesen 5 nF sind die 5 nF von C_3 parallel geschaltet. Damit ergibt sich insgesamt C_G = 10 nF.

Prüfungsaufgabe TD106
Welche Gesamtkapazität hat die folgende Schaltung? Gegeben: C_1 = 0,02 µF; C_2 = 10 nF; C_3 = 10000 pF

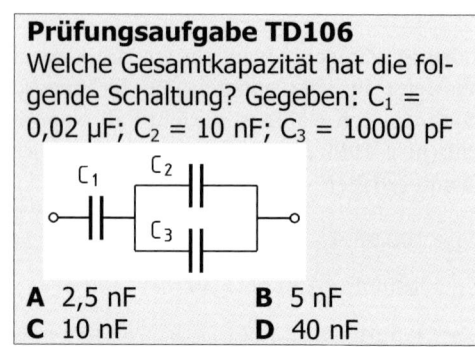

A 2,5 nF   B 5 nF
C 10 nF   D 40 nF

Wechselstromwiderstand

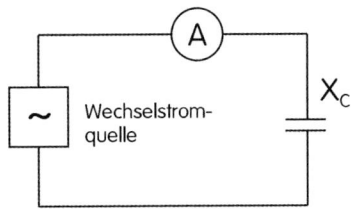

Bild 5-5: Kondensator an Wechselspannung

Ein Kondensator sperrt Gleichstrom.

Schließt man ihn aber an Wechselspannung (Bild 5-5), entspricht dies einer dauernden Ladung und Entladung des Kondensators. Je schneller die Wechsel sind, desto rascher erfolgt die Umladung. Dabei zeigt ein Strommesser, der in den Stromkreis geschaltet ist, einen Wechselstrom an, der sich aus Lade- und Entladestrom zusammensetzt.

Entsprechend dem Widerstand nach dem ohmschen Gesetz bezeichnet man das Verhältnis aus anliegender Spannung zum fließenden Wechselstrom als "Wechselstromwiderstand" des Kondensators X_C.

$$X_C = \frac{U_C}{I_C}$$

Der Wechselstromwiderstand lässt sich auch aus Kapazität und Frequenz berechnen.

$$X_C = \frac{1}{2 \cdot \pi \cdot f \cdot C}$$

Aus dieser Formel erkennt man aber, dass der Wechselstromwiderstand umso kleiner wird, je höher Frequenz oder Kapazität sind. Also: Bei höherer Frequenz leitet ein Kondensator den Wechselstrom besser. Ein Kondensator größerer Kapazität leitet den Wechselstrom besser.

Bearbeiten Sie nun Frage **TC208**.

Aufbau von Kondensatoren

Bild 5-6: Elektrolytkondensator

Kondensatoren bestehen immer aus zwei gegenüber liegenden leitenden Flächen mit einem Dielektrikum dazwischen. Häufig bestehen die leitenden Flächen aus Aluminiumfolie, die mit dem Dielektrikum beschichtet und das Ganze dann aufgewickelt wird. Das Dielektrikum muss einerseits gut isolieren, soll aber andererseits einen großen Dielektrizitätswert haben, um eine große Kapazität zu ermöglichen. Als Dielektrikum werden zum Teil keramische Werkstoffe oder auch Kunststoffe (zum Beispiel Styroflex) verwendet. Luft als Dielektrikum kommt bei den mechanisch veränderbaren (Plattendrehkondensatoren) vor.

Für sehr große Kapazitäten verwendet man *Elektrolytkondensatoren*. Bei diesen Kondensatoren besteht die eine "Platte" aus einer (lose aufgewickelten) angerauten Metallfolie und die andere aus einer elektrisch leitenden Flüssigkeit, dem Elektrolyt. Auf der Oberfläche der Metallfolie wird chemisch eine dünne Haut gebildet, die Strom nicht leitet. Sie ist das Dielektrikum dieses Kondensators. Weil sie sehr dünn und die Oberfläche der Metallfolie durch das Anrauen besonders groß ist, erreicht man hohe Kapazitäten.

Im Gegensatz zu den meisten anderen Kondensatoren sind Elektrolytkondensatoren nicht symmetrisch. Man sagt, sie sind gepolt. Auf einem solchen Kondensator sind die "+" und "-" -Anschlüsse markiert. Hält man sich nicht daran und schließt eine Gleichspannung andersherum an, so wird zunächst die dünne Haut zerstört: Der Kondensator wird leitend. Der nun fließende Strom zersetzt den Elektrolyten. Es entsteht ein Gas, das den Kondensator zum Platzen bringen kann.

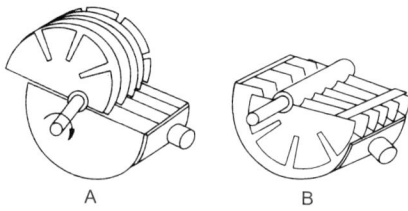

Bild 5-7: Drehkondensator
A: Platten herausgedreht, B: Platten eingedreht

Es gibt mechanisch veränderbare Kondensatoren, die aber aus Kostengründen mehr und mehr durch Kapazitätsdioden ersetzt werden. Im Bild 5-7 ist ein Drehkondensator dargestellt. Mit Hilfe einer Drehachse kann man den drehbaren Teil (Rotor) mehr oder weniger zwischen die Platten des feststehenden Teils (Stator) eindrehen und damit die Kapazität verändern.

Im Bild 5-8 sind die Schaltzeichen für Kondensatoren dargestellt. Veränderbare Kondensatoren erhalten wie veränderbare Widerstände einen Schrägstrich durch das Symbol. Ein Querstrich am Ende bedeutet, dass dieser Kondensator nur mit Hilfe eines Werkzeugs verändert werden kann (Trimmer). Ein Pfeil bedeutet Bedienbarkeit von außen. Gepolte Kondensatoren erhalten entweder ein Pluszeichen auf der entsprechenden Platte (d) oder werden einseitig dicker gezeichnet (e).

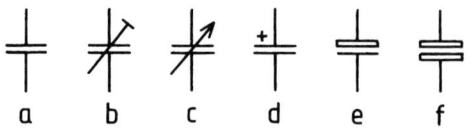

Bild 5-8: Schaltsymbole Kondensatoren:
a allgemein, b einstellbar (Trimmer), c veränderbar, d gepolt, e Elko gepolt, f Elko ungepolt

Kennzeichnung von Kondensatoren

Früher hat man die Daten (Kapazität, Toleranz, maximale Spannung) auf den Kondensator aufgedruckt. Im Zuge der Miniaturisierung ist kein Platz mehr dafür, außer bei den noch immer großen Elektrolytkondensatoren (Bild 5-5). Deshalb verwendet man zur Kennzeichnung des Kapazitätswertes ein ähnliches System wie bei den SMD-Widerständen, nämlich die Größenkennzeichnung Milli (m), Mikro (µ), Nano (n) oder Piko (p) an die Stelle des Kommas zu setzen.

Beispiele
m47 = 0,47 mF = 470 µF
4µ7 = 4,7 µF
n47 = 0,47 nF = 470 pF
4n7 = 4,7 nF
4p7 = 4,7 pF

Prüfungsfrage TC203
Welche Kapazität hat der folgend abgebildete Kondensator?

   A 3,3 µF
   B 33 µF
   C 330 µF
   D 33000 µF

Die Lösung finden Sie im Anhang 2.

Bearbeiten Sie die **Prüfungsfragen TC202, TC207, TC204** und **TC205**.

Hinweis

Wenn Sie im Text nicht alle Auswahlantworten einer Aufgabe finden, sehen Sie bitte im Anhang 1 nach. Die Lösungen der nicht beantworteten Prüfungsfragen finden Sie im Anhang 2 dieses Buches.

Kapitel 6: Spule, Transformator

Im vorigen Kapitel haben Sie den Kondensator kennen gelernt. In diesem Kapitel geht es um die Spule, die in ihrem Verhalten häufig mit dem eines Kondensators verglichen werden kann.

Übersicht:

- Induktivität
- Wechselstromwiderstand
- Bauelemente
- Transformator

Eine Spule besteht aus aufgewickeltem Draht. Wenn durch den Draht einer Spule Strom fließt, ist ein Magnetfeld vorhanden, das gespeicherte Energie darstellt. Das Magnetfeld ist nicht sichtbar. Wenn man mit einer Kompassnadel in die Nähe einer stromdurchflossenen Spule kommt und die Richtung der Nadel als Linie zeichnet, erhält man ein Bild ähnlich 6-1. Innerhalb der Spule verlaufen die Linien parallel. Man sagt, es handelt sich um ein homogenes Feld. Außerhalb schließen sich die Linien in Bögen.

> **Prüfungsfrage TB402**
> Wie nennt man das Feld im Innern einer langen Zylinderspule beim Fließen eines Gleichstroms?
> A Homogenes elektrisches Feld
> B Zentriertes magnetisches Feld
> C Konzentrisches Magnetfeld
> D Homogenes magnetisches Feld

Sie finden die richtige Lösung wiederum im Anhang. Vergleichen Sie!

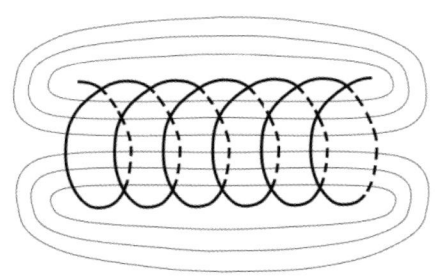

Bild 6-1: Spule mit Magnetfeld

Kapitel 6: Spule, Transformator

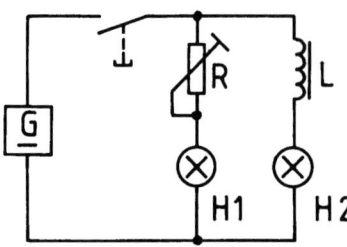

Bild 6-2: Demonstration der Selbstinduktion

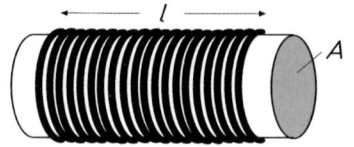

Bild 6-3: Zylinderspule

Energieübertragung kann sehr schnell, aber niemals augenblicklich erfolgen. Sie dauert immer eine gewisse Zeit. Deshalb steigt der Strom in einer Spule nie augenblicklich an. Er baut sich immer nach und nach auf, während die Energie in das Magnetfeld übertragen wird. Dieses langsame Ansteigen soll durch einen Versuch nachgewiesen werden.

Schaltet man wie in Bild 6-2 zwei Glühlampen gleichzeitig an eine Spannungsquelle, wobei eine Glühlampe über einen Widerstand und die andere über eine Spule mit vielen Windungen und Eisenkern angeschlossen ist, so leuchtet die Lampe mit der Spule deutlich später auf, obwohl nachher beide Lampen gleich hell leuchten. Der Strom wird also verzögert.

Bearbeiten Sie die Prüfungsfrage TC305!

Diese Verzögerung kommt dadurch zustande, dass zunächst in dem Draht der Spule eine Gegenspannung erzeugt wird, sobald sich der Strom durch die Spule ändert und das Magnetfeld aufgebaut wird. Diese Gegenspannung wird Selbstinduktionsspannung genannt.

Wenn man bei der Spule Bild 6-2 den Eisenkern herauslässt oder die Spule durch eine mit weniger Windungen ersetzt, wird die Verzögerung geringer. Diese Abhängigkeit wird zusammengefasst in dem Selbstinduktionskoeffizienten, der Induktivität L.

Mathematisch lässt sich dies mit Hilfe von Formeln ausdrücken. Die Induktivität lässt sich aus ihren geometrischen Abmessungen und den Werkstoffeigenschaften des verwendeten Kerns berechnen.

$$\boxed{L = \frac{\mu \cdot A}{l} N^2} \quad \text{Vergleich: } C = \frac{\varepsilon \cdot A}{d}$$

Die Werkstoffeigenschaften des Kerns werden durch die Permeabilität μ gekennzeichnet, ähnlich wie die Dielektrizitätskonstante beim Kondensator. A ist die Querschnittsfläche der Spule. Beim Kondensator war dies die Plattenfläche. l ist die Länge der magnetischen Feldlinien. Beim Kondensator war dies der Plattenabstand – dort mit d bezeichnet. Hinzugekommen ist die quadratische Abhängigkeit von der Windungszahl.

Die Induktivität steigt mit dem Permeabilitätswert μ, mit der Querschnittsfläche A und sogar quadratisch mit der Windungszahl N, sinkt aber mit der Spulenlänge l. Die Einheit der Induktivität ist Henry (H). Typisch sind Luftspulen in Mikrohenry (μH) oder Spulen mit Ferritkernen in Millihenry (mH).

In der Praxis wird eine Spule so hergestellt, dass man den Draht Windung an Windung auf einen Wickelkörper wickelt, wie die Skizze im Bild 6-3 zeigt. Im Amateurfunk verwendet man auch selbst tragende Luftspulen aus dickem Draht (Bild 6-7).

Kapitel 6: Spule, Transformator

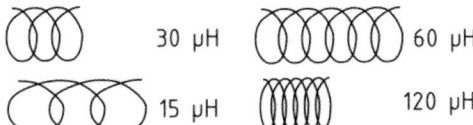

Bild 6-4: Veränderung der Geometrie einer Spule

Wenn man eine Spule (zum Beispiel 30 µH) auf die doppelte Länge auseinander zieht, "verdünnt" sich das Magnetfeld und die Induktivität halbiert sich (15 µH). Wenn man eine Spule auf die halbe Länge zusammen staucht, ist das Magnetfeld konzentrierter: Die Induktivität der Spule hat sich verdoppelt. Wenn man eine Spule auf die doppelte Windungszahl verlängert, verdoppelt sich die Induktivität ebenfalls (60 µH). Wenn man die nun doppelt so lange Spule anschließend wieder auf die ursprüngliche Länge zusammenstaucht, verdoppelt sich die Induktivität nochmals (120 µH). Man hat also die vierfache Induktivität der ursprünglichen Spule.

Merke: Doppelte Windungszahl bei gleichen Abmessungen: Vierfache Induktivität, bzw. doppelte Länge: Halbe Induktivität!

> Bearbeiten Sie die **Prüfungsfragen TC301** und **TC302**.

Um die Induktivität zu vergrößern, werden Spulenkerne (Bild 6-6c) aus Ferrit verwendet. Ferrit-Gewindekerne ermöglichen einstellbare Induktivitäten. Man kann diese Kerne unterschiedlich tief in die Spule hinein schrauben. Je nach dem, ob der Gewindekern sich hauptsächlich außerhalb der Spule befindet oder tief in sie hinein ragt, ist die Induktivität der Spule kleiner oder größer. *Achtung:* Ein Kupferkern wirkt wie eine Kurzschlusswindung und verringert die Induktivität.

> Bearbeiten Sie die **Prüfungsfragen TC303** und **TC304**.

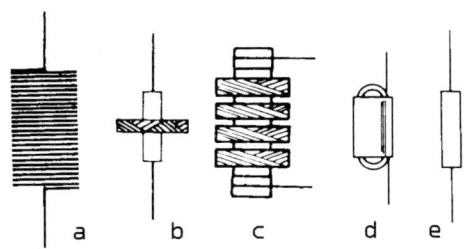

Bild 6-5: Spulen mit geringer Induktivität

Fertig gewickelte Spulen kleiner Induktivität sind im Handel erhältlich. Luftspulen (Bild 6-5 a und Bild 6-7) werden von Funkamateuren, die ihre Geräte selber bauen, selbst gewickelt. Die in einer Prüfungsfrage vorkommende Kreuzwickelspule ist in den Bildern 6-5 b und 6-5 c dargestellt.

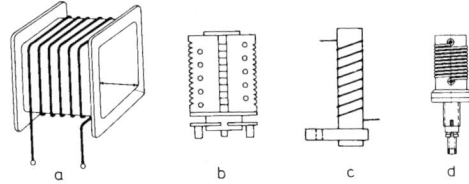

Bild 6-6: Wickelkörper für Spulen

Für die Selbstherstellung von Spulen gibt es Wickelkörper unterschiedlichster Bauformen, wovon einige im Bild 6-6 dargestellt sind. Für Senderendstufen werden häufig Luftspulen aus dickerem Draht verwendet. Eine drehbare Spule mit Abgriff (Schleifer) ermöglicht die Variation der Induktivität.

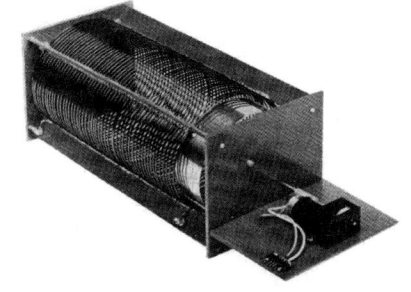

Bild 6-7: Luftspule mit variabler Induktivität

Reihen- und Parallelschaltung

Bild 6-8: Die Schaltzeichen der Induktivität

Nach DIN sind zwei Schaltzeichen zulässig. Eine komplette Liste aller Schaltzeichen finden Sie unter Wikipedia im Internet http://de.wikipedia.org/wiki/Liste_der_Schaltzeichen_(Elektrik/Elektronik).

Die Berechnung bei der Reihen- und bei der Parallelschaltung erfolgt wie beim Widerstand. Sind die Spulen in Reihe geschaltet, addieren sich die Induktivitäten der Spulen zur Gesamtinduktivität.

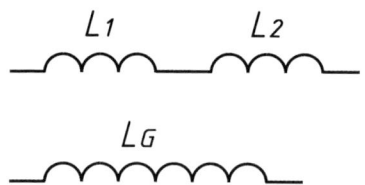

Bild 6-9: Reihenschaltung von Spulen

$$L_G = L_1 + L_2 + \ldots$$

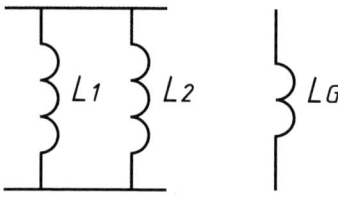

Bild 6-10: Parallelschaltung von Spulen

Entsprechend dem Widerstand lautet die Formel für die Parallelschaltung von Spulen

$$\frac{1}{L_G} = \frac{1}{L_1} + \frac{1}{L_2} + \ldots$$

Wechselstromwiderstand

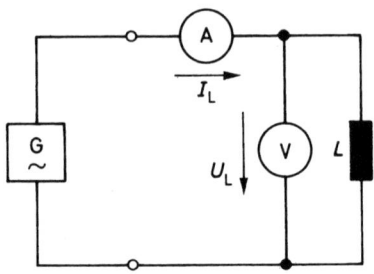

Bild 6-11: Spule an Wechselspannung

Schließt man eine Spule an Wechselspannung an (Bild 6-11), entspricht dies einer dauernden Änderung des Stromflusses, was eine ständige Entstehung einer Selbstinduktionsspannung und damit eine Verringerung des Stromflusses zur Folge hat. Dies wirkt sich also wie ein Widerstand aus. Man bezeichnet es, wie beim Kondensator, als Wechselstromwiderstand der Spule oder als induktiven Blindwiderstand X_L.

$$X_L = \frac{U_L}{I_L}$$

Die Berechnung aus Induktivität und Frequenz erfolgt gemäß folgender Formel.

$$X_L = 2 \cdot \pi \cdot f \cdot L$$

Vergleich: $X_C = \dfrac{1}{2 \cdot \pi \cdot f \cdot C}$

Der Wechselstromwiderstand ist umso größer, je größer die Induktivität der Spule ist und je rascher sich der Strom ändert, je höher also die Frequenz des Wechselstroms ist. Beim Kondensator war es genau umgekehrt.

Bearbeiten Sie die **Prüfungsfrage TC306**.

Übertrager – Transformator

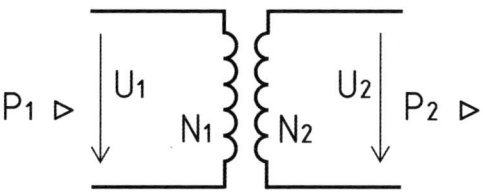

Bild 6-12: Übertrager, Transformator

Werden zwei elektrisch getrennte Spulen von einem gemeinsamen Magnetfeld durchdrungen, zum Beispiel wenn sie auf einen gemeinsamen Kern gewickelt sind, verhalten sich die Wechselspannungen in den Wicklungen wie deren Windungszahlen. Das Verhältnis der Windungszahlen N_1 zu N_2 nennt man Übersetzungsverhältnis ü.

$$\ddot{u} = \frac{N_1}{N_2} = \frac{U_1}{U_2}$$

Die Eingangswicklung eines Übertrages nennt man Primärseite (N_1, U_1), die Ausgangswicklung Sekundärseite (N_2, U_2). Einen verlustlosen Transformator nennt man Übertrager. Mit einem Übertrager lassen sich Spannungen, Ströme und auch ohmsche Widerstände übersetzen.

Prüfungsaufgabe TC402
Ein Trafo liegt an 45 Volt und gibt 180 Volt ab. Seine Primärwicklung hat 150 Windungen. Wie groß ist die Sekundärwindungszahl?

Lösung: $\dfrac{N_1}{N_2} = \dfrac{U_1}{U_2}$

umgestellt: $N_2 = \dfrac{U_2}{U_1} \cdot N_1$

$N_2 = \dfrac{180\,\text{V}}{45\,\text{V}} \cdot 150 = \underline{\underline{600}}$

Die Sekundärwicklung hat 600 Windungen.

Prüfungsfrage TC401
Ein Trafo liegt an 230 Volt und gibt 11,5 Volt ab. Seine Primärwicklung hat 600 Windungen. Wie groß ist seine Sekundärwindungszahl?
A 20 Windungen
B 30 Windungen
C 52 Windungen
D 180 Windungen

Diese Aufgabe wird genau wie Aufgabe TC402 gelöst. Auch hier ist die Primärspannung und die Sekundärspannung sowie die Primärwindungszahl gegeben.

Prüfungsfrage TC403
Die Primärspule eines Übertragers hat die fünffache Anzahl von Windungen der Sekundärspule. Wie hoch ist die erwartete Sekundärspannung, wenn die Primärspule an eine 230-V-Stromversorgung angeschlossen wird?
A 9,2 Volt   B 23 Volt
C 46 Volt   D 1150 Volt

Tipp: Bei dieser Aufgabe muss nach U_2 umgestellt werden. Für die Primärwindungszahl kann man einfach den Wert 5 und für die Sekundärwindungszahl den Wert 1 einsetzen. Es kommt ja nur auf das Verhältnis an.

Beginnen Sie mit dem Ansatz

$$\frac{U_2}{U_1} = \frac{N_2}{N_1}$$

Hinweis

Wenn Sie im Text nicht alle Auswahlantworten einer Aufgabe finden, sehen Sie bitte im Anhang 1 nach. Die Lösungen der nicht beantworteten Prüfungsfragen finden Sie im Anhang 2 dieses Buches.

Kapitel 7: Schwingkreis, Filter

Übersicht

- Der Schwingungsvorgang
- Resonanzfrequenz
- Reihenschwingkreis
- Parallelschwingkreis
- Tiefpass, Hochpass

Eine sehr wichtige Schaltung in der Hochfrequenztechnik und damit in der Amateurfunktechnik ist der Schwingkreis als ein Sonderfall der Zusammenschaltung von Spule und Kondensator. Man unterscheidet den *Reihenschwingkreis* als Reihenschaltung und den *Parallelschwingkreis* als Parallelschaltung von Spule und Kondensator wie sie in folgendem Bild 7-1 dargestellt sind.

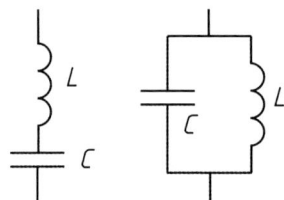

Bild 7-1: Reihenschwingkreis (links), Parallelschwingkreis (rechts)

Schwingungsvorgang

Den beiden Bauelementen Spule und Kondensator ist gemeinsam, dass sie während einer bestimmten Zeit Energie aufnehmen und speichern können, die sie dann später wieder abzugeben vermögen.

Der Kondensator benötigt elektrische Energie zum Aufbau des elektrischen Feldes (Laden des Kondensators), die dann bei der Entladung wieder frei wird. Die Spule benötigt ebenfalls elektrische Energie, aber zum Aufbau eines magnetischen Feldes. Beim Abbau dieses Feldes wird diese Energie wieder frei. Dies zeigt sich zum Beispiel beim Abschalten von Spulen in elektrischen Schaltkreisen, wo die frei werdende Energie eine hohe Spannung am Ausschaltkontakt bewirkt.

Gibt man auf einen dieser zusammen geschalteten Bauelemente Energie, zum Beispiel durch eine von außen her zugeführte Ladung des Kondensators, so pendelt die Energie zwischen beiden hin und her. Spule und Kondensator wirken abwechselnd als Energiequelle und als Energiespeicher. Siehe Bild 7-2 auf der nächsten Seite!

Kapitel 7: Schwingkreis, Filter

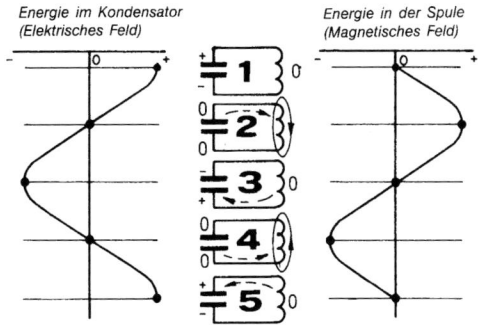

Bild 7-2: Die Energie pendelt zwischen Kondensator und Spule hin und her

Schließt man (gedanklich) einen geladenen Kondensator an eine Spule an (siehe Bild 7-2, Fall 1), so wird sich der Kondensator über die Spule entladen, wodurch in der Spule durch den Stromfluss ein magnetisches Feld entsteht, während das elektrische Feld im Kondensator abgebaut wird.

Nach Beendigung der Entladung steckt die gesamte Energie in Form des Magnetfeldes in der Spule. Sobald kein Strom mehr fließt (Fall 2), bricht das Magnetfeld zusammen und die dadurch erzeugte Induktionsspannung bewirkt einen Strom, mit dem der Kondensator in entgegen gesetzter Richtung wieder geladen wird.

Wenn der Schwingkreis keine Verluste hätte, würde nun die gesamte Energie wieder im Kondensator stecken (Fall 3) und nun der Vorgang wieder in umgekehrter Richtung ablaufen (Fall 4 und Fall 5). Es ergäbe sich eine ungedämpfte Schwingung (Bild 7-3).

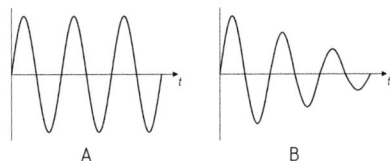

Bild 7-3: A: Ungedämpfte und B: gedämpfte Schwingung

Da aber jede Spule einen Ohmschen Widerstand (Kupferdraht!) besitzt, wird bei diesem Pendelvorgang jedes Mal ein wenig Energie in Wärme umgesetzt, so dass die Schwingungen immer kleiner werden. Man sagt, die Schwingungen sind gedämpft. Wenn man ungedämpfte Schwingungen erzeugen will (Sender, Oszillator), muss dem Schwingkreis von außen die entsprechende Energie im richtigen Augenblick wieder zugeführt werden.

Resonanzfrequenz

Die Zeitdauer einer Pendelschwingung hängt von den Größen der Kapazität und der Induktivität ab. Ist die Kapazität zum Beispiel sehr groß, dauert es sehr lange bis der Kondensator entladen ist. Die Frequenz der Schwingung ist also sehr niedrig. Die Frequenz, die sich nach einmaligem Anstoßen einstellt, nennt man Resonanzfrequenz.

Aus der Kapazität und der Induktivität eines Schwingkreises kann man die Resonanzfrequenz nach folgender Formel berechnen.

$$f_{res} = \frac{1}{2\pi\sqrt{L \cdot C}}$$

Diese Formel – nach dem Ohmschen Gesetz die zweitwichtigste Formel für den Funkamateur – wird als "Thomsonsche Schwingkreisformel" bezeichnet. Aus der Formel kann man erkennen, dass die Resonanzfrequenz f_{res} umgekehrt proportional zur Induktivität L und zur Kapazität C ist.

> Bearbeiten Sie die **Prüfungsfrage TD204**!

Tipp zu TD204:
Mehr Windungen: L wird größer, f kleiner
Länge geringer: L wird größer, f kleiner
Ferritkern einführen: L größer, f kleiner

53

Reihenschwingkreis

Schaltet man die Bauelemente Spule und Kondensator hintereinander (in Reihe also), so nennt man diese Schaltung Reihenschwingkreis (Bild 7-4).

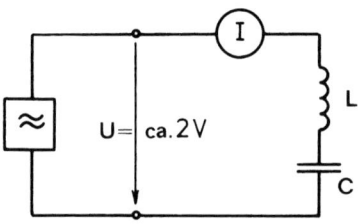

Bild 7-4: Reihenschwingkreis an einem Wechselspannungsgenerator

Experiment
Wenn Sie im Rahmen eines Amateurfunklehrgangs die Möglichkeit haben, mit Schul- oder Clubgeräten zu arbeiten, führen Sie einmal folgenden Versuch durch. Bauen Sie die Schaltung nach Bild 7-4 mit L = 100 mH und C = 10 nF auf. Schalten Sie einen Strommesser für Wechselstrom mit möglichst niedrigem Innenwiderstand in Reihe. Ändern Sie dann die Frequenz zwischen zirka 100 Hertz und 10 Kilohertz und messen Sie den Strom. Achten Sie darauf, dass sich die Generatorspannung möglichst nicht ändert.

Für diejenigen, die keine Messmöglichkeit haben, sei folgende Tabelle mit Messwerten vorgegeben. Hinweis: Der gemessene Strom kann bei Ihrer Messung kleiner oder größer sein. Es hängt vom Widerstand der Spule und vom Innenwiderstand des Generators ab.

Bei konstanter Generatorspannung von 2,5 V wurden gemessen:

f	1	2	3	4	4,7	5	5,3	6	7	10	kHz
I	3	5	8	16	70	100	70	20	12	5	mA
Z							125				Ω

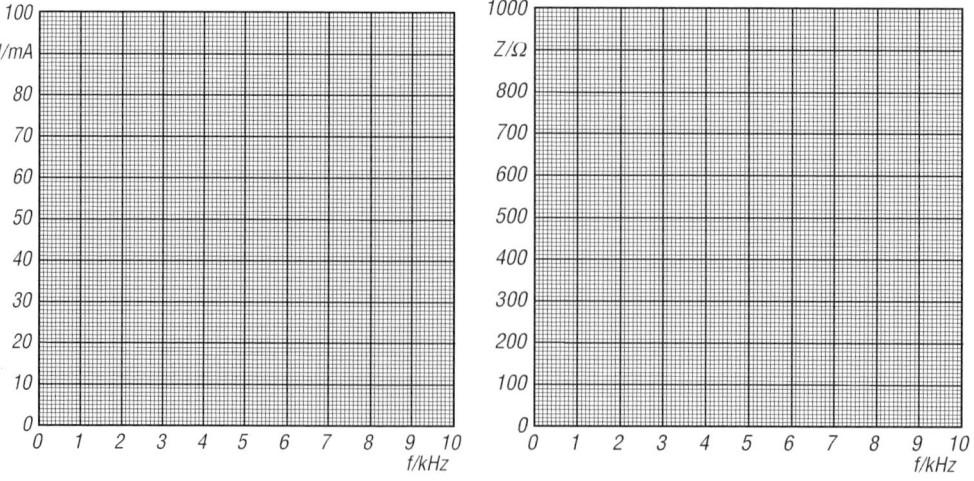

Bild 7-5: Strom und Scheinwiderstand in Abhängigkeit von der Frequenz

Kapitel 7: Schwingkreis, Filter

Aufgabe
Tragen Sie zunächst die Messwerte für den Strom in das Diagramm Bild 7-5 links ein.

Wenn man bei Wechselstromwerten die anliegende Spannung durch den fließenden Strom teilt, erhält man wie beim Ohmschen Gesetz einen Widerstandswert in Ohm, den man hier aber Scheinwiderstand Z nennt. Bei 6 kHz wurden bei U = 2,5 V beispielsweise 20 mA gemessen. Dies ergibt einen Scheinwiderstand von

$$Z = \frac{U}{I} = \frac{2,5\,\text{V}}{0,02\,\text{A}} = 125\,\Omega$$

Aufgabe
Berechnen Sie mit Ihren gemessenen Werten oder mit den Werten aus obiger Tabelle den Scheinwiderstand bei den angegebenen Frequenzen. Tragen Sie die Ergebnisse in die Tabelle und anschließend auch in das rechte Diagramm von Bild 7-5 ein.

Wenn Sie richtig gerechnet und gezeichnet haben, ergeben sich Kurven, die bei f = 5 kHz ein Strommaximum beziehungsweise ein Scheinwiderstandsminimum haben.

Solche Kurven, also die Abhängigkeit des Stromes, der Spannung oder des Scheinwiderstandes von der Frequenz eines Schwingkreises, nennt man Impedanzkurven. Den Scheinwiderstand bei der Resonanzfrequenz nennt man Resonanzwiderstand. Er ist beim Reihenschwingkreis recht klein. Hier beträgt er beispielsweise 25 Ohm. Siehe Prüfungsfrage **TD201**!

Diese im Niederfrequenzbereich durchgeführten Überlegungen gelten ebenso im Hochfrequenzbereich. Allerdings treten hier außer den Ohmschen Verlusten (Wicklungswiderstand der Spule) auch noch Verluste im Kernmaterial und Verluste der verminderten Leitfähigkeit des Drahtes infolge des „Skineffektes" auf. Skineffekt bedeutet: Bei hohen Frequenzen fließt der Strom nicht mehr gleichmäßig verteilt durch den Querschnitt, sondern mehr an der Oberfläche (Skin) des Drahtes.

Merken Sie sich: Bei einem Reihenschwingkreis ist der Resonanzwiderstand klein. Er ist ungefähr so groß wie der Verlustwiderstand der Spule.

Ein Reihenschwingkreis wird wegen der Eigenschaft, dass er bei einer Frequenz (Resonanzfrequenz) praktisch einen Kurzschluss darstellt, zur Störungsunterdrückung beim gestörten Empfänger eingesetzt (Saugkreis). Im folgenden Bild 7-6 ist eine typische Anwendung des Serienschwingkreises im Amateurfunk dargestellt.

Einen Saugkreis finden Sie in Prüfungsfrage **TD209**! Diese Prüfungsaufgabe können Sie allerdings erst beantworten, wenn Sie auch die folgenden Kapitel über Hochpass und Tiefpass durchgearbeitet haben. Also: Noch Geduld!

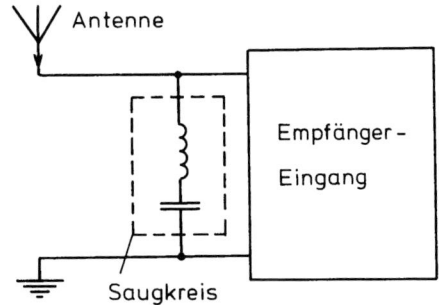

Bild 7-6: Anwendung des Reihenschwingkreises als Saugkreis

Kapitel 7: Schwingkreis, Filter

Parallelschwingkreis

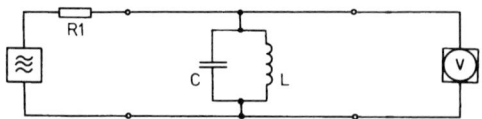

Bild 7-7: Versuchsaufbau zur Messung der Resonanzkurve eines Parallelschwingkreises

Der Schwingkreis ist für einen Funkamateur sehr wichtig. Deshalb machen wir wieder einen Laborversuch. Sie benötigen dazu einen Frequenzgenerator und ein Oszilloskop oder ein Wechselspannungsmessgerät für den Frequenzbereich bis 10 Kilohertz. Ferner benötigen Sie für den Schwingkreis die Bauelemente aus dem Versuch vom Reihenschwingkreis.

> **Experiment**
> Schalten Sie die beiden Bauelemente L = 100 mH und C = 10 nF, die Sie beim Reihenschwingkreis verwendet haben, nach Schaltung Bild 7-7 parallel. Um den Strom einigermaßen konstant zu halten, vergrößern Sie den Innenwiderstand des Generators durch Hinzufügen eines Widerstandes auf 1 MΩ. Wählen Sie eine Generatorspannung von zirka 3 Volt. Messen Sie die Spannung am Schwingkreis mit einem Oszilloskop und tragen Sie die Messwerte in Abhängigkeit von der Frequenz in eine ähnliche wie die folgende Tabelle ein.

Ergeben sich bei Ihnen ähnliche Messwerte wie die in folgender Tabelle?

f	1	2	3	4	4,7	5	5,3	6	7	10	kHz
U	0,02	0,04	0,06	0,1	0,7	1	0,7	0,15	0,1	0,05	V
Z			20			333					kΩ

Den Strom kann man als ungefähr konstant annehmen mit 3V / 1 MΩ = 3 µA.

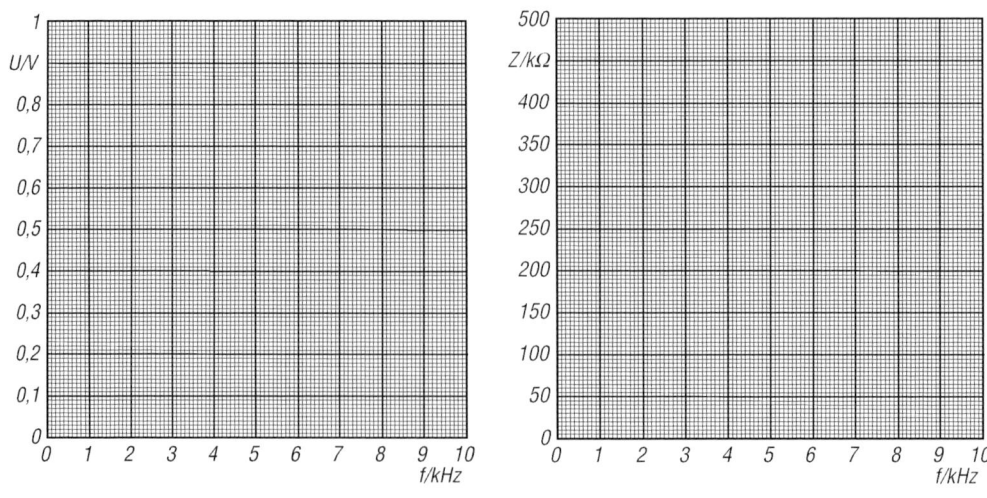

Bild 7-8: Resonanzkurven für Spannung (links) und Scheinwiderstand eines Parallelschwingkreises

Aufgabe zu Bild 7-8
Berechnen Sie für die einzelnen gemessenen Spannungen den jeweiligen Scheinwiderstand und tragen Sie die Werte in obige Tabelle ein. Zwei Werte sind bereits eingetragen.

Aufgabe
Tragen Sie die Messwerte für die Spannung und die berechneten Werte für den Scheinwiderstand in die Diagramme Bild 7-8 ein.

Es sollten sich Kurven wie beim Reihenschwingkreis ergeben, allerdings in beiden Fällen ein Maximum.

Merke: Bei einem Parallelschwingkreis ist der Scheinwiderstand bei der Resonanzfrequenz am größten.

Bei dieser Frequenz erreicht auch die Spannung ihr Maximum, wenn man den Schwingkreis mit einem Generator mit hohem Innenwiderstand speist. Wegen dieser Eigenschaft wird der Parallelschwingkreis in Hochfrequenzverstärkern (Siehe Amateurfunk-Lehrgang für die Klasse A, Kapitel 7) eingesetzt.

Die zu verstärkende Spannung erreicht bei der Resonanzfrequenz ihren Höchstwert. Eine Anwendung ist der *Sperrkreis*. Schaltet man einen Parallelschwingkreis in Reihe zum Eingang eines Empfängers, wird die Frequenz um die Resonanzfrequenz herum (Bandbreite: Siehe folgender Abschnitt) *gesperrt*, weil der Parallelschwingkreis ja einen sehr großen Widerstand für diesen Frequenzbereich darstellt. **Aufgabe TD207!**

Zusammenfassung: Beim Parallelschwingkreis ist der Scheinwiderstand bei der Resonanzfrequenz am größten, beim Reihenschwingkreis ist er am kleinsten (Bild 7-9).

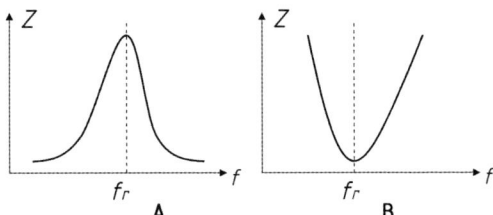

Bild 7-9: Scheinwiderstand A: des Parallelkreises und B: des Reihenkreises

f_r im Bild 7-9 steht für „Resonanzfrequenz". Zur Erinnerung: Das ist die Eigenfrequenz eines Schwingkreises.

Bearbeiten Sie die **Prüfungsfragen TD202, TD203** und **TD205!**

Bandbreite

Ein Hochfrequenzverstärker, der mit einem Schwingkreis als Arbeitswiderstand beschaltet ist, verstärkt nicht nur eine einzige Frequenz, sondern einen gewissen Frequenzbereich, ein Frequenzband. Diesen bevorzugten Bereich, bei der die Spannung oder der Scheinwiderstand jeweils auf 70 Prozent des Maximalwertes abgefallen ist, nennt man Bandbreite (Bild 7-10). Mehr darüber im Lehrgang für die Klasse A!

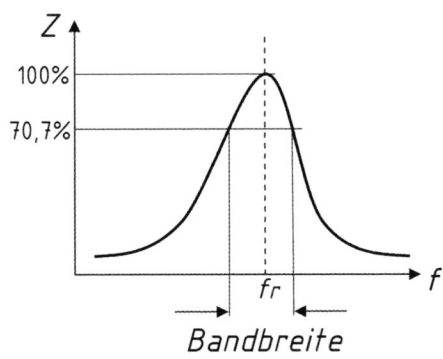

Bild 7-10: Die Bandbreite eines Parallelschwingkreises

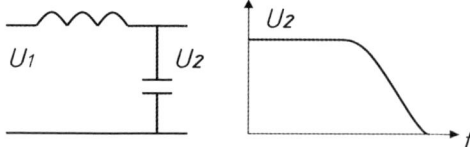

Bild 7-11: Der Tiefpass (links) und der zugehörige Frequenzgang

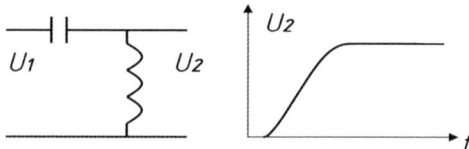

Bild 7-12: Der Hochpass (links) und der zugehörige Frequenzgang

Tiefpass, Hochpass

Durch eine weitere Zusammenschaltung von Spule und Kondensator ergeben sich Schaltungen, die man *Tiefpass* oder *Hochpass* nennt. Schaltet man eine Spule in Reihe zum Signalweg und den Kondensator dahinter parallel zum Signal, erhält man einen Tiefpass (Bild 7-11). Die Tiefpasswirkung lässt folgendermaßen beschreiben.

Hat man eine zunächst niedrige Frequenz, stellt die Spule einen geringen induktiven Widerstand dar und der Kondensator hat einen großen kapazitiven Widerstand. Es entsteht ein Spannungsteiler, bei dem ein kleiner Widerstand oben in Serie und ein großer am Ausgang parallel geschaltet sind. Nur wenig Spannung geht verloren. Die Ausgangsspannung U_2 ist fast genau so groß wie die Eingangsspannung U_1 (siehe Bild 7-11 rechts).

Steigt die Frequenz, wird der induktive Widerstand größer und der kapazitive kleiner. Immer mehr Spannung geht verloren. Die hohen Frequenzen kommen also nicht so gut durch oder anders herum ausgedrückt: Die tiefen Frequenzen werden gut durchgelassen (sie können „passieren" – durch gehen) – Tiefpass. Die Frequenz, bei der die Ausgangsspannung nur noch 70 Prozent so groß ist wie die Eingangsspannung, nennt man Grenzfrequenz.

In der Schaltung Bild 7-12 ist gegenüber Bild 7-11 der Kondensator mit der Spule vertauscht. Haben wir eine tiefe Frequenz, stellt der Kondensator in Serie einen großen Widerstand dar und die Spule einen geringen. Deshalb kommt wenig Spannung durch. Erst bei *hohen* Frequenzen lässt der Kondensator die Spannung "passieren" und die Spule schließt nicht mehr kurz: *Hochpass*.

Diese Schaltungen werden im Amateurfunk recht häufig angewendet, um beispielsweise den Kurzwellenbereich zu sperren und den UKW- und Fernsehbereich durchzulassen, wenn durch Sender elektromagnetische Unverträglichkeiten beim Radio- oder Fernsehempfang auftreten.

Auch hier gilt: Ausführlicher wird dieses Kapitel „Tiefpass, Hochpass" im Amateurfunklehrgang für die Klasse A behandelt.

Eselsbrücke: Kondensator ...
... oben (hoch): Hochpass,
... unten (tief): Tiefpass

Kopf hoch!

Dies war das letzte Kapitel des trockenen Stoffes der elektrotechnischen Grundlagen. Machen Sie weiter mit der viel interessanteren Hochfrequenztechnik, Elektronik, Sender- und Empfängertechnik.

Bearbeiten Sie die **Prüfungsaufgaben TD206, TD208** und **TD210** (Siehe Anhang 1)!

Kapitel 8: Elektromagnetisches Feld

Übersicht:

- Das elektrische Feld
- Das magnetische Feld
- Erzeugung elektromagnetischer Wellen
- Polarisation
- Wellenlänge

Mit Hilfe der Funktechnik sollen Informationen drahtlos übertragen werden. Zum Aufbau einer solchen Funkstrecke wird auf der einen Seite ein Sender benötigt, der mit der zu übertragenden Nachricht moduliert wird, und auf der anderen Seite ein Empfänger, der die Nachricht verarbeiten kann.

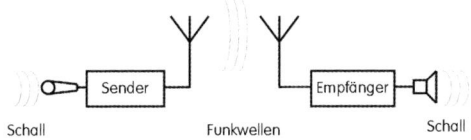

Bild 8-1: Die Funkstrecke

Durch die Erzeugung und die Ausbreitung elektromagnetischer Wellen ist es möglich, diese Nachricht über große Entfernungen drahtlos zu übertragen. Dies ist die eigentliche Funktechnik.

Diese elektromagnetischen Wellen bestehen aus elektrischen und magnetischen Feldern mit einer sehr hohen Frequenz (Hochfrequenz). In den folgenden Abschnitten soll nun der Versuch gemacht werden, diese unsichtbaren Felder ein wenig begreifbar zu machen.

Dazu wird zunächst gezeigt, wie statische (unveränderliche) elektrische und magnetische Felder erzeugt werden und wie man sie durch Linien darstellt. In Wirklichkeit sind es natürlich keine Linien sondern Felder, die wie die Luft überall vorhanden sind, aber unterschiedliche Feldstärke haben.

Kapitel 8: Elektromagnetisches Feld

Elektrisches Feld

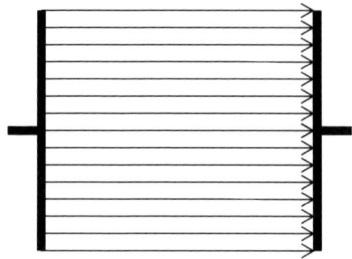

Bild 8-2: Elektrisches Feld zwischen zwei parallelen Platten

Wird an zwei voneinander isolierten Metallplatten eine Gleichspannung gelegt, entsteht im Raum zwischen den Platten ein elektrisches Feld. Wenn die Platten parallel zueinander sind, entsteht ein gleichmäßiges (homogenes) Feld, das durch parallele Linien dargestellt wird (Bild 8-2).

> **Prüfungsfrage TB302**
> Wie nennt man das Feld zwischen zwei parallelen Kondensatorplatten?
> A Homogenes elektrisches Feld
> B Homogenes magnetisches Feld
> C Polarisiertes elektrisches Feld
> D Polarisiertes magnetisches Feld

Die Stärke des elektrischen Feldes ist umso größer, je höher die Spannung U zwischen den Platten und je kleiner der Abstand ist.

Elektrische Feldstärke $\boxed{E = \frac{U}{d}}$ in $\frac{V}{m}$

> **Prüfungsaufgabe TB301**
> Welche Einheit wird für die elektrische Feldstärke verwendet?
> A Watt pro Quadratmeter (W/m²)
> B Ampere pro Meter (A/m)
> C Henry pro Meter (H/m)
> D Volt pro Meter (V/m)

Magnetisches Feld

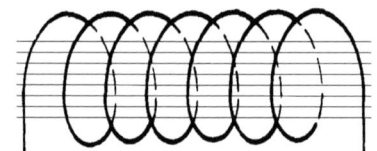

Bild 8-3: Magnetisches Feld im Innern einer Zylinderspule

Wenn durch den Draht einer Zylinderspule wie in Bild 8-3 Gleichstrom fließt, entsteht im Innern ein gleichmäßiges magnetisches Feld. Eine Kompassnadel wird zum Beispiel dadurch bewegt. Siehe auch Bild 6-1 und **Prüfungsfrage TB402**!

Die magnetische Feldstärke zu berechnen, ist nicht ganz einfach. Deshalb wird hier im Lehrgang Klasse E keine Formel angegeben. Aber die Feldstärke wird mit der Stromstärke größer und mit der Länge der (geschlossenen) Feldlinie geringer. Die Einheit wird in Ampere pro Meter (A/m) angegeben.

> **Prüfungsfrage TB401**
> Welche Einheit wird für die magnetische Feldstärke verwendet?

Ein einzelner Strom durchflossener Leiter erzeugt übrigens ein ringförmiges Magnetfeld, wie es in Bild 8-4 dargestellt ist. Solch ein ringförmiges Magnetfeld entsteht in einem Antennendraht, wenn man einen Hochfrequenzstrom hindurchschickt.

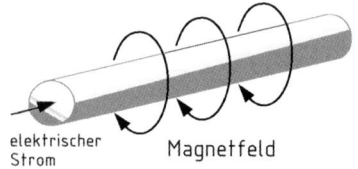

Bild 8-4: Magnetfeld eines stromdurchflossenen Leiters

Elektromagnetisches Feld

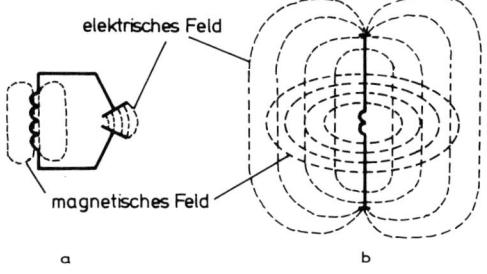

Bild 8-5: Die Antenne als offener Schwingkreis

Werden die Kondensatorplatten eines Schwingkreises auseinander gezogen, so verlaufen die elektrischen Feldlinien nicht nur innerhalb des Kondensators von einer Platte zur anderen, sondern sie gehen weit durch den Raum (Bild 8-5 a). Zieht man auch noch die Spule auseinander, erhält man eine Dipolantenne (Bild 8-5 b). Die elektrischen Feldlinien verlaufen nun von der einen Seite des Drahtes zur anderen durch den Raum. Die magnetischen Feldlinien bilden geschlossene Kreise um den Draht.

Eine Antenne ist ein so genannter *offener Schwingkreis*. Wie bei einem Parallelschwingkreis pendeln auch bei einem offenen Schwingkreis die elektrische Energie des Kondensators (elektrisches Feld) und die magnetische Energie der Spule (magnetisches Feld) immer hin und her. Die beiden Felder verlaufen nicht gleichphasig. Wenn das magnetische Feld stärker wird, nimmt das elektrische Feld ab und umgekehrt.

Eine Antenne wird vom Sender mit hochfrequenter Energie (Wechselspannung) gespeist. Zu einem bestimmten Zeitpunkt fließt beispielsweise maximaler Strom in der Antenne, die Spannung ist dann gerade Null (Bild 8-6a). Um die Antenne hat sich ein geschlossenes magnetisches Feld gebildet, das eine bestimmte Richtung hat (1).

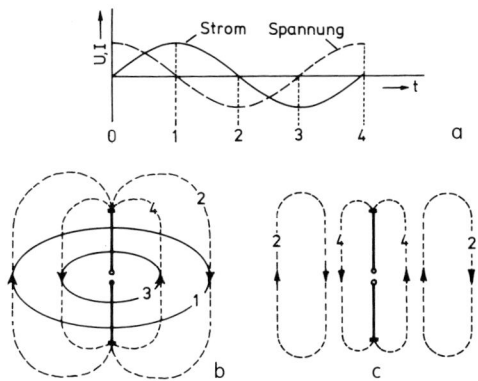

Bild 8-6: Zur Erklärung der Ablösung elektromagnetischer Wellen

Nun nimmt der Strom ab und die Spannung steigt bis zum Zeitpunkt 2. Jetzt ist nur ein elektrisches Feld vorhanden, das eine bestimmte Richtung hat. Auch diese elektrischen Feldlinien sind in sich geschlossen. Sie verlaufen durch den Draht der Antenne.

Da im Zeitpunkt 3 eine Spannung mit umgekehrter Polarität angelegt wird, die bis zum Zeitpunkt 4 ansteigt, müssen sich die vorher entstandenen elektrischen Feldlinien außerhalb der Antenne schließen (Bild c). Man kann sich den Abstrahlvorgang so vorstellen, als ob die jeweils vorigen Feldlinien von den folgenden weggedrückt und dann vor sich her geschoben werden. An der Empfangsantenne kommen dann Feldlinien mit wechselnd positiver und negativer Polarität vorbei und induzieren eine Wechselspannung (Bild 8-7).

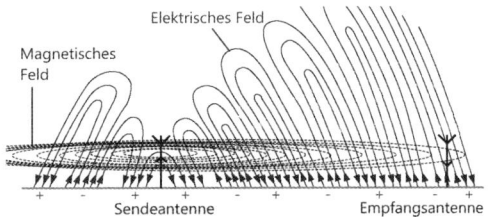

Bild 8-7: Ausbreitung der Funkwellen

Kapitel 8: Elektromagnetisches Feld

Die Polarisation

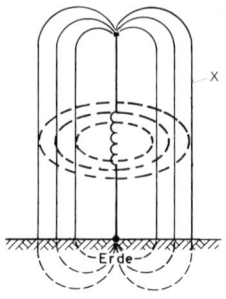

Bild 8-8: Elektromagnetisches Feld bei der Vertikalantenne

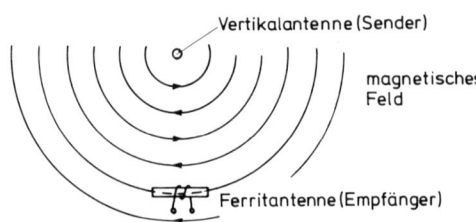

Bild 8-10: Magnetisches Feld einer Vertikalantenne (Draufsicht)

Die kreisförmigen Linien im Bild 8-8 sind die magnetischen Feldlinien und die von oben nach unten verlaufenden Feldlinien sind die elektrischen Feldlinien. Eine solche senkrecht nach oben zeigende Antenne heißt Vertikalantenne. Man sagt: Diese Antenne hat eine vertikale Polarisation.

Anstatt eine Dipolantenne zu verwenden, kann man auch die Hälfte einer solchen Antenne gegen Erde erregen. Diese *Marconi-Antenne* steht dann senkrecht (vertikal). Auch die weiter hinten im Lehrgang behandelte *Groundplane-Antenne* (Kapitel 11) hat ein solches elektromagnetisches Feld.

Bei der Wellenausbreitung spricht man von horizontaler und vertikaler *Polarisation*. Hierbei wird die Richtung des elektrischen Feldes (E-Feld) als Bezug genommen. Wenn die Sendeantenne senkrecht auf dem Erdboden steht, verlaufen die elektrischen Feldlinien (X in Bild 8-8) von oben nach unten (vertikal) und die magnetischen Feldlinien (H-Feld) kreisförmig um die Sendeantenne herum parallel zum Erdboden (horizontal). Bearbeiten Sie die **Prüfungsfragen TB303 und TB404!**

Das magnetische Feld verläuft rechtwinklig zum elektrischen Feld, hier also waagerecht. Um die magnetischen Feldlinien zu empfangen, kann man eine Ferritantenne verwenden. Eine Ferritantenne ist ein zylindrisches Stück „Eisen" (Ferritmaterial), auf das eine Spule gewickelt ist.

Eine Ferritantenne muss bei vertikaler Polarisation aber waagerecht angeordnet sein, so dass die horizontal verlaufenden magnetischen Feldlinien die Spule maximal durchsetzen, um die höchste Empfangsspannung zu liefern. Durch Drehung dieser Antenne kann man damit peilen. Wenn die Ferritantenne genau in Richtung Sendeantenne zeigt, gehen die Feldlinien quer durch den Ferritstab und nicht mehr durch das Innere der Spule und die Empfangsspannung ist gering. Solch eine Antenne wird bei Peilwettbewerben im Amateurfunk verwendet.

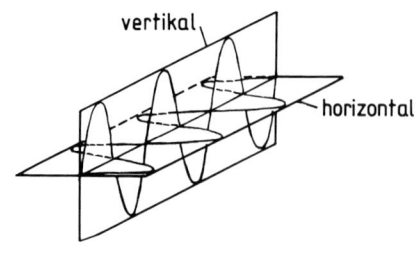

Bild 8-9: Horizontale und vertikale Polarisation

> **Prüfungsfragen**
> Bearbeiten Sie die Fragen **TB404**, sowie **TB501 bis TB505**.

Die Wellenlänge

Die elektromagnetischen Wellen breiten sich mit einer Geschwindigkeit wie der des Lichtes aus. Im Freien beträgt die Ausbreitungsgeschwindigkeit 300 000 km pro Sekunde. In Kabeln ist die Ausbreitungsgeschwindigkeit mit 200 000 bis 280 000 km pro Sekunde zwar etwas niedriger, aber immer noch unvorstellbar hoch. Um dennoch eine kleine Vorstellung zu geben: In einer Sekunde würden sich die elektromagnetischen Wellen mehr als siebenmal um die Erde bewegen beziehungsweise fast die Strecke Erde - Mond zurücklegen.

Wenn eine Welle eine Frequenz hätte von 1 Hertz (1 Schwingung pro Sekunde), wäre der Anfang dieser einen Welle bereits 300 000 km entfernt, wenn das Ende gerade abgestrahlt wird. Diese Entfernung bezeichnet man als Wellenlänge λ (gesprochen: lambda). Sie beträgt bei ein Hertz also 300 000 km im freien Raum. Nimmt man nun eine um eine Million höhere Frequenz, nämlich ein Megahertz, so ist der Anfang erst ein Millionstel so weit entfernt. Die Wellenlänge beträgt also 300 000 km geteilt durch 1 Million, also 0,3 km oder 300 m. Bei 1 MHz beträgt die Wellenlänge 300 m. Bei 10 MHz wären es dann 30 m oder bei 100 MHz noch 3 m.

Als Formel (Siehe Anhang 3!) schreibt man

$$\lambda\,[m] = \frac{c}{f\,[Hz]} \quad \text{mit } c = 3 \cdot 10^8 \text{ m/s}$$

Allgemein gilt $\boxed{c = f \cdot \lambda}$

In Worten ausgedrückt: Frequenz mal Wellenlänge ist konstant. Die Konstante ist die Ausbreitungsgeschwindigkeit der elektromagnetischen Welle. Man kann diese Formel auch in Dreiecksform schreiben, um sie leichter umstellen zu können.

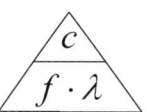

Sie wissen sicher noch vom URI-Dreieck: Man hält die gesuchte Größe zu und sieht das Ergebnis. Zum Beispiel: Es wird Lambda gesucht. Man hält Lambda zu und sieht c Bruchstrich f, also c geteilt durch f.

Prüfungsaufgabe TB602
Welcher Wellenlänge λ entspricht die Frequenz 1,84 MHz?

Lösung:

$$\lambda = \frac{c}{f} = \frac{3 \cdot 10^8 \text{ m/s}}{1,84 \cdot 10^6 \text{ Hz}} = \underline{\underline{163 \text{ m}}}$$

Für einen Funkamateur ist folgende zugeschnittene Formel recht praktisch.

$$\lambda\,[m] = \frac{300}{f\,[MHz]}$$

Für unser Beispiel teilt man einfach 300 durch 1,84 und erhält 163 (Meter).

Bearbeiten Sie die Prüfungsfragen TI201, TB601 und TB603.

Ist die Wellenlänge bekannt, lässt sich durch Umstellung der Formel die dazugehörige Frequenz berechnen.

$$f = \frac{c}{\lambda} \quad \text{oder} \quad \boxed{f\,[MHz] = \frac{300}{\lambda\,[m]}}$$

Prüfungsaufgabe TB604
Eine Wellenlänge von 2,06 m entspricht einer Frequenz von ...

Lösung:

$$f\,[MHz] = \frac{300}{2,06} = 145{,}631$$

Die Frequenz beträgt also 145,631 MHz.

Kapitel 8: Elektromagnetisches Feld

Band	Frequenzbereich
160 m	1,810 ... 2,000 MHz
80 m	**3,500 ... 3,800 MHz**
40 m	7,000 ... 7,200 MHz
30 m	10,100...10,150 MHz
20 m	14,000...14,350 MHz
17 m	18,068...18,168 MHz
15 m	**21,000...21,450 MHz**
12 m	24,890...24,990 MHz
10 m	**28,000...29,700 MHz**
6 m	50,080...51,000 MHz
4 m	70 MHz *)
2 m	144 ... 146 MHz (VHF)
70 cm	430 ... 440 MHz (UHF)
23 cm	1240 ... 1300 MHz
3 cm	10,0 ... 10,5 GHz (SHF)

Tabelle 8-1: der Amateurfunk-Frequenzbereiche

Bearbeiten Sie die **Prüfungsfragen TB608** und **TB609**!

Die in der Tabelle 8-1 hellgrau unterlegten Bereiche sind die *klassischen* Kurzwellenbänder. Die KW-Bänder 30 m, 17 m und 12 m heißen *WARC-Bänder*, weil diese 1979 durch die WARC (World Administrative Radio Conference), einer Sonderorganisation der Vereinten Nationen (ITU), eingeführt wurden.

Das 6-m-Band nimmt eine Sonderstellung ein. Früher gab es Sondergenehmigungen. Seit 2006 ist es für Klasse-A-Inhaber mit Einschränkungen frei. Die fett gedruckten Bereiche sind die für Klasse E zugelassenen Bänder.

*) Ab 2. Juli 2014 wurde von der BNetzA ein Teil des 70-MHz-Bandes auch für deutsche Funkamateure der Klasse A freigegeben. Näheres dazu finden Sie auf den Seiten des DARC.de.

Frequenzabschnitt	Wellenbereich	Abk.	engl. Bedeutung
3 - 30 kHz	Myriameter	VLF	very low frequency
30 - 300 kHz	Kilometer	LF	low frequency
300 - 3000 kHz	Hektometer	MF	medium frequency
3 - 30 MHz	**Dekameter**	**HF**	**high frequency**
30 - 300 MHz	**Meter**	**VHF**	**very high frequency**
300 - 3000 MHz	**Dezimeter**	**UHF**	**ultra high frequency**
3 - 30 GHz	**Zentimeter**	**SHF**	**super high frequency**
30 - 300 GHz	Millimeter	EHF	extremely high frequency
300 - 3000 GHz	Dezimillimeter		

Tabelle 8-2: Wellenbereiche (fett gedruckt: Bereiche auch für den Amateurfunk)

(Eigene) Notizen:

Kurzwellen<u>band</u> entspricht der Wellenlänge
HF = Kurzwelle
VHF = Ultrakurzwelle

Kapitel 9: Die Wellenausbreitung

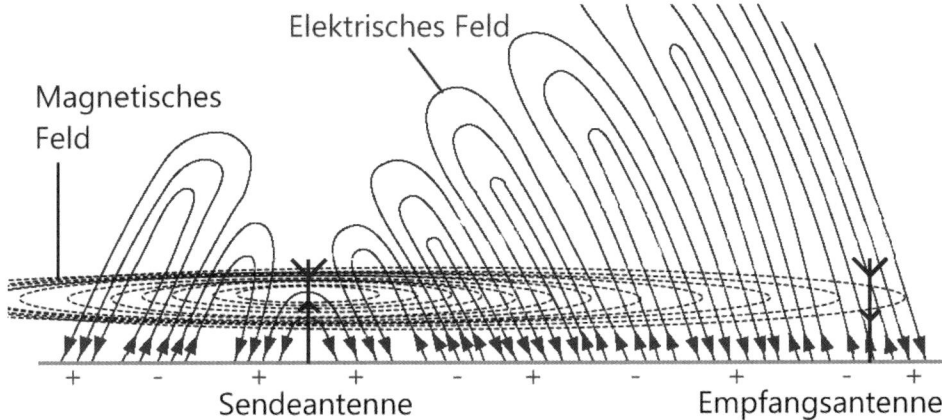

Übersicht

- Kurzwellenausbreitung
- Ionosphäre
- Sonnenflecken
- Reichweite der Raumwellen
- D-Schicht
- Fading
- F-Schicht und E-Schicht
- Tote Zone
- Reichweite auf Kurzwelle
- UKW-Wellenausbreitung

Funkamateure senden im Kurzwellenbereich und im Ultrakurzwellenbereich. Die Wellenausbreitung auf Kurzwelle unterscheidet sich grundsätzlich von der auf Ultrakurzwelle.

Während im Kurzwellenbereich die Ionosphäre in 100 km bis 400 km eine Reflexion der Wellen ermöglicht und dadurch weltweite Funkverbindungen zustande kommen, breiten sich die Wellen im UKW-Bereich (VHF/UHF) vorwiegend wie Licht aus und ermöglichen Reichweiten, die häufig nur der optischen Sicht entsprechen. Allerdings gibt es auf Ultrakurzwelle recht interessante *Überreichweiten*, die den Weitfunkverkehr sehr interessant machen.

Der Vorteil der Kurzwellen ist also die große Reichweite. Der Nachteil ist aber die dafür notwendigen großen Abmessungen der Kurzwellenantennen. Im UKW-Bereich kann man wegen der geringen Baugröße Gewinn bringende Antennen verwenden. Viele Funkamateure finden den Weitfunkverkehr auf UKW interessanter, weil dort sehr weite Verbindungen nicht alltäglich sind und deshalb diese bei besonderen Ausbreitungsbedingungen auftretenden Überreichweiten zu regelrechten Glücksmomenten gezählt werden können.

Kurzwellenausbreitung

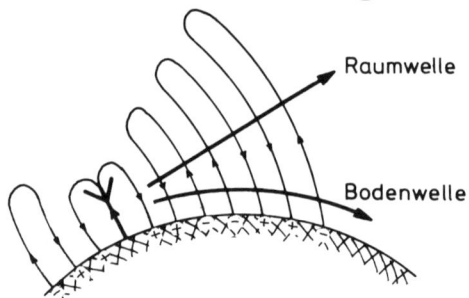

Bild 9-1: Ausbreitung der Funkwellen

Gehen wir einmal davon aus, dass eine Sendeantenne die Energie in Form elektromagnetischer Schwingungen (Wellen) gleichmäßig in alle Richtungen in den Raum hinaus abstrahlt. Ein Teil dieser Wellen bewegt sich entlang der Erdoberfläche fort. Man nennt diesen Teil Bodenwellen. Alle übrigen Wellen nennt man Raumwellen (Bild 9-1), die an der Ionosphäre reflektiert werden.

Die Bodenwellen werden mit zunehmender Frequenz stark gedämpft. Hat die Bodenwelle im 80-m-Band noch etwa 100 km Reichweite, beträgt sie im 40-m-Band noch 50 km, im 20-m-Band 25 km. Die Bodenwelle hat für den Amateurfunk nur geringe Bedeutung. Sie wird im Lang- und Mittelwellenbereich ausgenutzt. Da die Bodenwelle bei Langwelle der Erdkrümmung folgt, wird sie zum Beispiel für den Zeitzeichensender DCF 77 (77 kHz) ausgenutzt, so dass diese Funkwellen überall in Europa hörbar sind. Mehr zur Wellenausbreitung über die Wellenausbreitung der Raumwellen folgt in den nächsten Abschnitten.

> **Prüfungsfrage TI203**
> Welche der Aussagen trifft für KW-Funkverbindungen zu, die über Bodenwellen erfolgen? Siehe Anhang 1!

Bearbeiten Sie auch die **Frage TI105**!

Ionosphäre

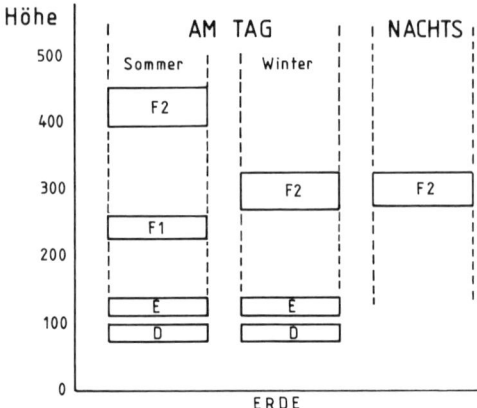

Bild 9-2: Tägliche und jahreszeitliche Veränderung der Ionosphäre

Für den Amateurfunk im Kurzwellenbereich sind die Raumwellen von besonderer Bedeutung. In etwa 100 km bis 500 km Höhe von der Erdoberfläche befinden sich Schichten, die durch die Sonneneinstrahlung ionisiert und damit elektrisch leitfähig gemacht werden (Bild 9-2).

An dieser *Ionosphäre* oder *Heaviside-Schicht* (so genannt nach ihrem Entdecker) werden die Raumwellen gebrochen und schließlich reflektiert. Das Reflexionsvermögen ist von der Stärke der Ionisation (Winter, Sommer, Tag, Nacht) und von der Frequenz der elektromagnetischen Wellen abhängig. Deshalb gibt es für die einzelnen Amateurfunkbänder ganz unterschiedliche Reichweiten, die von der Tageszeit, der Jahreszeit und auch dem elfjährigen Zyklus der Sonnenaktivität (Sonnenflecken) abhängig sind.

> **Prüfungsfragen TI103**
> In welcher Höhe befinden sich die für die Fernausbreitung (DX) wichtigen F-Schichten? Siehe Anhang 1!

Bearbeiten Sie die **Fragen TI101, TI102**.

Sonnenflecken

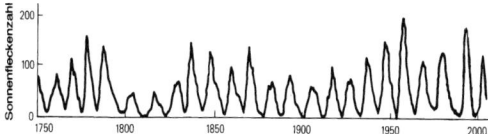

Bild 9-3: Sonnenfleckenzyklen seit 1750

Die mit Sonnenfinsternisbrillen oder mit speziellen Filtern am Objektiv eines Teleskops beobachtbaren Sonnenflecken stellen Gebiete enormer Eruptionen elektrisch geladener Gase dar, die von starken Magnetfeldern begleitet werden. Die Gase sind im Vergleich zur übrigen Sonnenfläche merklich kühler und wirken dadurch dunkler.

Die *Sonnenflecken* sind einem im Mittel *elfjährigen Zyklus* unterworfen (Bild 9-3), wie man aus Aufzeichnungen am Schweizer Bundesobservatorium in Zürich feststellen kann. Um die Beobachtungen besser vergleichen zu können, hat man die Sonnenfleckenrelativzahl definiert und diese Zahl monatlich gemittelt und „geglättet".

Im Bild 9-3 ist der Verlauf der geglätteten Sonnenfleckenzahlen dargestellt, die bisher gemessen wurden. Aus diesem Diagramm geht hervor, dass die Sonnenfleckenzahl im Jahre 1959 ein Maximum von 200, 1969 von 100 und 1980 von 140 erreichte. Außerdem geht daraus hervor, dass ein solcher Zyklus etwa 11 Jahre dauert. Diese Sonnenflecken sowie die Stellung der Sonne zur Erde (Jahreszeit) bestimmen die Stärke der Ionisierung der Ionosphäre und damit die Ausbreitungsbedingungen.

> **Prüfungsaufgabe TI107**
> Die Sonnenfleckenzahl ist einem regelmäßigen Zyklus unterworfen. Welchen Zeitraum hat dieser Zyklus zirka? Siehe Anhang 1!

Reichweite der Raumwellen

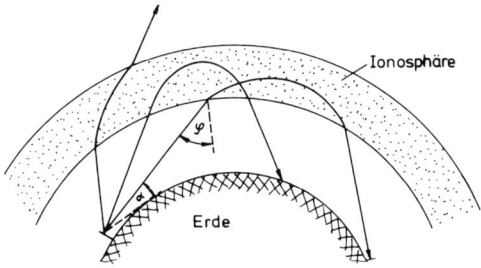

Bild 9-4: Reflexion der Raumwellen

Die Reichweite der Raumwellen ist außerdem vom Auftreffwinkel auf die Ionosphäre abhängig. Je flacher die Welle auf die Ionosphäre auftrifft, desto leichter erfolgt die Reflexion (Bild 9-4). Von Ionosphärenmessstationen wird die so genannte *kritische Frequenz* f_k gemessen. Das ist die höchste Frequenz, bei der die senkrecht in die Ionosphäre eintretende Raumwelle gerade noch reflektiert wird. Daraus ergibt sich die obere brauchbare Grenzfrequenz *MUF* (maximum usable frequency) durch das *Sekansgesetz* (Näherungsformel für $\alpha \geq 40°$).

$$\boxed{MUF \approx \frac{f_k}{\sin\alpha}}$$

Alle Frequenzen oberhalb der MUF werden nur gebrochen und kommen nicht zur Erde zurück. Sie sind nicht mehr brauchbar, auch nicht mit höherer Leistung. Nur die zur Erde reflektierten Wellen sind für uns brauchbar (usable). Übrigens ist die Frequenz kurz unterhalb der MUF für die Ausbreitung am günstigsten. Dort ist die Dämpfung am geringsten und der so genannte *Hop* oder *Skip* (Sprungentfernung) am größten.

> Bearbeiten Sie die **Prüfungsfragen TI212** und **TI205**.

D-Schicht

Außer vom Reflexionsverhalten der Ionosphäre beziehungsweise der oberen Grenzfrequenz (MUF) ist die Reichweite der Kurzwellen von der sich zwischen der Erdoberfläche und der Ionosphäre tagsüber bildenden Dämpfungsschicht (D-Schicht) abhängig (Bild 9-2).

Diese D-Schicht absorbiert (dämpft) die Frequenzen des Mittelwellenbereichs (160-m-Band) und des unteren Kurzwellenbereichs (80-m-Band). Die relativ geringen Tagesreichweiten auf diesen Bändern besonders in den Sommermonaten lassen sich hauptsächlich darauf zurückführen. Mit Sonnenuntergang verschwindet diese Dämpfungsschicht sehr schnell. Dann sind auch auf diesen Bändern große Reichweiten möglich.

Manchmal allerdings wird diese D-Schicht so stark ionisiert, dass der gesamte Kurzwellenbereich davon betroffen ist. Für eine Stunde bis zu mehreren Stunden ist dann kaum ein Funkbetrieb über Reflexion an der Ionosphäre möglich. Dieser plötzliche Ausbreitungseinbruch wird „Mögel-Dellinger-Effekt" genannt.

Allerdings lässt sich mit extremer Leistungserhöhung die Dämpfung der D-Schicht ausgleichen, was bei Erreichen der MUF nicht möglich wäre. Wenn man die MUF überschreitet, ist keine Reflexion mehr vorhanden.

Bearbeiten Sie die **Prüfungsfragen TI101, TI104, TI207, TI208** und **TI210** aus dem Anhang 1.

Fading

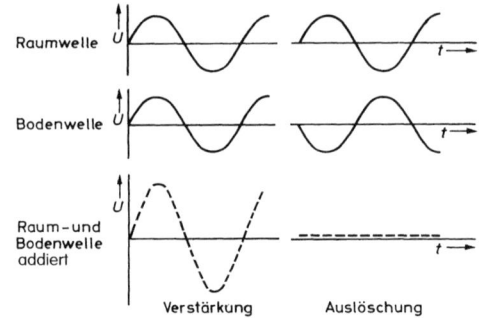

Bild 9-5: Gleichphasige Raum- und Bodenwellen ergeben Verstärkung, Gegenphasigkeit ergibt Auslöschung.

In der Zone, in der gleichzeitig die Bodenwelle noch vorhanden ist und bereits die Raumwelle erscheint, gibt es Überlagerungen dieser Wellen. Es kann besonders bei AM-Sendungen (Mittelwellenrundfunk) zu Verstärkungen und Auslöschungen kommen (Bild 9-5), die wegen der ständigen Bewegung der Ionosphäre ständig abwechseln. Der Empfang ist gestört. Man nennt diese Erscheinung Fading (gesprochen: fähding).

Eine andere Art von Fading („Flatterfading") tritt gelegentlich auf, wenn es bei UKW gelegentlich zu Reflexionen an Flugzeugen kommt.

Ein langsamer Feldstärkeschwund (kein Fading) kann bei Fernverbindungen durch Drehung der Polarisation auftreten, was man dadurch kompensieren kann, dass man eine vertikal und eine horizontal polarisierte Antenne entsprechend umschaltet.

Beantworten Sie die **Prüfungsfrage TI213** aus dem Anhang 1.

F-Schicht

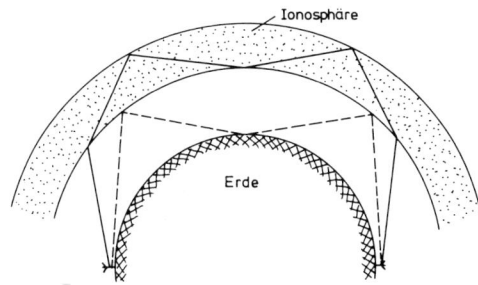

Bild 9-6: M-Reflexionen

Den Hauptteil der Ausbreitung über Reflexionen an ionisierenden Schichten trägt die F-Schicht. Durch die F2-Schicht insbesondere werden die enormen Reichweiten (interkontinental) der Kurzwellen möglich. Diese Schicht weist die größte Höhenausdehnung auf (Bild 9-2!). Die Ionisierung erfolgt sehr träge und viel weniger abhängig von der Sonnenstellung als dies bei den tiefer liegenden Schichten der Fall ist. Mit Hilfe der F2-Schicht kann bei einem Sprung (*Skip* oder *Hop*) eine Entfernung bis zirka 4000 km überbrückt werden.

Nach Sonnenuntergang vermindert sich die Ionenkonzentration der F-Schicht allmählich. Sie erreicht kurz vor Sonnenaufgang ein Minimum. In den Tagesstunden kann sich die F-Schicht bei intensiver Bestrahlung in zwei Schichten aufspalten.

Die niedriger liegende F1-Schicht dämpft dann die von der F2-Schicht reflektierte Strahlung. Dadurch kommt es zu geringeren Reichweiten in den Tagesstunden. Dann wird plötzlich Europafunkverkehr möglich, während in den Nachtstunden nur interkontinentaler Funkverkehr möglich ist.

In der F-Schicht gibt es manchmal Doppelreflexionen (*Doppel-Hop*, Bild 9-6). Es gibt auch Mehrfachreflexionen zwischen Ionosphäre und Erde (besonders Wasser), wodurch die größtmöglichen Reichweiten erzielt werden. Es kommt sogar vor, dass man eine Station auf dem direkten Weg und gleichzeitig auf dem indirekten Weg (langer Weg in entgegen gesetzter Richtung um den Erdball) hört, wodurch das Signal verhallt klingt.

> **Prüfungsaufgaben**
> Zu diesem Thema passen die Prüfungsfragen **TI101**, **TI102**, und **TI103**.

Tipp: Siehe auch Bild 9-2!

E-Schicht

In den Sommermonaten Juni, Juli und August bildet sich tagsüber eine weitere ionisierte Schicht aus, die *E-Schicht*. Diese E-Schicht befindet sich in nur 100 km Höhe und reflektiert Kurzwellen und gelegentlich auch Ultrakurzwellen.

Dadurch kommt es auf den hochfrequenten Bändern 10 m, 6 m und gelegentlich auch auf 2 m (*Sporadic-E*) zu Kurzsprung-Entfernungen (*Short Skip*) mit Europa-Funkverkehrsmöglichkeiten mit sehr starken Signalen bei Entfernungen zwischen 750 und 2200 km.

Die *sporadische E-Schicht* mit einer Grenzfrequenz über 100 MHz wirkt wie ein kleiner Spiegel, der oft nur ein Gebiet von 20 bis 100 km Durchmesser abdeckt. Man muss viel Geduld aufbringen und dann anrufen, wenn das Signal gerade sehr stark wird. Mehr dazu unter UKW-Ausbreitung *Sporadic-E* am Ende dieses Kapitels!

> **Prüfungsfragen**
> Beantworten Sie die Fragen **TI106**, **TI204**, **TI209** und **TI309**.

Tote Zone

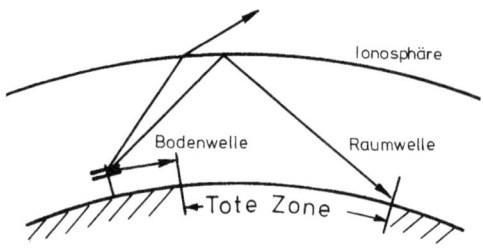

Bild 9-7: Die „Tote Zone"

Zwischen dem Abklingbereich der Bodenwelle und den Punkten, an denen die reflektierte Raumwelle wieder die Erdoberfläche erreicht, liegt eine *empfangstote Zone*, in der weder die Bodenwelle noch die Raumwelle empfangen werden kann.

Die Ausdehnung der *Toten Zone* entspricht der *Sprungdistanz* (*skip* oder *hop*) minus der Reichweite der Bodenwelle und hängt von der Höhe beziehungsweise dem Ionisationsgrad der reflektierenden Schicht und der benutzten Sendefrequenz ab. Hierbei können immer wieder interessante Phänomene beobachtet werden, wenn beispielsweise die Bodenwelle nur 50 km weit reicht und der Skip 1000 km beträgt.

Dann kann ich in Aachen eine Station aus Frankfurt nicht hören, aber eine Station aus Süditalien mit hervorragender Feldstärke. Eine Station aus der Schweiz könnte ich in diesem Fall auch nicht hören. Es könnte passieren, dass die Schweizer Station mit einer Dänischen Station gleichzeitig auf derselben Frequenz arbeitet ohne dass sich die Stationen gegenseitig stören.

> **Prüfungsfrage TI202**
> Unter der "Toten Zone" wird der Bereich verstanden, der ...

Weiter und Lösung: Siehe Anhang 1

Die Reichweite der einzelnen Kurzwellenbänder

Band	Frequenzbereich
160 m	1,810 ... 2,000 MHz
80 m	3,500 ... 3,800 MHz
40 m	7,000 ... 7,200 MHz
30 m	10,100...10,150 MHz
20 m	14,000...14,350 MHz
17 m	18,068...18,168 MHz
15 m	21,000...21,450 MHz
12 m	24,890...24,990 MHz
10 m	28,000...29,700 MHz

Tabelle: Die Amateurfunk-Kurzwellenbänder

Das **160-m-Band** hat Mittelwellencharakter. Eine nahe der Erdoberfläche liegende D-Schicht dämpft die Raumwellen am Tage. Nach Sonnenuntergang verschwindet die D-Schicht und es findet eine Reflexion im unteren Bereich der F-Schicht statt. Dadurch werden dann Reichweiten von mehreren 1000 km möglich.

Während der Tagesstunden können im **80-m-Band** nur relativ geringe Reichweiten erzielt werden, da die D-Schicht stark dämpfend wirkt. Im Winter und zu Zeiten des Sonnenfleckenminimums sind die Tagesreichweiten größer. In diesen Zeiten aber bieten sich in den Nachtstunden besonders vor Sonnenaufgang ausgezeichnete *DX*-Möglichkeiten (*DX* = Verbindung über sehr weite Entfernungen).

Die dabei auftretende „Tote Zone" von etwa 1000 km Sprungentfernung (Skip) bewirkt, dass die sonst sehr starken Europastationen den Empfang der relativ schwachen DX-Stationen nicht oder nur wenig stören können. Vereinfacht gesagt ist aber das 80-m-Band das typische Band für den Funkverkehr innerhalb des eigenen Landes.

Kapitel 9: Die Wellenausbreitung

Die Tages-D-Schicht bewirkt auch im **40-m-Band** noch eine gewisse Dämpfung. Man erreicht aber auch tagsüber Entfernungen in der Größenordnung von 1000 Kilometern. Besonders zu Zeiten des Sonnenfleckenminimums bestehen oft ab den späten Nachmittagsstunden interkontinentale Verbindungsmöglichkeiten, die aber wegen störender Signale der Nahstationen nur selten genutzt werden können.

Nachts - insbesondere während der Wintermonate - vergrößert sich der Skip, so dass Europa dann in der Toten Zone liegt. Dann sind störungsfreie Interkontinental-Verbindungen möglich, wenn der gesamte Ausbreitungspfad innerhalb der Dunkelzone liegt, da dort die absorbierende D-Schicht fehlt. Zusammenfassend wird das 40-m-Band als typisches Europaband bezeichnet.

Ähnlich verhält sich das **30-m-Band**: Europaband am Tage, in den Sommermonaten und in den sonnenfleckenarmen Zeiten. Aber interkontinentaler Funkverkehr ist in den anderen Zeiten möglich.

Das **20-m-Band** stellt das traditionelle DX-Band dar. Fast zu allen Zeiten (außer bei „Short Skip" durch E-Schicht im Sommer) lässt sich dieses Band tags und nachts für den Funkverkehr mit anderen Kontinenten nutzen. Lediglich in den Zeiten des Sonnenfleckenminimums ist das Band nur tagsüber und in den Dämmerungsperioden „offen". Nachts ist das Band dann „tot".

Die Ausbreitungsbedingungen im **15-m-Band** und im **17-m-Band** sind stark vom Sonnentätigkeitszyklus abhängig. Während des Sonnenfleckenmaximums sind diese Bänder fast durchgehend für den DX-Funkverkehr geöffnet. Dabei können wegen der geringen Dämpfung mit geringen Strahlungsleistungen sehr große Entfernungen überbrückt werden.

Zu Zeiten des Sonnenfleckenminimums sind diese hochfrequenten Bänder bestenfalls in den Sommermonaten tagsüber und meist nur kurzzeitig brauchbar, in den Wintermonaten ganztägig tot. Gelegentlich können Reflexionen an der sporadischen E-Schicht auftreten. Es sind dann auch hier Short-Skip-Verbindungen über Entfernungen bis 2000 km möglich.

Die beiden obersten Kurzwellenbänder **12-m- und 10-m-Band** sind nur in Zeiten starker Sonnenaktivität für Verbindungen über Raumwellenreflexion brauchbar. Es bestehen dann während der Tagesstunden hervorragende DX-Möglichkeiten. Wegen der sehr geringen Dämpfung können selbst mit sehr kleinen Leistungen, zum Beispiel mit einem Watt, Weitverbindungen hergestellt werden.

Die Abhängigkeit von der Sonnentätigkeit ist extrem. Zu den Zeiten des Sonnenfleckenminimums fallen diese Bänder für Fernverbindungen völlig aus. Lediglich durch Reflexionen an der sporadischen E-Schicht bestehen in den Sommermonaten gelegentlich Verbindungsmöglichkeiten über mittlere Entfernungen (Short Skip).

Greyline DX: Besonders große Reichweiten auf den Kurzwellenbändern gibt es im Bereich der Dämmerungszone, also in dem schmalen Streifen auf der Erde zwischen Dunkelheit und Sonnenaufgang beziehungsweise zwischen Abenddämmerung und Dunkelheit der Nacht.

Prüfungsfragen
Zu diesem Abschnitt passen die Fragen **TI101** bis **TI106** sowie **TI206**, **TI209** und **TI210** aus dem Fragenkatalog bzw. aus dem Anhang 1 dieses Buches.

Die Wellenausbreitung im VHF-/UHF-Bereich

Die Ausbreitung elektromagnetischer Wellen ist im VHF/UHF-Bereich grundsätzlich anders als im Kurzwellenbereich. Die Ausbreitung der *Ultrakurzwellen* ähnelt mit zunehmender Frequenz der des Lichtes. Man spricht auch von „quasi optischer" Ausbreitung. Diese Wellen breiten sich nahezu geradlinig aus und werden wie das Licht reflektiert, gebeugt und gebrochen. Durch Beugung an den Luftschichten in Bodennähe reichen die Wellen zirka 15% über den optischen Horizont hinaus.

Eine Reflexion an der Ionosphäre findet, abgesehen von sehr seltenen Ausnahmen, nicht statt. Die unter normalen Bedingungen überbrückbaren Entfernungen sind deshalb nicht groß. Sie betragen je nach Frequenzbereich, Gelände und vor allem je nach Höhe der Antennen über Normalnull (NN) etwa 10 bis 150 km.

Es kann vorkommen, dass es zu weiter entfernten Stationen besser geht als zu nah gelegenen Stationen. Dies ist immer dann der Fall, wenn unebenes Gelände zwischen den Stationen liegt. Man spricht von „Abschattungen" wie bei Licht, wenn sich eine Empfangsstation direkt am Hang hinter einem Berg befindet (E1 im Bild 9-8).

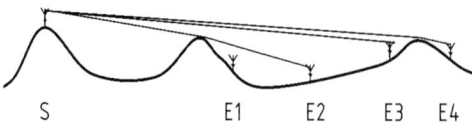

Bild 9-8: Ausbreitung bei unebenem Gelände

> Bearbeiten Sie die **Prüfungsfragen TI301, TI305** und **TI310**.

Troposphärische Überreichweiten

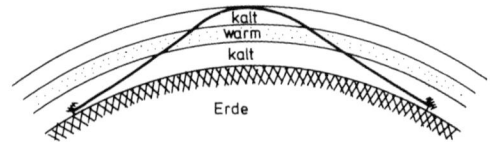

Bild 9-9: Überreichweiten durch Inversion

Sehr interessant für die Funkamateure sind die so genannten *Überreichweiten*, von denen hier einige etwas genauer beschrieben werden sollen. In der Troposphäre (das ist die Schicht, in der das normale Wetter stattfindet) nimmt normalerweise die Temperatur bis ca. 10 km mit zunehmender Höhe gleichmäßig ab. Durch meteorologische Vorgänge kann jedoch die Temperaturänderung sprunghaft erfolgen. Dabei schieben sich wärmere Luftmassen zwischen oder über kältere Luftschichten, so dass sogar Temperaturumkehrungen (Inversionen) auftreten können (Bild 9-9).

Da sich Ultrakurzwellen wie Licht verhalten, werden sie beim Übergang von einem dichteren (kalte Luft) zu einem dünneren Medium (warme Luft) gebrochen. Sie erfahren eine Krümmung zur Erdoberfläche hin, was zu einer enormen Vergrößerung der Reichweite führt.

Solche Inversionen führen dazu, dass auf den Bändern 2 m, 70 cm und 23 cm Reichweiten bis 1000 km erreicht werden. Diese Inversionen wandern im Laufe des Tages. So kann es sein, dass man beispielsweise von Westdeutschland zunächst Stationen aus Polen, später Schweden oder Norwegen erreichen kann.

> Bearbeiten Sie die **Prüfungsfragen TI302** und **TI303**.

Kapitel 9: Die Wellenausbreitung

Sporadic-E

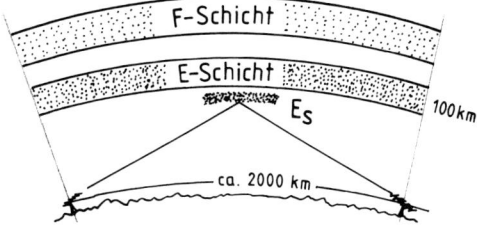

Bild 9-10: VHF-Ausbreitung über Sporadic-E

Wesentlich größere Reichweiten im VHF-Bereich erreicht man über die Reflexion an der sporadisch auftretenden E-Schicht. In den Sommermonaten Juni und Juli treten gelegentlich so stark ionisierte Bereiche am unteren Rand der E-Schicht auf, dass nicht nur Kurzwellen, sondern auch Ultrakurzwellen reflektiert werden können. Diese vereinzelt auftretenden "Ionisationswolken" heißen "sporadische E-Schicht", Sporadic-E oder kurz E_S.

Wodurch diese räumlich begrenzten Schichten entstehen, ist noch nicht geklärt. Es wird angenommen, dass eine E_S-Schicht eine Ausdehnung von nur 10 mal 10 km und eine Dicke von 100 m bis 2000 m haben kann. Diese reflektierende Fläche verändert ständig ihre Form und Lage, so dass während der Funkverbindung sehr starke QSB-Phasen auftreten (QSB = Schwankung der Feldstärke).

Sehr ausführlich wird der Funkbetrieb über Sporadic-E und auch die anderen Betriebsarten im Buch „Moltrecht, Amateurfunk-Lehrgang – Betriebstechnik (VTH-Verlag) beschrieben. Wahrscheinlich benutzen Sie dieses Buch bereits parallel zum Technik-Lehrgang.

> Bearbeiten Sie die **Prüfungsfragen TI204** und **TI304**.

Aurora

In der Zeit des Sonnenfleckenmaximums bis etwa drei Jahre danach werden besonders im Frühjahr und im Herbst von der Sonne in großen Massen kleinste Teilchen (Korpuskeln) ausgeschleudert, die vom magnetischen Feld der Erde so abgelenkt werden, dass sie sich in einem Ring in der E-Schicht um die Erdpole am Polarkreis ansammeln. Die dadurch entstehende zusätzliche Ionisierung, die als Polarlicht sichtbar wird, macht eine Reflexion der Wellen im VHF-Bereich (6-m-Band, 2-m-Band) möglich.

Funkverbindungen über diese meist nur sehr kurzzeitig auftretenden Erscheinung sind praktisch nur in Telegrafie möglich, denn die Signale werden bei der Reflexion an dieser Schicht so stark verzerrt, dass nur noch ein getastetes Rauschsignal zu vernehmen ist. Sprache ist fast unverständlich. Es klingt, als ob jemand heiser flüstert.

> Bearbeiten Sie die **Prüfungsfragen TI211, TI306, TI307** und **TI308**.

Weitere UKW-Betriebsarten

Wegen der relativ geringen Entfernungen, die man im VHF-/UHF-Bereich normalerweise erreicht, hat man etliche weitere Betriebsarten entwickelt, um die Reichweite zu erhöhen. Dazu gehören das Ausnutzen von Reflexionen an Ionisationskanälen durch Meteoriten (Meteorscatter), oder an der Mondoberfläche (EME) und der Funkbetrieb über künstliche Umsetzer wie Relaisfunkstationen oder Umsetzer an Ballons (ARTOB). Sehr interessant ist auch der Funkbetrieb über Amateurfunk-Satelliten (OSCAR). Siehe Buch Betriebstechnik!

EME = Erde – Mond – Erde
ARTOB = amateur radio on ballon
OSCAR = orbital satellite carrying amateur radio

Kapitel 10:
Dezibel, Dämpfung, Kabel

In diesem Kapitel geht es um Kabel. Ein wichtiger Kennwert für Kabel ist die Kabeldämpfung, die meistens in Dezibel (dB) ausgedrückt wird. Deshalb soll es zunächst um die Erläuterung des Begriffs Dezibel gehen.

Übersicht

- Dämpfungsfaktor
- Dämpfungsmaß dB
- Verstärkung in dB
- S-Stufen
- Spannungsdämpfungsmaß
- Pegel
- Wellenwiderstand
- Dämpfung
- Anpassung
- Stehwellenverhältnis
- Symmetrierung
- Stecker

Das *Dezibel* ist eine Zusammenziehung von Bel und einem Zehntel davon - dezi. Sie kennen sicher ein Dezimeter. Das ist ein Zehntel Meter, also 10 Zentimeter. Aber nun: *Bel* – was ist das?

Dämpfungsfaktor

Der Dämpfungsfaktor D gibt das Verhältnis der am Anfang einer Übertragungsstrecke vorhandenen Leistung P_1 zu der am Ende übrig gebliebenen Leistung P_2 an.

$$D = \frac{P_1}{P_2}$$

Der Dämpfungsfaktor ist ein reiner Zahlenwert. $D = 10$ bedeutet, dass die Leistung am Anfang zehnmal höher ist als am Ende des Kabels.

Hat man in einer Übertragungsstrecke viele Einzeldämpfungen zu berücksichtigen, muss man die Einzelfaktoren miteinander multiplizieren, um den Gesamtdämpfungsfaktor zu erhalten.

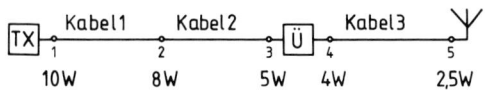

Bild 10-1: Dämpfungen bei einer Antennenanlage

Aufgabe
Berechnen Sie die Einzeldämpfungen zwischen den verschiedenen Anschlusspunkten in Bild 10-1 und multiplizieren Sie diese anschließend zum Gesamtdämpfungsfaktor.

$D_1 = 10 : 8 = 1,25$; $D_2 = 8 : 5 = 1,6$ und so weiter. Dann $D_1 \cdot D_2 \cdot D_3 \cdot D_4 = \ldots$ Führen Sie die Probe durch, indem Sie den Gesamtdämpfungsfaktor aus P_1 und P_5 berechnen.

Dämpfungsmaß

Einfacher kann man die Einzeldämpfungen zu einer Gesamtdämpfung zusammenfassen, wenn man die einzelnen Zahlenwerte nur zu addieren braucht. Dies erreicht man durch die Rechnung mit dem Dezibel, das aus der Logarithmenrechnung (Höhere Mathematik) abgeleitet wurde.

Nur für mathematisch Vorgebildete:

In der Mathematik gilt
log(a · b · c) = log a + log b + log c

Aus einer Multiplikation wird durch den Logarithmus eine Addition. Man muss also nur den Logarithmus der Einzeldämpfungen kennen und kann dann die Zahlenwerte addieren. Diese Rechnung führt zum Dämpfungsmaß, ausgedrückt in Bel bzw. Dezibel (gesprochen: dezi-behl).

Man definiert das Leistungsdämpfungsmaß:

$a = \lg \dfrac{P_1}{P_2}$ Bel   1 Bel = 10 dB (Dezibel)

$\boxed{a = 10 \cdot \lg \dfrac{P_1}{P_2} dB}$ P_1 = Eingangsleistung
P_2 = Ausgangsleistung

Diese Formeln bedeuten: Wenn man von dem Verhältnis zweier Leistungen den Logarithmus berechnet, erhält man einen Zahlenwert, den man dann als Wert in Bel bezeichnet. Weil das Bel eine relativ große Einheit ist, wählt man in der Praxis das Dezibel, weil man dann Zahlenwerte zwischen 0,1 und 100 erhält.

Beispiel
Anhand folgenden Beispiels wird gezeigt, wie man mit Hilfe eines Taschenrechners eine solche Dämpfung in Dezibel berechnet. Es soll das Dämpfungsmaß von Punkt 1 nach Punkt 5 aus den Einzeldämpfungsmaßen berechnet werden.

Lösung: Die Dämpfung von Punkt 1 nach Punkt 2 (Kabel 1) wird zuerst berechnet. Zunächst werden die Werte in die Formel eingesetzt.

$$a = 10 \cdot \lg \dfrac{10}{8} dB$$

Zur Eingabe in den Taschenrechner gehen Sie gemäß folgender Tabelle vor.

Eingabe	Anzeige
10	10
÷	
8	8
=	1.25
LOG	9.691...-02
*	
10	10
=	0.9691...

Als Ergebnis erhalten Sie den Wert 0,9691. Das Dämpfungsmaß beträgt also gerundet $a_1 = 1$ dB. Für die weiteren Dämpfungsmaße ergeben sich $a_2 = 2$ dB, $a_3 = 1$ dB und $a_4 = 2$ dB. Die Gesamtdämpfung durch Addition dieser Werte beträgt 6 dB.

Probe: $a = 10 \cdot \lg \dfrac{10}{2,5} dB = 6 \; dB$

Dämpfungswerte in Dezibel lassen sich addieren. Hat man beispielsweise ein Stück Kabel mit 1,5 dB und dazu ein zweites mit 1 dB Dämpfung, ergeben sich zusammen 2,5 dB. Dies ist der Hauptvorteil der Rechnung mit Dezibel.

Verstärkung (Gewinn) in dB

In der Sendertechnik und hat man es anstatt mit Dämpfungen mit Verstärkungen zu tun. Die Ausgangsleistung ist dabei größer als die Eingangsleistung. Dies gilt auch für den Gewinn einer Antenne (siehe Kapitel 11 in diesem Lehrgang). Dann rechnet man eine Verstärkung in dB nach folgender Formel:

$$g = 10 \cdot \lg \frac{P_2}{P_1} \, dB$$

also Ausgangsleistung geteilt durch Eingangsleistung.

> **Beispiel**
> Eine Endstufe verstärkt eine Leistung von 1 Watt auf 4 Watt. Wie groß ist die Verstärkung in dB?

Lösung: $g = 10 \cdot \lg \frac{4}{1} dB = 6 \, dB$

Rechnen Sie "zum Spaß" einmal umgekehrt, also 1 geteilt durch 4 und so weiter. Ihr Taschenrechner wird -6,02 anzeigen. Wenn also die Eingangsleistung 4 Watt wäre (am Anfang einer Leitung) und am Ausgang 1 Watt, ergäbe sich eine "Verstärkung" von -6 dB.

Dämpfung ist negative Verstärkung.

Man kann also "Gewinn" und "Verlust" in einer Aufgabe zusammenrechnen, indem man alle Gewinne (Verstärkungen) positiv und alle Dämpfungen negativ rechnet.

> **Übungsaufgabe**
> Eine Antennenanlage hat ein Kabel mit 1 dB Dämpfung und verwendet eine Richtantenne mit 11 dB Gewinn. Wie groß ist der verbleibende "Gewinn"?

Lösung
Gesamtgewinn = -1 dB + 11 dB = 10 dB

> **Aufgabe**
> Berechnen Sie weitere Dämpfungsmaße in dB, wenn gemäß folgender Tabelle die Leistungen gegeben sind und tragen Sie die Ergebnisse in die Tabelle ein.

Eingang	Ausgang	Lösung
1 W	4 W	____ dB
1 W	10 W	____ dB
1 W	100 W	____ dB
1 W	2 W	____ dB
1 W	1,41 W	____ dB

Aus dieser Tabelle sollten Sie sich ein paar Zahlenwerte merken, nämlich: vierfache Leistung ergibt 6 dB, zehnfacher Leistung entspricht 10 dB, hundertfacher Leistung entspricht 20 dB, doppelter Leistung entspricht 3 dB und $\sqrt{2}$-facher Leistung entspricht 1,5 dB.

In folgender Tabelle sind noch einmal die wichtigsten Werte zusammengestellt. Wichtig sind diese, weil sie in den Prüfungsaufgaben vorkommen.

dB	Leistungsfaktor
0	1
1,5	$\sqrt{2}$ = 1,41
2,15	1,64
3	2
6	4
10	10
20	100

Den Wert 2,15 dB benötigen wir später, um in Kapitel 18 den Gewinn einer Dipolantenne gegenüber einem Kugelstrahler berechnen zu können. Mit diesen wenigen Werten können wir nun auch andere Dämpfungsmaße durch Zusammensetzung ermitteln.

Zusammengesetzte Werte

Wenn Sie die Umrechnungsfaktoren für die wichtigsten dB-Werte kennen, können Sie durch Zusammensetzungen auch andere ermitteln. Dazu muss man nur wissen, dass ein positiver dB-Wert der Multiplikation (malnehmen) und ein negativer der Division (teilen) entspricht. Angenommen, Sie wissen, dass 3 dB doppelter Leistung und 10 dB zehnfacher Leistung entspricht.

> **Beispiel**
> Welchem Leistungsfaktor entsprechen 26 dB?

Lösung:
10 dB + 10 dB + 3 dB + 3 dB = 26 dB
10 · 10 · 2 · 2 = 400

> **Beispiel**
> Welchem Leistungsfaktor entsprechen 27 dB?

Lösung:
10 dB + 10 dB + 10 dB − 3 dB = 27 dB
10 · 10 · 10 : 2 = 500

> **Beispiel**
> Welchem Leistungsfaktor entsprechen 14 dB?

Lösung:
10 dB + 10 dB − 3 dB − 3 dB = 14 dB
10 · 10 : 2 : 2 = 25

Wir prüfen den letzten Wert einmal durch Rechnung mit der Formel nach.

$$g = 10 \cdot \lg \frac{P_2}{P_1} \, dB$$

$\frac{P_2}{P_1}$ ist der Leistungsfaktor 25.

$$g = 10 \cdot \lg 25 \, dB = \underline{14 \, dB}$$

Spannungsdämpfungsmaß

Die Definition des Dezibels geht vom Leistungsverhältnis aus. Dies sollten Sie sich merken! Das Verhältnis von Spannungen kann man ebenfalls in dB umrechnen. Die Prüfungsaufgaben zum Amateurfunkzeugnis Klasse E enthalten nur Rechnungen mit Leistungen. Die Zusammenhänge in Bezug auf Spannungen werden deshalb hier nur kurz angesprochen, weil es in der Praxis damit immer wieder Verwechslungen gibt.

Wenn man an einem Kabel oder an einem Verstärker am Eingang und am Ausgang nur die Spannung misst, kann man unter der Voraussetzung, dass die Eingangs- und Ausgangswiderstände gleich sind, mit folgender Formel die Dämpfung beziehungsweise die Verstärkung in dB ausrechnen. Die Ableitung dieser Formel finden Sie im Aufbaulehrgang zur Klasse A.

$$\boxed{a_U = 20 \cdot \lg \frac{U_1}{U_2} \, dB}$$

a_u steht für das Spannungsdämpfungsmaß, U_1 und U_2 für die Eingangs- und Ausgangsspannung. Statt einer 10 bei Leistungen steht hier die 20 vor dem Logarithmus. Deshalb sind die Dezibelwerte bei gleichem Verhältnis doppelt so hoch. Vergleichen Sie die beiden folgenden Tabellen!

Leistungsfaktor	Dezibel
2	3 dB
4	6 dB
10	10 dB

Spannungsfaktor	Dezibel
2	6 dB
4	12 dB
10	20 dB

S-Stufen

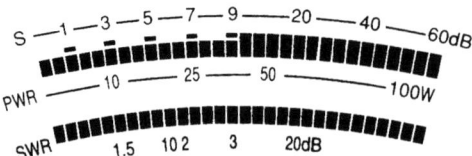

Bild 10-2: S-Meter (obere Skale)

Eine weitere Anwendung der dB-Rechnung sind die „S-Stufen" bei der Empfangsbeurteilung im Amateurfunk. In der Empfangstechnik hat man bei der Angabe der Empfangsfeldstärke im RST-System für die Lautstärke S9 einen bestimmten Wert einer Empfangsspannung an einem 50-Ohm-Eingang festgelegt.

> **Kurzwelle:**
> S9 entspricht 50 µV an 50 Ω
> **UKW:**
> S9 entspricht 5 µV an 50 Ω

Jede der neun S-Stufen entspricht 6 dB. 6 dB entsprechen einem Faktor 2 bei Spannungen, S8 hat also bei Kurzwelle einen Wert von 25 µV, S1 von 0,2 µV. S0 gibt es nicht.

	S9	S8	S7	S6	S5	S4	S3	S2	S1
KW	50	25	12,5	6,25	3,12	1,56	0,78	0,39	0,2
UKW	5	2,5	1,25	0,62	0,31	0,16	0,08	0,04	0,02

Tabelle der S-Werte in µV

Um auch Empfangsspannungen größer als 50 µV (bzw. 5 µV bei UKW) im RST-System angeben zu können, nennt man die Dezibel über S9 als Zusatz mit „plus".

> **Beispiel:** Welcher Empfangsspannung entspricht die Angabe S9+40 dB auf Kurzwelle?

Lösung: S9 = 50 µV. 40 dB entsprechen dem Spannungsfaktor 100.
50 µV · 100 = 5000 µV = 5 mV

> **Prüfungsaufgabe TF403**
> Um wie viel S-Stufen müsste die S-Meter-Anzeige Ihres Empfängers steigen, wenn Ihr Partner die Sendeleistung von 10 Watt auf 40 Watt erhöht? Um
> **A** eine, **B** 2, **C** 4, **D** 8 S-Stufen

Tipp: Vierfache Leistung ist wie viel dB?

> **Prüfungsaufgabe TF404**
> Ein Funkamateur kommt laut S-Meter mit S7 an. Dann schaltet er seine Endstufe ein und bittet um einen erneuten Rapport. Das S-Meter zeigt S9+8dB. Um welchen Faktor müsste der Funkamateur seine Leistung erhöht haben?
> **A** 10-fach   **B** 20-fach
> **C** 100-fach   **D** 120-fach

Lösung: Von S7 bis S9 sind es zwei S-Stufen, also 12 dB. Dazu 8 dB ergibt 20 dB. 20 dB entsprechen hundertfacher Leistung.

> **Prüfungsaufgabe TF405**
> Ein Funkamateur hat eine Endstufe, welche die Leistung verzehnfacht (von 10 auf 100 Watt). Ohne seine Endstufe zeigt Ihr S-Meter genau S8. Auf welchen Wert müsste die Anzeige Ihres S-Meters ansteigen, wenn er die Endstufe dazuschaltet?
> **A** S9+4 dB   **B** S18
> **C** S10+10 dB   **D** S9+9 dB

Lösung: Zehnfache Leistung sind 10 dB. Von S8 bis S9 sind 6 dB, bleiben noch 4 dB übrig, also S9+4 dB.

> **Prüfungsaufgabe TF406**
> Wie groß ist der Unterschied von S4 nach S7 in dB?
> **A** 3 dB   **B** 9 dB
> **C** 18 dB   **D** 24 dB

Von S4 bis S7 sind es drei S-Stufen. jede S-Stufe sind 6 dB, macht zusammen 18 dB.

Pegel

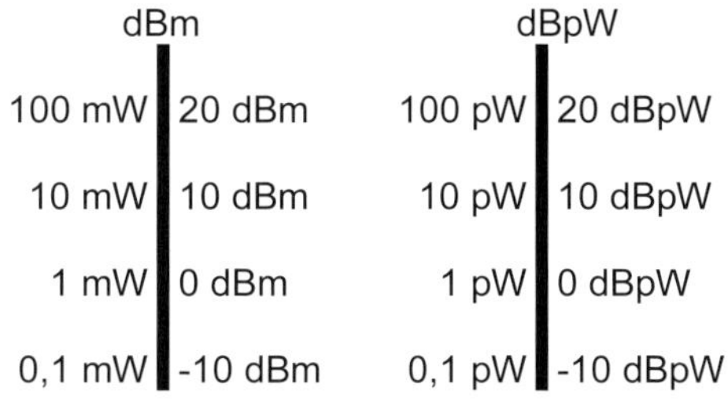

dBm		dBpW	
100 mW	20 dBm	100 pW	20 dBpW
10 mW	10 dBm	10 pW	10 dBpW
1 mW	0 dBm	1 pW	0 dBpW
0,1 mW	-10 dBm	0,1 pW	-10 dBpW

Bild 10-3: Die wichtigsten Leistungspegel

Häufig werden Leistungs- oder Spannungsangaben auf einen festgelegten Wert bezogen. Dann lassen sich Aussagen über die tatsächliche Leistung machen. Der Pegel in der Hochfrequenztechnik entspricht dem Pegel, den man von den Wasserstandsangaben kennt. Man kann den Wasserstand zum Beispiel an einer Stelle angeben als 6,15 m. Man kann aber auch sagen, dass heute der Pegel 15 cm höher als *normal* ist (6,00 m).

In der Übertragungstechnik gibt es verschiedene Normal- oder Nullwerte, auf die man sich bezieht, Watt (dBW), Milliwatt (dBm), Pikowatt (dBpW), Volt (dBV), Mikrovolt (dBµV). Hier im Lehrgang Klasse E werden nur Leistungspegel besprochen.

In der NF- und in der HF-Technik werden die Pegel dBm und dBW verwendet. Es bedeutet, dass der Bezugswert 1 Milliwatt bzw. 1 Watt beträgt. Bei sehr kleinen Leistungen in der HF-Messtechnik und bei Angaben über Störleistungen (EMV) wird der Bezugswert 1 Pikowatt verwendet, deshalb pW hinter dB. Die Formeln für den Leistungspegel lauten

$$p = 10 \cdot \lg\left(\frac{P}{1\,\text{mW}}\right) \text{dBm}$$

$$p = 10 \cdot \lg\left(\frac{P}{1\,\text{pW}}\right) \text{dBpW}$$

Prüfungsaufgabe TH304
Welche der nachfolgenden Zusammenhänge sind richtig?
A 0 dBm entspricht 1 mW;
3 dBm entspricht 1,4 mW;
20 dBm entspricht 10 mW
B 0 dBm entspricht 0 mW;
3 dBm entspricht 30 mW;
20 dBm entspricht 200 mW
C 1 dBm entspricht 0 mW;
2 dBm entspricht 3 mW;
100 dBm entspricht 20 mW
D 0 dBm entspricht 1 mW;
3 dBm entspricht 2 mW;
20 dBm entspricht 100 mW

Tipp: Wenn Sie die Hinweise im vorigen Absatz beachten, werden Sie bald herausfinden, dass die letzte Aussage richtig ist.

Die Pegelwerte lassen sich mit Angaben in dB-Gewinn und solchen in dB-Dämpfung verrechnen. Ist beispielsweise der Pegel an einer Stelle 15 dBm und man hat dahinter einen Verstärker mit 10 dB Gewinn, ist hinter dem Verstärker der Pegel 25 dBm. Folgt dann noch ein Kabel mit 2 dB Dämpfung, beträgt der Pegel am Ende des Kabels 23 dBm.

Oder umgekehrt: Hat man beispielsweise vor der Senderendstufe einen Pegel von 30 dBm und ist danach der Pegel 36 dBm, hat die Senderendstufe eine Verstärkung von 6 dB (nicht dBm!).

Merke:
dB gilt immer für Verhältnisse,
dBm ist immer ein absoluter Wert,
dBm kann mit dB verrechnet werden.

Prüfungsfragen
Bearbeiten Sie die Prüfungsfragen
TG301, **TG302** und **TG305**!

Hochfrequenzleitungen

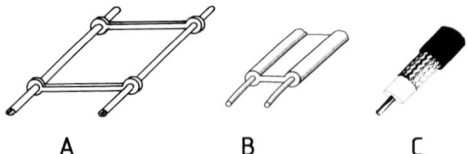

Bild 10-4: A Offene Paralleldrahtleitung, B Flachbandleitung, C Koaxialkabel

Hochfrequenzleitungen dienen dazu, entweder die vom Sender produzierte HF-Energie zur Antenne zu übertragen oder umgekehrt, die von der Antenne aufgefangene HF-Energie zum Empfänger zu leiten. In der Sendertechnik soll die Hochfrequenzleistung möglichst vollständig zur Antenne gelangen. Deshalb müssen verlustarme Leitungen verwendet werden. Es gibt zwei Arten von HF-Leitungen: Die Paralleldraht- oder *Flachbandleitung* und das *Koaxialkabel* (Bild 10-4).

Der Wellenwiderstand

Eine Leitung besteht im Prinzip aus der Reihenschaltung vieler kleiner Spulen und der Parallelschaltung vieler kleiner Kondensatoren (Bild 10-5 A). Berücksichtigt man noch den Leitungswiderstand R' und den Isolationswiderstand R_P, erhält man das exakte Leitungsersatzbild (Bild 10-5 B).

Man nennt die Kapazität pro Meter Länge einer Leitung den Kapazitätsbelag C' und die Induktivität pro Meter den Induktivitätsbelag L'. Aus diesen beiden Werten kann man den wichtigsten Kennwert einer Leitung berechnen, den *Wellenwiderstand*.

$$Z_w = \sqrt{\frac{L'}{C'}}$$

Beispiel: Von einem Meter Kabel wurde im Leerlauf die Kapazität von C'=90 pF und bei Kurzschluss die Induktivität von L'=0,5 µH gemessen. Wie groß ist der Wellenwiderstand dieser Leitung?

Lösung

$$Z_w = \sqrt{\frac{L'}{C'}} = \sqrt{\frac{0,5\,\mu H}{90\,pF}} = \sqrt{5555}\ \Omega = \underline{\underline{74,5\ \Omega}}$$

Der Wellenwiderstand ist *unabhängig von der Länge* der Leitung, denn verdoppelt man die Länge, erhält man doppelte Induktivität und doppelte Kapazität. Der Wellenwiderstand bleibt gleich. Er ist auch fast *unabhängig von der Frequenz*.

Der Wellenwiderstand ist der wichtigste Kennwert einer Hochfrequenzleitung. Sowohl die Antenne mit ihrem Fußpunktwiderstand wie auch der Sender mit seinem Ausgangswiderstand sollten normalerweise mit dem dazwischen geschalteten Wellenwiderstand des Kabels übereinstimmen. Andernfalls gibt es Fehlanpassungen, die sich durch so genannte *stehende Wellen* äußern und zu Fehlverhalten führen. Mehr dazu auf Seite 83!

Anders ausgedrückt: Schließt man an das Ende einer Hochfrequenzleitung einen Widerstand an, der genau dem Wert des Wellenwiderstandes entspricht, wird alle Leistung an diesen Widerstand abgegeben. Man spricht dann von Leistungsanpassung. Es treten keine Reflexionen und damit keine *stehenden Wellen* auf.

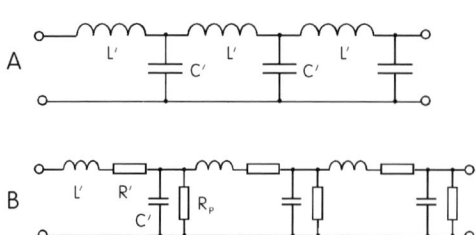

Bild 10-5: A: Ersatzbild, B: exaktes Ersatzbild einer Koaxialleitung

In der Praxis findet man folgende Werte von Wellenwiderständen.

Paralleldrahtleitungen:
Z_w = 150 Ω bis 600 Ω

Koaxialleitungen:
Z_w = 50 Ω bis 95 Ω

Für die Einspeisung unabgestimmter symmetrischer Antennen eignet sich die Paralleldrahtleitung (im Amateurfunk „Hühnerleiter" genannt) wegen ihrer geringen Verluste hervorragend als Speiseleitung. Man kann sie fertig im Amateurfunk-Zubehörhandel kaufen oder auch selbst anfertigen.

> **Prüfungsaufgabe TH307**
> Der Wellenwiderstand einer Leitung
> **A** ist völlig frequenzunabhängig.
> **B** hängt von der Beschaltung am Leitungsende ab.
> **C** hängt von der Leitungslänge und der Beschaltung ab.
> **D** ist im Hochfrequenzbereich in etwa konstant und unabhängig vom Leitungsabschluss.

Tipp: Völlig frequenzunabhängig gibt es nicht.

> Bearbeiten Sie nun die **Prüfungsfragen TH307** bis **TH311**.

Bild 10-6: Rechts die 500-Ω-Paralleldrahtleitung

Die Kabeldämpfung

Der zweite, wichtige Kennwert einer Hochfrequenzleitung ist die Dämpfung. Dämpfung bedeutet, dass nur noch ein Teil der Eingangshochfrequenzleistung am Ende der Leitung ankommt. Natürlich will man die Dämpfung in der Übertragungstechnik gering halten.

Die Dämpfung hängt vom Verlustwiderstand der Leitung ab. Das ist primär der Leitungswiderstand der inneren Kupferleitung und des Geflechtes bei Koaxialkabeln. Je dicker der Innenleiter ist, desto geringer sind die Verluste. Desto dicker muss aber auch der Außenleiter sein. Diese Kabel sind teurer als dünne Leitungen.

Ferner hängen die Verluste vom Isolierstoff (Dielektrikum) ab. Am wenigsten Verluste haben Leitungen ohne Kunststofffüllung, also Luft als Dielektrikum. Diese Leitungen sind bei gleichem Innenleiter viel dicker. Sie sind aufwendiger in der Herstellung und dadurch teurer.

Die Dämpfung wird meist in Dezibel pro hundert Meter Länge bei einer bestimmten Frequenz angegeben. Verwendet man ein Kabel mit halber Länge, hat man auch nur die Hälfte der Dämpfung. Beim Aufbau der Antenne sollte man also darauf achten, dass der Weg vom Sender bis zur Antenne möglichst kurz wird.

Die Dämpfung ist außerdem frequenzabhängig. Im Fragenkatalog der BNetzA finden Sie ein Diagramm mit der Grunddämpfung gebräuchlicher Koaxialleitungen in Abhängigkeit von der Betriebsfrequenz. Dieses Diagramm erhalten Sie bei der Prüfung zusammen mit der Formelsammlung. Sie finden es in diesem Buch im Anhang 4.

Kapitel 10: Dezibel, Dämpfung, Kabel

Ableseübung
Gegeben ist das Diagramm aus dem Fragenkatalog der BNetzA (siehe Anhang 4 in diesem Buch). Lesen Sie ab: Wie groß ist die Dämpfung je eines 100 m langen Kabelstücks vom Typ Aircell 7 bei den Frequenzen 29, 145, 435 und 1296 MHz?

Vergleichen Sie die abgelesenen Werte mit denen unten in der Tabelle 10-1.

Vergleichen Sie einmal die Dämpfung von RG58 mit dem nicht viel dickeren Aircell 7 bei 145 MHz. RG58 hat eine fast dreimal so hohe Dämpfung, ist also nur für sehr kurze Verbindungsstücke, nicht aber als Antennenzuleitung geeignet. Verwechseln Sie in der Praxis RG58 nicht mit RG59 (75 Ohm!).

Prüfungsfrage TH306
Welche Dämpfung hat ein 20 m langes Koaxialkabel vom Typ RG58 bei 29 MHz?
A 1,5 dB   B 1,8 dB
C 3,75 dB   D 4,5 dB

Hinweis: Beachten Sie, dass die Angaben der Dämpfung im Dämpfungsdiagramm aus der Formelsammlung auf 100 m bezogen sind. Bei 20 m Länge ist die abgelesene Dämpfung durch fünf zu teilen.

Prüfungsaufgaben TH305
Welche Dämpfung hat ein 25 m langes Koaxkabel vom Aircell 7 bei 145 MHz? (siehe hierzu Diagramm)
A 1,9 dB   B 7,5 dB
C 3,75 dB   D 1,5 dB

Lösung: Für Aircell 7 lesen Sie bei 145 MHz eine Dämpfung 7,5 dB ab. Weil es nur 25 m sind, teilen Sie diesen Wert durch vier und erhalten 1,875 dB, gerundet 1,9 dB.

Prüfungsfrage TH301
Am Ende einer Leitung ist nur noch ein Viertel der Leistung vorhanden. Wie groß ist das Dämpfungsmaß des Kabels?
A 3 dB   B 6 dB
C 10 dB   D 16 dB

Lösung: Sie wissen sicher auswendig: Ein Viertel der Leistung entspricht 6 dB.

Prüfungsaufgabe TH302
Am Ende einer Leitung ist nur noch ein Zehntel der Leistung vorhanden. Wie groß ist das Dämpfungsmaß des Kabels?
A 16 dB   B 3 dB
C 6 dB   D 10 dB

Bearbeiten Sie auch die Prüfungsaufgabe **TH303**!

Typ	Außen-Ø	Z_w	Dämpfung in dB auf 100 m bei				
			3,5 MHz	29 MHz	145 MHz	435 MHz	1296 MHz
RG 58	5,8 mm	50 Ω	2,9	9	20	33	64
RG 59	6,3 mm	75 Ω	-	-	-	-	-
RG213 U	10,3 mm	50 Ω	0,6	2,2	5,8	11	22
RG213 (MIL)	10,3 mm	50 Ω	1,2	3,7	8,7	14	28
Aircell 7	7,3 mm	50 Ω	0,8	2,9	7,5	13	28
Aircom Plus	10,8 mm	50 Ω	0,48	1,7	4,2	7,6	15

Tabelle 10-1: Wellenwiderstand und Dämpfung gebräuchlicher Standard-Koaxkabel

Anpassung

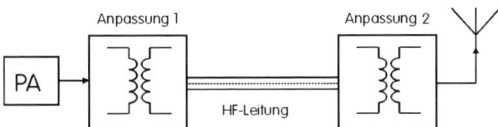

Bild 10-7: Anpassung Sender - Kabel - Antenne

Anpassung in der Hochfrequenztechnik bedeutet, dass auf der einen Seite der Arbeits- oder Außenwiderstand des Senders mit der angeschlossenen HF-Leitung und auf der anderen Seite die Antennenimpedanz mit dem Wellenwiderstand des Kabels übereinstimmt.

Die Transistoren oder Röhren einer Senderendstufe (PA, *power amplifier*) müssen bei eingangsseitig voller Aussteuerung und gegebener Betriebsspannung einen bestimmten Lastwiderstand R_L vorfinden, wenn sie die maximal mögliche Ausgangsleistung abgeben sollen. Die Größenordnung des optimalen R_L liegt bei wenigen Ohm bei Transistoren und bis zu einigen Kiloohm bei Röhren.

Mittels Anpassgliedern wird der jeweilige Lastwiderstand R_L in den heute üblichen Senderausgangswiderstand R_a von 50 Ohm transformiert. Wird nun an den 50-Ω-Ausgang ein Koaxialkabel mit einem Wellenwiderstand von 50 Ω angeschlossen, das seinerseits mit einer Antenne verbunden ist, deren Eingangswiderstand bei 50 Ω liegt, gibt der Sender die maximal mögliche Leistung ab.

Weicht jedoch die Antennenimpedanz wesentlich von 50 Ω ab, etwa wegen zu geringer Aufbauhöhe oder weil man sich mit dem Transceiver wesentlich von der Resonanzfrequenz der Antenne entfernt hat, findet die PA eine abweichende Impedanz vor und die Leistungsabgabe sinkt.

Stehwellenverhältnis

Wie gut eine Antenne an die Zuleitung oder die Zuleitung an den Senderausgang angepasst ist, kann man mit dem *Stehwellenverhältnis* (*SWR* standing wave ratio oder *VSWR* voltage standing wave ratio) beschreiben.

Schickt man hochfrequente Leistung auf ein Kabel und wird wegen einer Fehlanpassung der Antenne an das Kabel nicht alle Energie abgenommen, wird dieser Teil reflektiert und wandert wieder zurück in Richtung Sender. Dabei überlagert sich diese rücklaufende Welle u_r mit der hinlaufenden Welle u_h (Bild 10-8). Dadurch entstehen in regelmäßigen Abständen Wellenberge (Summe aus hinlaufender und rücklaufender Welle) und Wellentäler (Differenz aus hinlaufender und rücklaufender Welle). Diese an bestimmten Stellen auftretenden Maxima U_{max} und Minima U_{min} bezeichnet man als stehende Wellen und das Verhältnis davon als Stehwellenverhältnis *SWR* oder *VSWR* (*voltage standing wave ratio*).

$$SWR = \frac{U_{max}}{U_{min}} = \frac{u_h + u_r}{u_h - u_r}$$

Mehr zu SWR-Berechnungen und der praktischen Messtechnik dazu finden Sie im Kapitel 17: Messtechnik. Nur eines schon vorweg: Ein (V)SWR von 1 (oder *1 zu 1*) bedeutet vollkommene Anpassung.

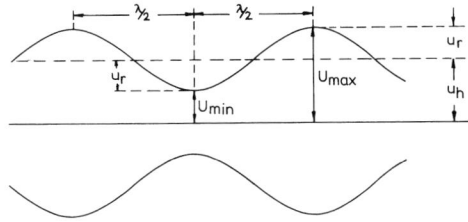

Bild 10-8: Maxima und Minima durch stehende Wellen

Symmetrierung

Außer der eigentlichen Widerstandsanpassung muss bei Speisung von symmetrischen Antennen mit unsymmetrischen Kabeln auch noch symmetriert werden. Symmetrische Antennen sind alle Arten von Dipolen, unsymmetrische Antennen sind solche, die gegen Erde erregt werden (zum Beispiel $\lambda/4$-Vertikalstrahler). Symmetrische Kabel sind Paralleldrahtleitungen, unsymmetrische Kabel sind Koaxialkabel.

Wird eine symmetrische Antenne direkt an ein Koaxialkabel angeschlossen, so entstehen durch die Unsymmetrie Ausgleichsströme auf dem Mantel des Kabels, so genannte *Mantelwellen*. Damit strahlt ein solches Kabel HF-Energie ab, was bei benachbarten Zuleitungskabeln für Rundfunk- und Fernsehgeräte zu unerwünschten störenden Beeinflussungen führen kann. Zudem steigen die Verluste und das Strahlungsdiagramm der Antenne wird verzerrt.

Zur Symmetrierung wird ein Breitbandsymmetrierübertrager (Balun genannt) verwendet. Balun kommt aus dem Englischen von *balanced* (symmetrisch) - *unbalanced* (unsymmetrisch), wie er im Bild 10-9 zu sehen ist. Es kann auch eine Mantelwellendrossel eingesetzt werden (Siehe Prüfungsfrage TH405).

> Bearbeiten Sie die **Prüfungsaufgaben TH403, TH404** und **TH405**.

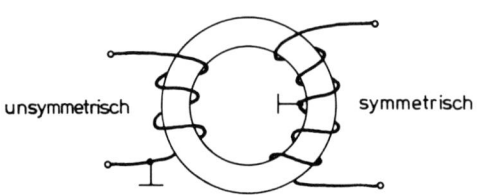

Bild 10-9: Ringkern-Balun

Stecker

Die Kabel werden an ihren Enden nicht in den Geräten angelötet, sondern mit Steckern versehen, die an die Gerätebuchsen angeschraubt werden. Für Kurzwelle und auch noch gelegentlich im 2-m-Band verwendet man das UHF-System, meistens PL-Stecker und PL-Buchse genannt. Für das 70-cm-Band und auch für das 2-m-Band verwendet man das N-System und für Messgerätekabel, für Handfunkgeräte und für Sender kleiner Leistung (etwa bis 20 Watt) das BNC-System. Für VHF/UHF-Handfunkgeräte verwendet man heutzutage die sehr kleinen SMA-Stecker.

	Verwendung	
UHF	Kurzwelle, 2-m-Band	
N	2-m-Band, 70-cm-Band	
BNC	Messgräte, Handfunkgeräte, Sender bis 20 W	
SMA	VHF-/UHF-Handfunkgeräte	

> **Prüfungsfrage TH312**
> Welcher der Koaxsteckverbinder aus obiger Tabelle ist für sehr hohe Frequenzen (70-cm-Band) und hohe Leistungen am besten geeignet?

Tipp: Achten Sie auf den Hinweis „für hohe Leistungen"! Hohe Leistungen soll hier deutlich mehr als 20 Watt bedeuten.

Kapitel 11: Antennentechnik

Der Antennenbau ist einer der interessantesten Bereiche des Amateurfunks, weil man ohne viel Aufwand mit verschiedenen Antennenbauformen experimentieren kann.

Übersicht
- Strom- und Spannungsverteilung
- Impedanz
- Länge einer Antenne
- Richtdiagramm
- Gewinn
- EIRP und ERP
- Bauformen von Antennen

Die Antenne hat die Aufgabe, hochfrequente Energie in Form eines elektromagnetischen Feldes abzustrahlen (siehe Kapitel 8) beziehungsweise umgekehrt ein elektromagnetisches Feld aufzufangen und in hochfrequente Energie umzuformen, die über ein HF-Kabel dem Empfänger zugeführt wird.

Jeder gestreckte Draht, durch den ein hochfrequenter Wechselstrom fließt, erzeugt ein elektromagnetisches Feld und ist damit eine Sendeantenne. Wir besprechen hier im Amateurfunklehrgang nur Sendeantennen und zwar zunächst solche für den Kurzwellenfunkbetrieb und zum Schluss noch Richtantennen für den VHF/UHF-Bereich.

Empfangs- und Sendeantennen unterscheiden sich nicht grundsätzlich. Eine gute Sendeantenne ist zumindest im Kurzwellenbereich auch immer eine gute Empfangsantenne. Umgekehrt gilt dieser Satz allerdings nicht. Während man mit einer Zimmerantenne, Radio-Teleskopantenne oder einer Ferritantenne auch im Kurzwellenbereich noch ganz gut empfangen kann, ist der Betrieb eines KW-Senders mit solchen Antennen kaum möglich.

Weil der Antennenbau im Kurzwellenbereich für Funkamateure ein sehr beliebtes Gebiet für den Selbstbau ist, soll hier im Lehrgang die Theorie der Sendeantennen etwas ausführlicher besprochen werden, als dies für die Prüfung eigentlich notwendig wäre.

Kapitel 11: Antennentechnik

Strom- und Spannungsverteilung

Sie wissen aus Kapitel 8 (Bild 8-5), dass man sich einen Halbwellendipol als auseinander gezogenen Schwingkreis vorstellen kann. Der Draht stellt eine Induktivität dar Außerdem verhalten sich die Drähte zueinander wie ein Kondensator aus vielen kleinen Kapazitäten. Nehmen wir der Einfachheit halber an, der Dipol besteht wie in Bild 11-1a aus fünf Induktivitäten L_1 bis L_5 und drei Kapazitäten C_1 bis C_3.

Durch die angelegte Wechselspannung haben alle Kondensatoren im gleichen Augenblick eine bestimmte Ladung (hier zum Beispiel links positiv). Dann entlädt sich der Kondensator C_1 über L_3 und verursacht in der Antenne einen Strom I_1, der im Bild 11-1b als Pfeil gezeichnet ist. C_2 entlädt sich über L_2, L_3 und L_4 und erzeugt einen Strom I_2. Durch L_3 fließen also beide Ströme I_1 und I_2. Schließlich entlädt sich C_3 über L_1 bis L_5 und liefert den Strom I_3. In der Mitte des Strahlers fließt die Summe aller drei Ströme.

Da es sich um Wechselstrom handelt, werden die einzelnen Ströme I_1 bis I_3 zunächst kleiner und dann negativ. In der nächsten Halbwelle sind die Kondensatoren mit umgekehrter Polarität geladen und die Ströme fließen in umgekehrter Richtung. Diese Richtung wurde im Diagramm Bild 11-1c durch i' und u' angedeutet. Man verwendet hier kleine Buchstaben für Strom und Spannung, um anzudeuten, dass es sich um zeitlich veränderliche Größen handelt, nämlich um hochfrequente *Wechsel*größen.

Zeichnet man für jeden Augenblick eine Stromkurve (i bzw. i'), erhält man ein Diagramm wie im mittleren Teil von Bild 11-1c. Man sagt: In der Mitte liegt der *Strombauch*, an den Enden der *Stromknoten*.

Anders verhält es sich mit der Spannung. Durch die Aufladung der Kondensatoren war die Spannung auf der linken Seite positiv, auf der rechten Seite negativ. Zur Mitte hin wird die Spannung immer kleiner und genau in der Mitte null. Dort, wo der Strombauch liegt, befindet sich der Spannungsknoten und umgekehrt.

Merke: In der Mitte einer Halbwellen-Antenne ist immer der Strombauch. Dort wo ein Strombauch ist, muss ein Spannungsknoten sein und umgekehrt.

In der Praxis zeichnet man nur die äußeren Linien, wie im folgenden Bild.

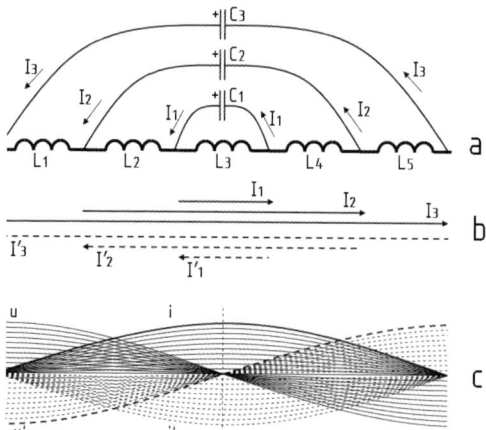

Bild 11-1: Strom- und Spannungsverteilung auf einem Halbwellendipol

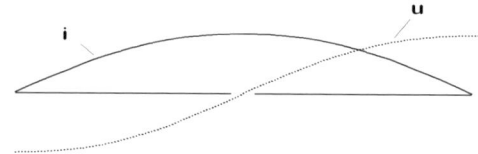

Bild 11-2: Strom- und Spannungsverteilung auf einem Halbwellendipol, anders gezeichnet

Impedanz

Das Verhältnis aus Spannung zu Strom an der Einspeisestelle der Antenne stellt einen Wechselstromwiderstand Z dar, den man mit *Impedanz oder Fußpunktwiderstand* oder auch mit *Speisewiderstand* bezeichnet.

$$Z = \frac{U}{I}$$

Beispielsweise ergäbe eine Hochfrequenz-Spannung von 10 V geteilt durch einen HF-Strom von 200 mA eine Impedanz von 50 Ω. In der Praxis liegt dieser Fußpunktwiderstand bei etwa 30 bis 80 Ω. Dieser Wert hängt im Wesentlichen von der Höhe der Antenne über dem Erdboden ab.

In Bild 11-3 ist die Abhängigkeit von der Höhe eingetragen. Hieraus erkennen Sie, dass die Impedanz sich bei großer Höhe (über ein Lambda) dem Wert 70 Ohm annähert. Der höchste Wert bei einem Drittel von Lambda ist 87 Ohm. Bei 0,15 λ Höhe (12 m im 80-m-Band) lese ich 50 Ohm ab.

> **Prüfungsfrage TH204**
> Die Impedanz eines Halbwellendipols beträgt je nach Aufbauhöhe in der Mitte ungefähr
> **A** 120 bis 240 Ω   **B** 60 bis 120 Ω
> **C** 40 bis 80 Ω   **D** 240 bis 600 Ω

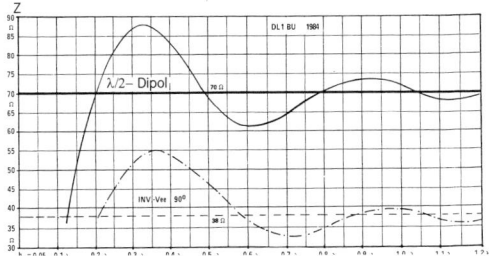

Bild 11-3: Fußpunktwiderstand in Abhängigkeit von der Höhe für einen Halbwellendipol, gestrichelt für eine Inverted-V-Antenne

Aus dem Diagramm Bild 11-2 auf der vorigen Seite erkennen Sie, dass bei einem Draht, dessen Länge gerade eine halbe Wellenlänge beträgt, in der Mitte der meiste Strom fließt (Strombauch). Man sagt, die Antenne ist an dieser Stelle *stromgespeist*. Für die Stromspeisung eignet sich Koaxialkabel, das es mit Wellenwiderständen von üblicherweise 50 und 75 Ohm gibt.

Es ist grundsätzlich möglich, die Hochfrequenzenergie auch an anderen Stellen des Antennendrahtes einzuspeisen. Die Einspeisung bei zirka einem Drittel der Länge führt zur *Windom-Antenne*, die in diesem Kapitel noch besprochen wird. Als *endgespeiste* Antennen werden später die *Fuchs-Antenne* und die *Zeppelinantenne* behandelt. Endgespeiste Antennen mit der Länge λ/2 sind allerdings hochohmig, wie Sie in Bild 11-2 erkennen, denn dort ist die Spannung hoch und der Strom hat sein Minimum. Dies gibt eine hohe Impedanz. Man sagt, die Antenne wird in diesem Fall *spannungsgespeist*.

In der Praxis liegt die Impedanz bei Spannungsspeisung etwa zwischen 300 und 600 Ohm. Die Speisung mit Koaxialkabel ist nicht mehr sinnvoll. Wenn sich der Sender in der Nähe der Antenne befindet, kann man den Ausgang des Senders über ein Antennenanpassgerät direkt anschließen. Ansonsten ist für Spannungsspeisung die Paralleldrahtleitung (siehe Kapitel 10) geeignet.

> **Prüfungsaufgabe TH206**
> Ein Halbwellendipol wird auf der Grundfrequenz in der Mitte
> **A** spannungsgespeist.
> **B** stromgespeist.
> **C** endgespeist.
> **D** parallel gespeist.

> Bearbeiten Sie die Prüfungsfrage **TH210** aus dem Anhang 1.

Länge einer Antenne

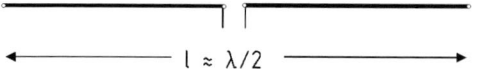

Bild 11-4: Gestreckter Halbwellendipol

Ein Antennendraht darf grundsätzlich *beliebig lang* sein. Soll die Antenne allerdings ohne Zusatzanpassung mit einem Koaxkabel gespeist werden, kommen nur bestimmte Längen in Bezug auf die Wellenlänge infrage. Der Halbwellendipol mit Mitteleinspeisung ist die „klassische" Lösung.

> **Beispiel**
> Berechnen Sie die ungefähre Länge eines Halbwellendipols für 3,6 MHz.

Lösung: $\lambda = \cdot \dfrac{300}{3,6} \, m = \underline{80 \, m}$

$l = \cdot \dfrac{\lambda}{2} = \dfrac{80}{2} \, m = \underline{40 \, m}$

In der Praxis müssen bei Kurzwellenantennen, die ja relativ bodennah hängen, zirka 3 bis 5% von dieser Länge abgezogen werden. Den genauen Wert ermittelt man später messtechnisch mit einem *SWR-Meter* (Kapitel 17). Für einige Kurzwellenbänder sind die ungefähren Längen eines Halbwellendipols in folgende Tabelle eingetragen.

| Bearbeiten Sie Prüfungsfrage **TH207** |

Frequenz	Band	λ/2-Dipol
1,9 MHz	160-m-Band	83 m
3,5 MHz	80-m-Band	41 m
7 MHz	40-m-Band	20 m
14 MHz	20-m-Band	10 m
21 MHz	15-m-Band	7 m
28 MHz	10-m-Band	5 m

Tabelle 11-1: Ungefähre Längen eines Halbwellendipols für verschiedene Kurzwellenbänder

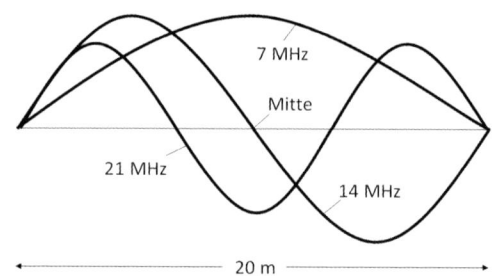

Bild 11-5: Stromverteilung auf einem 20-m-Dipol bei 7, 14 und bei 21 MHz

Damit eine Antenne als Sende- oder Empfangsantenne funktionieren kann, muss die Antenne selbst „resonant" sein oder mit Hilfe äußerer Beschaltung angepasst werden. In Bild 11-5 ist einmal die Stromverteilung für einige Amateurfunkbänder für einen 20 m langen Draht gezeichnet. Eine Antenne ist „resonant", wenn an beiden Enden ein Stromknoten entsteht.

Wird dieser Draht in der Mitte eingespeist, nennt man ihn Dipol. Entsteht in der Mitte ein Strombauch, kann die Antenne dort mit Koaxialkabel (niederohmig) eingespeist werden (hier auf 7 und 21 MHz).

| Bearbeiten Sie Prüfungsfrage **TH201** |

Antennen müssen aber nicht unbedingt von sich aus resonant sein. Jede beliebige Länge kann verwendet werden. Allerdings muss solch eine Antenne dann mit einem Anpassgerät angepasst werden (Bild 11-6).

| Bearbeiten Sie Prüfungsfrage **TH210** |

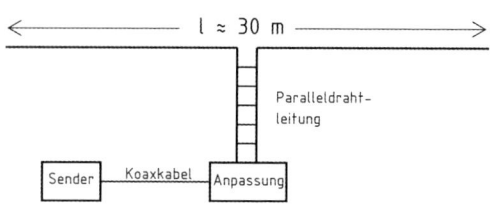

Bild 11-6: 30-m-Universaldipol

Richtdiagramm

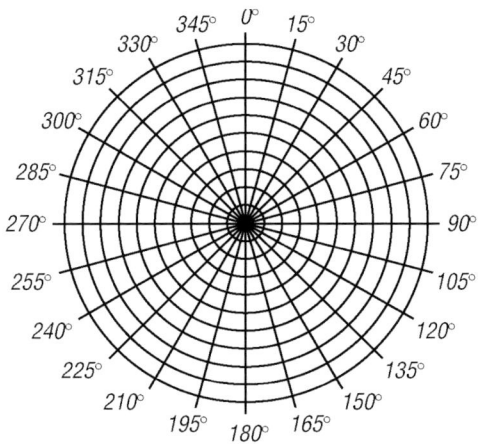

Bild 11-7: Kreisdiagramm für die Aufgabe 1

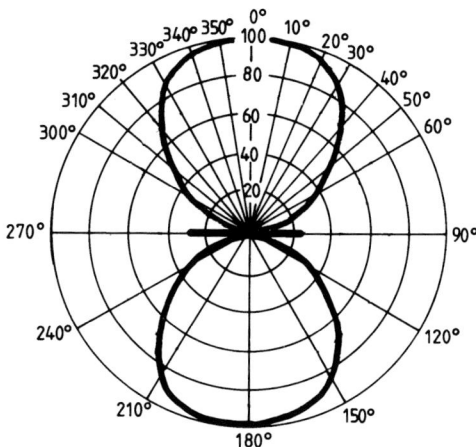

Bild 11-8: Horizontaldiagramm (Feldstärke in %) eines waagerecht aufgehängten Halbwellenstrahlers (Dipol)

Es gibt praktisch keinen Strahler, der seine Hochfrequenzenergie wie eine Kugel nach allen Seiten gleichmäßig abstrahlt. Jede lang gestreckte Antenne hat eine *Richtcharakteristik*. Um eine bessere Vorstellung von solch einem Diagramm zu bekommen, bearbeiten Sie bitte folgende Aufgabe.

> **Aufgabe 11-1**
> Tragen Sie die gemessenen Werte folgender Tabelle in das Kreisdiagramm Bild 11-7 ein. Der äußere Kreis soll 100 mV/m entsprechen. Sie erhalten ein Diagramm ähnlich dem in Bild 11-8.

$\varphi/°$	$E/(\text{mV/m})$	$\varphi/°$	$E/(\text{mV/m})$
0°	100	180°	100
15°	95	195°	95
30°	90	210°	90
45°	70	225°	70
60°	50	240°	50
75°	30	255°	30
90°	10	270°	10
105°	30	285°	30
120°	50	300°	50
135°	70	315°	70
150°	90	330°	90
165°	95	345°	95

Tabelle 11-2: Gemessene Feldstärken

Das *Horizontaldiagramm* einer Antenne zeigt, in welche Himmelsrichtung eine Antenne vorwiegend strahlt. Die größte Feldstärke ergibt sich senkrecht zur Richtung des Drahtes, also in Richtung 0° und 180°. Eine sehr geringe Feldstärke ergibt sich in Verlängerung der Strahlerachse (90°, 270°).

Das *Vertikaldiagramm* zeigt, wie flach eine Antenne abstrahlt. Denn je flacher sie strahlt, desto größer ist die Sprungentfernung, gut für Weitverkehrsverbindungen.

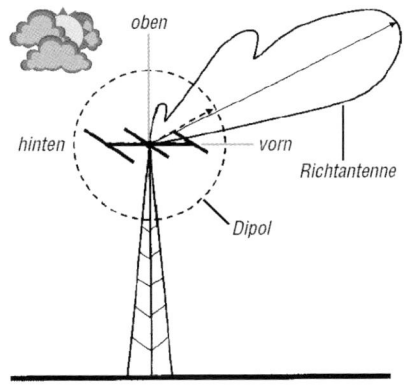

Bild 11-9: Vertikaldiagramme von Dipol und Yagi

Gewinn einer Antenne, EIRP

Was man in der Funktechnik unter *Gewinn* versteht, soll an einem Beispiel erklärt werden. Nehmen wir an, wir wären in einem dunklen Raum und würden ein Glühlämpchen von 1 Watt rundherum leuchten lassen. Es wäre noch ziemlich dunkel im Raum. Bringt man dasselbe Glühlämpchen an die richtige Stelle vor den bündelnden Spiegel eines Autoscheinwerfers, wird es in der Richtung des Scheinwerferstrahls deutlich heller, so dass man auf der anderen Seite des Raumes vielleicht eine Zeitung lesen könnte. Ohne den Scheinwerferspiegel hätte man vielleicht eine rundum strahlende 100-Watt Glühlampe gebraucht, um an derselben Stelle dieselbe Helligkeit zu erreichen.

Der Scheinwerferspiegel bringt also in einer Richtung mit einer 1-Watt-Lampe genau so viel Helligkeit wie die rundherum strahlende Glühlampe mit 100 Watt. Dies wäre ein Gewinn mit dem Faktor 100. Nur ein Hundertstel der Leistung ist notwendig gegenüber dem Fall, bei dem in alle Richtungen gleichmäßig abgestrahlt wird.

Ähnlich verhält es sich mit Antennen. Strahlt eine Antenne nicht gleichmäßig in alle Richtungen, sondern bevorzugt in eine oder mehrere Richtungen, ist in diesen Richtungen das Signal stärker, als wenn die Antenne rundherum strahlen würde. Ein Strahler, der in alle Richtungen gleichmäßig abstrahlt, ist ein *isotroper* Strahler. Er wird wegen des kugelförmigen Strahlungsdiagramms auch Kugelstrahler genannt. Ein Dipol gewinnt in den Hauptstrahlrichtungen gegenüber dem isotropen Strahler einen Faktor 1.64, ein $\lambda/4$-Vertikalstrahler 3.28. Diesen Faktor bezeichnet man als *Gewinnfaktor G* einer Antenne.

Multipliziert man die Hochfrequenzleistung, die man einer Antenne am Speisepunkt zuführt mit dem Gewinnfaktor G, erhält man eine Leistung, die man mit *EIRP* bezeichnet.

> **EIRP** kommt von *equivalent isotropic radiated power*, äquivalente auf einen isotropen Strahler bezogene Hochfrequenzleistung.

In der Formelsammlung der BNetzA wird eine Formel zur Berechnung der EIRP aus der Senderleistung angegeben.

$$P_{EIRP} = (P_{Sender} - P_{Verluste}) \cdot G_{Antenne\ isotrop}$$

Die Formel besagt: Um die äquivalente isotrope Strahlungsleistung P_{EIRP} zu erhalten, muss man von der Senderleistung die Verlustleistung (Kabel, Stecker, Anpassung) abziehen und diesen Wert mit dem Gewinnfaktor $G_{Antenne\ isotrop}$ multiplizieren.

> **Beispiel**
> Ein UKW-Sender mit 20 Watt Ausgangsleistung ist über eine Antennenleitung, die 1 dB Kabelverluste hat, an eine Richtantenne mit 11 dBi Gewinn (auf isotropen Strahler bezogen) angeschlossen. Welche EIRP wird von der Antenne abgestrahlt?

Lösung: Verluste und Gewinn in dB darf man miteinander verrechnen. Von den 11 dBi Gewinn ziehen wir die 1 dB Kabelverluste ab. Es bleiben 10 dB Gewinn, also ein Faktor 10 bei der Leistung.

$$P_{ERIP} = 20\ W \cdot 10 = 200\ W$$

Aus den 20 Watt Senderleistung sind 200 Watt isotrope Strahlungsleistung geworden. Diese Tatsache ist vom Funkamateur zu berücksichtigen, wenn er die Einhaltung der Personenschutzgrenzwerte nachweisen muss (Kapitel 18).

> **Bearbeiten Sie die Prüfungsfragen TL202 und TL203!**

ERP

Früher hat man in Deutschland den Gewinn einer Antenne vorwiegend auf den Dipol als Vergleichsantenne bezogen. Diese mit dem Gewinnfaktor multiplizierte Antenneneingangsleistung bezeichnet man mit ERP.

> **ERP** kommt von *effective radiated power* und bedeutet „Effektive Strahlungsleistung".

Die ERP (P_{ERP} in der Formel) erhält man, indem man von der Senderleistung P_{Sender} die Kabelverluste $P_{Verluste}$ abzieht und dann mit dem Gewinnfaktor $G_{Antenne\,Dipol}$ bezogen auf den Dipol multipliziert (Siehe **Prüfungsfrage TL201!**).

$$P_{ERP} = (P_{Sender} - P_{Verluste}) \cdot G_{Antenne\,Dipol}$$

Wenn der Gewinn gegenüber einem Dipol bekannt ist, kann man die EIRP errechnen, indem man die ERP mit dem Gewinnfaktor 1,64 eines Dipols multipliziert.

$$P_{EIRP} = 1{,}64 \cdot P_{ERP}$$

> **Prüfungsaufgabe TL204**
> Ein Sender mit 0,6 Watt Ausgangsleistung ist über eine Antennenleitung, die 1 dB Kabelverluste hat, an eine Richtantenne mit 11 dB Gewinn (auf Dipol bezogen) angeschlossen. Welche EIRP wird von der Antenne maximal abgestrahlt?
> A 7,8 Watt   B 6,0 Watt
> C 9,8 Watt   D 12,7 Watt

Lösung: Von den 11 dB Gewinn ziehen wir die 1 dB Kabelverluste ab. Es bleiben 10 dB Gewinn, also ein Faktor 10 bei der Leistung.

$P_{ERP} = 0{,}6\,W \cdot 10 = 6\,W$

Für die Berechnung der EIRP multiplizieren wir dies mit 1,64.

$P_{ERP} = 6\,W \cdot 1{,}64 = \underline{9{,}84\,W}$

Aus 0,6 Watt Senderleistung sind fast zehn Watt isotrope Strahlungsleistung geworden.

> **Prüfungsfrage TL205**
> Ein Sender mit 5 Watt Ausgangsleistung ist über eine Antennenleitung, die 2 dB Kabelverluste hat, an eine Antenne mit 5 dB Gewinn (auf Dipol bezogen) angeschlossen. Welche EIRP wird von der Antenne maximal abgestrahlt?
> A 6,1 Watt   B 10,0 Watt
> C 16,4 Watt   D 32,8 Watt

Es werden von den 5 dB Gewinn die 2 dB Verlust abgezogen. Es bleiben 3 dB Gewinn. 3 dB Gewinn bedeutet doppelte Leistung, also werden daraus 10 Watt ERP. Weil der Gewinn auf einen Dipol bezogen ist, muss wieder mit einem Faktor 1,64 multipliziert werden und wir erhalten 16,4 Watt EIRP.

> **Prüfungsfrage TL206**
> Ein Sender mit 75 Watt Ausgangsleistung ist über eine Antennenleitung, die 2,15 dB (Faktor 1,64) Kabelverluste hat, an eine Dipol-Antenne angeschlossen. Welche EIRP wird von der Antenne maximal abgestrahlt?
> A 45,7 W   B 123 W
> C 75 Watt   D 60,6 W

Im vorigen Kapitel haben wir unter „Verstärkung in dB" den Zusammenhang zwischen 2,15 dB und Faktor 1,64 bereits kennengelernt. Aber rechnen wir den Gewinn noch einmal nach.

$g = 10 \cdot \lg(1{,}64)\,dB = 10 \cdot 0{,}2148\,dB = 2{,}15\,dB$

Also heben sich die 2,15 dB Verluste mit dem Gewinn eines Dipols gegenüber dem isotropen Strahler genau auf und es bleiben 75 Watt EIRP.

Kapitel 11: Antennentechnik

Dipol

Der gestreckte Dipol mit einer Länge von Lambdahalbe ist die Grundform einer Sendeantenne. Weil der Draht nicht unendlich dünn und nicht unendlich weit von der Erde entfernt ist, verstimmt sich eine Dipolantenne in der Praxis nach niedrigeren Frequenzen. Um dies auszugleichen, macht man die Antenne je nach Bauhöhe um drei bis sieben Prozent kürzer. Man nennt dies den Verkürzungsfaktor einer Antenne. Die mechanische Länge wird mit folgender Formel berechnet.

$$l = k \cdot \frac{\lambda}{2}, \quad k = 0{,}93 \dots 0{,}97$$

> Hierzu passt (noch einmal) die Prüfungsfrage **TH207**.

Außer dem gestreckten Dipol gibt es davon abgewandelte Bauformen. Dazu gehören die „Inverted Vee", der Faltdipol, die quadratische Schleife, die Delta Loop und auch Multibandversionen wie die W3DZZ.

Durch das Herunterziehen der Dipol-Enden wird das horizontale Richtdiagramm der Antenne verändert. Bei einem Spreizwinkel von 90° (Bild 11-10) entsteht aus der typischen Achtercharakteristik des Dipols nahezu eine Rundstrahlcharakteristik, das heißt diese Antenne strahlt gleichmäßig in alle Himmelsrichtungen.

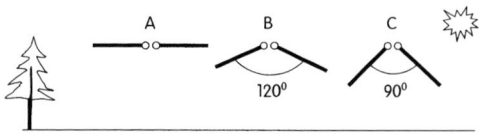

Bild 11-10: Aufbauformen des offenen Dipols
A: gestreckter Dipol, B: Inverted Vee mit 120° Spreizwinkel, C: Inverted Vee mit 90° Spreizwinkel

Multibanddipol

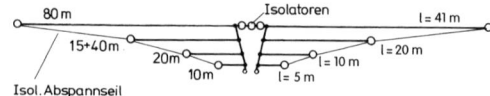

Bild 11-11: Mehrbanddipol

Eine Möglichkeit ist es, für jedes gewünschte Band einen Halbwellenstrahler zu bemessen, diese untereinander zu hängen und mit einem gemeinsamen Kabel einzuspeisen. Dann wird immer die Antenne, die niederohmig ist, die Energie aufnehmen. Die im Speisepunkt hochohmigen Antennen stören dann nicht. Für die fünf klassischen Bänder genügen vier Dipole, denn der Strahler für das 40-m-Band ist ja, wie gezeigt wurde, auch für das 15-m-Band niederohmig.

W3DZZ-Antenne

Die von dem Amerikaner W3DZZ erfundene Antenne wird wegen ihrer relativ geringen Länge von 33 m (anstatt 41 m eines normalen Halbwellendipols) von Funkamateuren gern verwendet. Die Sperrkreise (*Traps*) haben eine Resonanzfrequenz in der Mitte des 40-m-Bandes (7,05 MHz) und wirken auf diesem Band als Isolatoren, so dass die Antenne hier als $\lambda/2$-Dipol arbeitet. Auf 80 m wirken die Induktivitäten der Sperrkreise wie Verlängerungsspulen. Die Antenne arbeitet deshalb im 80-m-Band ebenfalls als $\lambda/2$-Dipol (Trap-Dipol).

> Bearbeiten Sie **Prüfungsaufgabe TH110** aus dem Anhang 1.

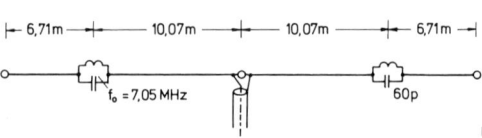

Bild 11-12: W3DZZ Multibanddipol

Endgespeiste Antennen

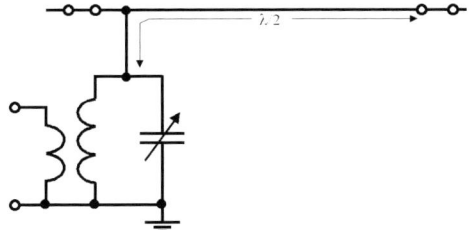

Bild 11-13 Langdrahtantenne als Fuchsantenne

Wenn man beispielsweise seinen Sender in der Nähe des Befestigungspunktes des Drahtes hat, ist eine Verlegung eines Koaxialkabels, das nicht zum Antennendraht parallel laufen sollte, etwas schwierig. In diesem Fall kann man die Antenne auch am Ende direkt einspeisen. Allerdings ist die Impedanz dort am Ende hochohmig. Man muss ein Anpassgerät verwenden. Diese Antenne heißt Langdrahtantenne.

Die Sendeleistung wird entweder mit einem HF-Transformator, den man auf der Sekundärseite mit einem abstimmbaren Drehkondensator zu einem so genannten Fuchskreis ergänzt (Bild 11-13) angepasst oder man verwendet eine Lambda-Viertel-Leitung zur Transformation (Bild 11-14, Zeppelinantenne). Diese Leitung besteht einfach aus zwei parallelen Drähten, die durch Abstandshalter gehalten werden. Diese Leitung nennt man Zweidraht- oder *Feederleitung*. Im Sprachgebrauch wird sie meist als *Hühnerleiter* bezeichnet.

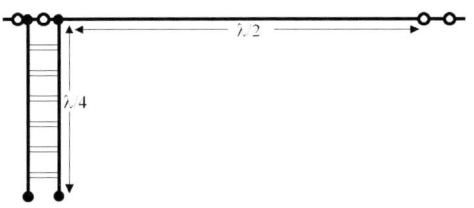

Bild 11-14 Zeppelinantenne

Schleifenantennen

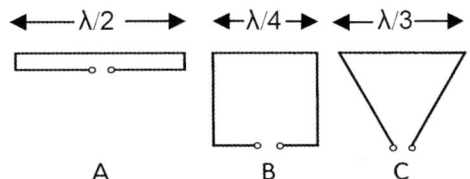

Bild 11-15: Bauformen von Schleifenantennen
A: Faltdipol, B: Quadratische Schleife (Quad Loop), C: Dreiecksschleife (Delta Loop)

Schaltet man zwei Halbwellendipole in einem geringen Abstand parallel, speist aber nur einen dieser Drähte, nennt man diese Antenne Faltdipol (Bild 11-15 A). Die Fußpunktimpedanz des Faltdipols wird je nach Aufbauhöhe etwa 200 bis 300 Ohm betragen, das ist das Vierfache von 50 bis 75 Ohm eines gestreckten Dipols.

Abgewandelte Bauformen (Bilder 11-15 B, C) des Faltdipols entstehen durch Auseinanderziehen. Die Anordnung kann quadratisch werden (Quad Loop) oder dreieckig sein (Delta Loop). Die Drahtschleife lässt sich auch waagerecht parallel zum Erdboden aufhängen. Hängt sie zirka λ/4 über dem Erdboden, ergibt sich eine starke Steilstrahlung und damit große Feldstärken im innerdeutschen Funkverkehr.

Prüfungsfrage TH205
Ein Faltdipol hat einen Eingangswiderstand von ungefähr
A 60 Ω. B 240 Ω.
C 50 Ω D 30-60 Ω.

Prüfungsfrage TH107
Wie nennt man eine Schleifenantenne, die aus drei gleich langen Drahtstücken besteht?
A Delta Loop Antenne
B 3-Element Quad Loop Antenne
C W3DZZ Antenne
D 3-Element-Beam

Windom-Antenne

Bereits im Jahr 1923 wurde in den USA eine Antenne vorgestellt, die mit einer Eindrahteinspeisung auskommt. Dabei geht die Eindrahtspeiseleitung von der Tatsache aus, dass ein einzelner Draht gegenüber einer guten Erde einen Wellenwiderstand von etwa 500 Ohm aufweist.

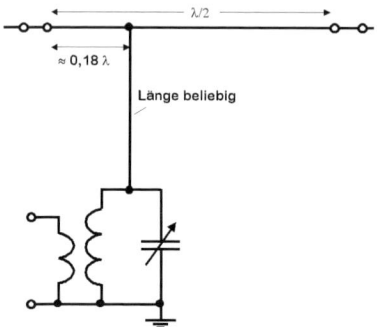

Bild 11-16: Die Windom-Antenne

Die Eindrahtspeisung wird heutzutage nicht mehr angewendet, weil man es kaum vermeiden kann, dass diese Speiseleitung doch strahlt und es in unmittelbarer Nachbarschaft zu störenden Beeinflussungen kommen kann. Es gibt eine Abwandlung dieser Antenne, die kommerziell unter der Bezeichnung FD4 (Fritzel-Dipol für 4 Bänder – 80 m, 40 m, 20 m, 10 m) bekannt ist. Sie arbeitet mit einem Breitbandübertrager, der die Impedanz 1 : 6 heruntertransformiert. Es kann ein 50-Ω-Kabel angeschlossen werden.

| Siehe **Prüfungsfrage TK303!** |

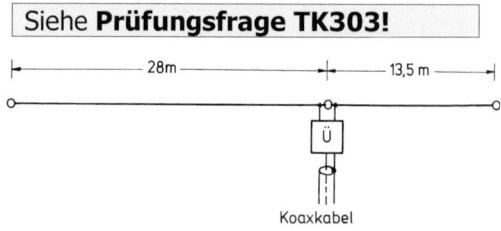

Bild 11-17: Windom-Antenne mit Übertrager

Yagi-Antenne

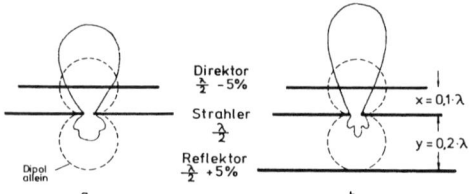

Bild 11-18: a) 2-Element-, b) 3-Element-Yagi-Antenne

Bringt man in das elektrische Feld eines Halbwellenstrahlers in einem Abstand von etwa $1/_{10}$-λ einen um etwa 5 % kürzeren Stab, so stellt man eine deutliche Zunahme der Feldstärke in dieser Richtung fest. In der Gegenrichtung wird das Feld geschwächt. Das heißt, eine solche Anordnung mit einem so genannten parasitären Zusatzelement (*Direktor*) bündelt die HF-Energie (Bild A).

Ähnliches Verhalten zeigt ein um 5% längerer Stab, der in etwa $1/_5$-λ Entfernung vom Strahler in das Feld gebracht wird. Allerdings bündelt er die HF-Energie in entgegen gesetzte Richtung. Er reflektiert das elektrische Feld. Man nennt ihn deshalb *Reflektor*. Eine solche Antenne mit Direktor und Reflektor heißt 3-Element-*Yagi* nach dem japanischen Antennenforscher Yagi.

| **Prüfungsfragen** Beantworten Sie die Fragen **TH112** und **TH113**. |

Bild 11-19: Yagi-Antennen (UKW, KW)

Cubical Quad

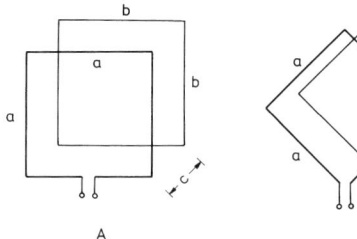

Bild 11-20: Kubische Quad (cubical quad)

Eine wegen ihres angeblich flachen Abstrahlwinkels bei bereits geringer Aufbauhöhe gern verwendete DX-Antenne ist die *Kubische Quad* (gesprochen: kwott). Man benötigt aber eine Menge Platz für diese räumliche Anordnung.

Im Prinzip ist die *Cubical Quad* eine quadratische Schleife (Loop) aus vier λ/4-Stücken (a) und einem Schleifenreflektor aus vier um 5 % längeren Stücken (b) oder aus einem Direktor-Rahmen aus vier um 5 % kürzeren Stücken. Die Antenne kann horizontal (A) oder auf der Spitze stehen (diamond shape, B) aufgebaut werden. Der Abstand der beiden Rahmen ist entweder 0,1 λ (Strahler - Direktor) oder 0,2 λ (Strahler - Reflektor). Insgesamt ergibt sich ein Gebilde wie ein Quader, daher der Name.

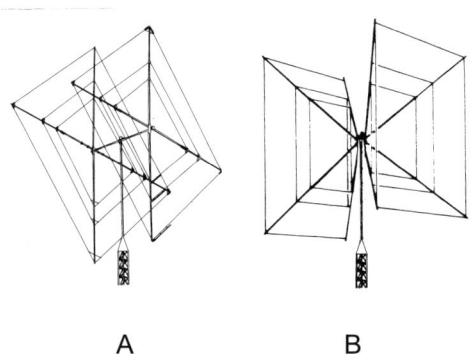

**Bild 11-21: Dreiband-Quad,
A: Boom-Quad, B: Spinnen-Quad**

Magnetantenne

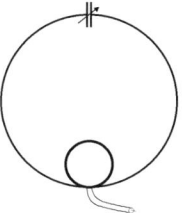

Bild 11-22: Die Magnetantenne

Durch einen sehr hohen HF-Strom in einem Leiter lässt sich die magnetische Komponente des elektromagnetischen Feldes nutzen. Dazu wird eine Spule mit einer oder zwei Windungen mit etwa λ/10 Umfang mit einem Kondensator großer Kapazität zusammengeschaltet. Diese Antenne hat für die oberen Kurzwellenbänder einen Durchmesser von nur etwa 0,8 bis 1,3 m und ist deshalb leicht unterzubringen.

Die Magnetantenne bewährt sich für Portabelzwecke, da man sie am Balkongeländer des Hotels oder auf dem Wagendach befestigen kann. Der Wirkungsgrad einer solchen Antenne ist für ihre Größe recht gut. Allerdings ist sie sehr schmalbandig, so dass man sie bei Frequenzwechsel sogar innerhalb eines Bandes nachstimmen muss.

> **Prüfungsfrage TH103**
> Welche magnetischen Antennen eignen sich für Sendebetrieb und strahlen dabei im Nahfeld ein starkes magnetisches Feld ab?
> **A** Magnetische Ringantennen mit einem Umfang von etwa λ/10
> **B** Ferritantennen und magnetische Ringantennen
> **C** Rahmenantennen mit mehreren Drahtwindungen
> **D** Ferritantennen und Rahmenantennen mit Drahtwindungen

Vertikalantennen

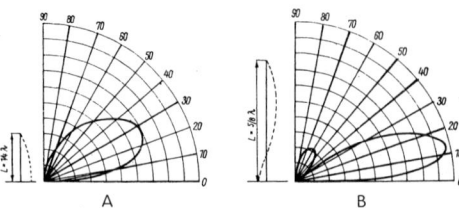

Bild 11-23: Vertikaldiagramme von Vertikalstrahlern A λ/4, B 5/8 λ

Senkrecht stehende Antennen heißen Vertikalstrahler. Sie haben in der horizontalen Ebene Rundstrahlcharakteristik. Das horizontale Richtdiagramm ist ein Kreis. Das ist für den Amateurfunk sehr praktisch, da die Antenne in allen Richtungen gleich gut abstrahlt. Vertikalstrahler haben außerdem die Eigenschaft, einen flachen Abstrahlwinkel zu besitzen, was aus Bild 11-23 hervorgeht. Den günstigsten Abstrahlwinkel hat ein 5/8-λ langer Vertikalstrahler (Bild B). Wenn man die Vertikalantenne noch länger macht, steigt die Steilstrahlung an.

> **Prüfungsaufgabe TH104**
> Berechnen Sie die Länge eines 5/8-λ langen Vertikalstrahlers für das 10-m-Band (28,5 MHz).

$$\lambda = \frac{300}{28,5}\,\text{m} = 10,53\,\text{m}$$

$$l = \frac{5}{8} \cdot 10,53\,\text{m} = \underline{6,58\,\text{m}}$$

Antennen wie die Vertikalantenne und die Groundplane-Antenne (Bild 11-24), die gegen Erde oder gegen ein Gegengewicht erregt werden, sind *unsymmetrische* Antennen. Dipole sind *symmetrische* Antennen.

> Beantworten Sie die Prüfungsfragen **TH106, TH108** und **TH109**.

Groundplane-Antenne

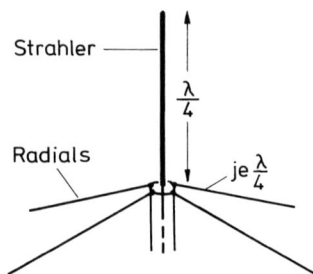

Bild 11-24: Groundplane-Antenne

Wegen der oft schwer übersehbaren Bodenverhältnisse wird die natürliche Erde durch ein Netz von Gegengewichten ersetzt. Diese meist radial vom Strahlerfußpunkt ausgehenden λ/4-langen Gegengewichte nennt man *Radiale* (englisch: radials). Das gesamte Netz der Radiale bildet die Erdebene, englisch *Groundplane*. Eine solche λ/4-Vertikalantenne nennt man im Amateurfunk Groundplane-Antenne (GP oder GPA, Bild 11-24). Meistens werden drei oder vier Radiale verwendet. Bei drei Radialen ergibt das horizontale Strahlungsdiagramm ungefähr einen Kreis (Bild 11-25). Die GP hat allerdings einen relativ niedrigen Fußpunktwiderstand von zirka 30 bis 50 Ω, je nach Neigungswinkel der Radiale.

> **Prüfungsfragen**
> Beantworten Sie die Fragen **TH105, TH111, TH202** und **TH203**.

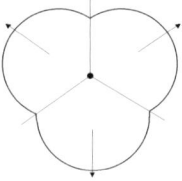

Bild 11-25: Strahlungsdiagramm einer GP mit drei Radialen

UKW-Yagi-Antenne

Genau wie bei Kurzwelle (Bild 11-18), kann man die Yagi-Anordnung auch für das 2-m- oder das 70-cm-Band verwenden. Da die Elemente zirka λ/2 lang sind, ergeben sich Elemente von nur 1 m beziehungsweise nur 35 cm Länge. Deshalb kann man noch viel mehr Direktoren verwenden und erhält dadurch eine so genannte Langyagi-Antenne (Bild 11-26 A oder 11-26 B).

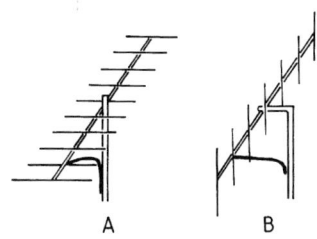

Bild 11-26: A horizontal, B vertikal polarisierte Langyagi-Antenne

Kreuzyagi-Antenne

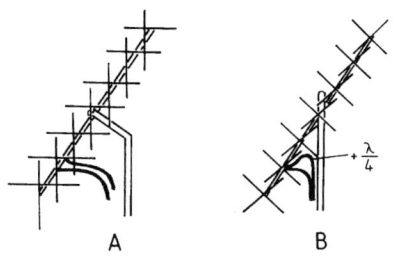

Bild 11-27: A Kreuzyagi-Antenne, B zirkular polarisierte Yagi-Antenne in X-Form

Eine Doppelantenne, deren Elemente für horizontale und für vertikale Polarisation auf einem gemeinsamen Trägerrohr (*Boom*) aufgebaut werden, ist die Kreuzyagi-Antenne (Bild 11-27-A). Führt man die beiden Speisekabel einer Kreuzyagi-Antenne an ein Koaxrelais oder direkt bis hinunter zur Funkstation, kann man zwischen horizontaler und vertikaler Polarisation umschalten.

Man kann die beiden Antennensysteme aber auch über eine λ/4-Umwegleitung parallel schalten. Man erhält dadurch eine ständig rotierende Polarisation (zirkular polarisiert), die besonders für Satellitenfunk von Vorteil ist (Bild 11-27 B). Im Normalfall bringt eine zirkular polarisierte Antennenanordnung einen geringfügigen Verlust gegenüber der einfachen linearen Polarisation. Dafür benötigt man aber keine Umschaltung und es gibt weniger Polarisationsfading beim rotierenden Satelliten.

UKW-Rundstrahlantennen

Beim Mobilfunk im 2-m- und im 70-cm-Band ist vertikale Polarisation mit Rundstrahlantennen üblich. Für das Fahrzeug werden λ/4-Stabantennen mit dem Wagenchassis als Gegengewicht oder λ/2-Antennen zum Anklemmen an die Fensterscheibe in der Tür oder 5/8-λ-Antennen mit einer Verlängerungsspule als Federfuß verwendet.

FM-Feststationen arbeiten mit Groundplane-Antennen (Bild 11-28 E) oder λ/2-Antennen mit einer speziellen Anpassung als Sperrtopf (Bild D). Für Handfunkgeräte werden meistens Wendelantennen eingesetzt. Der Antennendraht wird dabei zu einer Spule aufgewickelt. Diese Antennen sind zwar sehr klein, haben aber einen geringeren Wirkungsgrad als eine λ/4-Antenne. Siehe **Prüfungsfrage TH208** nächste Seite!

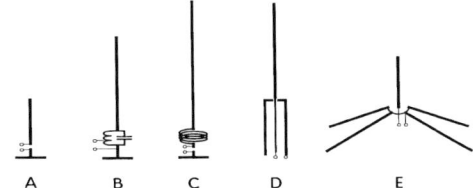

Bild 11-28: UKW-Vertikalantennen:
A Viertelwellenstab, B λ/2-, C 5/8-λ-, D Sperrtopf-, E Groundplane-Antenne

Kapitel 11: Antennentechnik

Prüfungsfrage TH208
Folgendes Bild enthält verschiedene UKW-Vertikalantennen. In welcher der folgenden Zeilen ist die Bezeichnung der entsprechenden Antenne richtig zugeordnet?

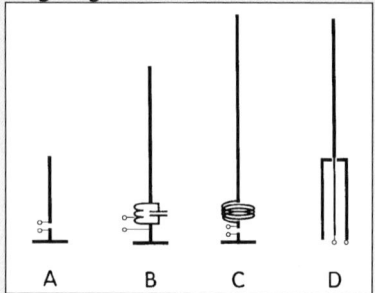

A Bild A zeigt einen $\lambda/4$-Vertikalstrahler (Viertelwellenstab).
B Bild B zeigt eine Sperrtopf-Antenne.
C Bild C zeigt eine $\lambda/2$-Antenne mit Fuchskreis.
D Bild D zeigt eine 5/8-λ-Antenne.

Die richtigen Zuordnungen sind folgende.

Bild A zeigt einen $\lambda/4$-Vertikalstrahler (Viertelwellenstab), Bild B zeigt eine $\lambda/2$-Antenne mit Fuchskreis, Bild C zeigt eine 5/8-λ-Antenne, Bild D zeigt eine Sperrtopf-Antenne.

Prüfungsfrage TH209
Nebenstehendes Bild enthält verschiedene UKW-Yagi-Antennen. In welcher der folgenden Zeilen ist die Bezeichnung der Antenne richtig zugeordnet?

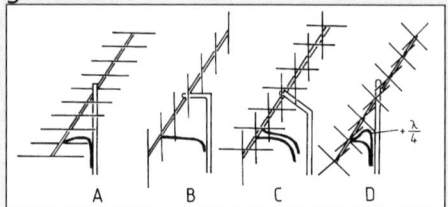

A Bild A zeigt eine horizontal polarisierte Yagi-Antenne.
B Bild B zeigt eine Kreuz-Yagi-Antenne.
C Bild C zeigt eine zirkular polarisierte X-Yagi-Antenne.
D Bild D zeigt eine vertikal polarisierte Yagi-Antenne.

Die richtigen Zuordnungen sind folgende.

Bild A zeigt eine horizontal polarisierte Yagi-Antenne.
Bild B zeigt eine vertikal polarisierte Yagi-Antenne.
Bild C zeigt eine Kreuz-Yagi-Antenne.
Bild D zeigt eine zirkular polarisierte X-Yagi-Antenne.

Lösung Prüfungsaufgabe TH202
Siehe Anhang 1! Hier werden direkt die richtigen Zuordnungen gezeigt.

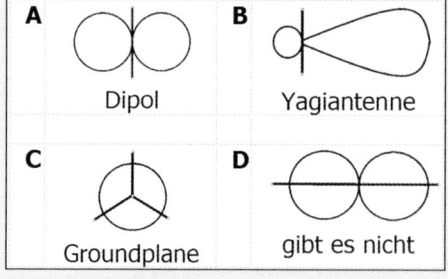

Prüfungsfragen
Beantworten Sie zum Schluss dieses Kapitels noch die Prüfungsfragen **TH101** und **TH102**.

Viele Beispiele von Antennen finden Sie auf der Website des Autors www.dj4uf.de. Unter anderem wird der Selbstbau eines Multibanddipols, der Selbstbau einer „Magnetic Loop" oder der Bau eines Hexbeams gezeigt.

Kapitel 12: Halbleiter, Diode

Sender und Empfänger bestehen außer aus Widerständen, Kondensatoren, Spulen und Filtern auch aus vielen elektronischen Bauelementen, den so genannten Halbleitern. Der nun folgende Teil dieses Lehrgangs stellt eine Einführung in die Elektronik dar. Beginnen wir mit dem einfachsten Bauteil, der Halbleiterdiode.

Übersicht

- Halbleiterwerkstoffe
- Störstellenleitfähigkeit
- Diode
- Z-Diode
- Fotodiode
- Solarzelle
- Leuchtdiode (LED)
- Diode als Gleichrichter

Halbleiterwerkstoffe

Sie wissen aus dem ersten Teil dieses Lehrgangs, dass man grundsätzlich zwischen elektrischen *Leitern* und elektrischen *Nichtleitern* (Isolatoren) unterscheiden kann. Zu elektrischen Leitern gehören beispielsweise Metalle, zu den Nichtleitern zum Beispiel Glas, Porzellan und so weiter.

Es gibt Nichtleiter-Werkstoffe, deren elektrische Leitfähigkeit unter bestimmten Bedingungen entsteht. Man nennt sie Halbleiterwerkstoffe. Im engeren Sinne versteht man unter Halbleitern die Werkstoffe, die für die Herstellung elektronischer Bauelemente verwendet werden.

In der Halbleitertechnik hat der Werkstoff Silizium zurzeit die größte Bedeutung. Weitere technisch wichtige Werkstoffe sind Germanium, Selen, Galliumarsenid, Indiumphosphid und Indiumantimonid. Diese Werkstoffe haben Kristallstruktur, das heißt die Atome sitzen nach einem bestimmten Schema geordnet auf vorgegebenen Plätzen in einem Kristallgitter.

Bei den wichtigsten Halbleiterwerkstoffen Silizium und Germanium hat dieses Schema eine Tetraeder-Struktur (Bild 12-1), so dass jedes Atom immer vier Nachbaratome hat.

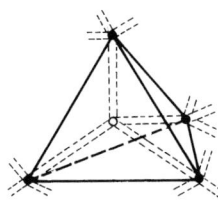

Bild 12-1: Siliziumkristallgitter

Diese vier Bindungen (Vierwertigkeit) sind charakteristisch für die Halbleiter. Bei einer vollständig reinen Kristallstruktur sind alle Valenzelektronen (das sind die Elektronen auf der äußersten Elektronenschale eines Atoms) gebunden. Bei sehr niedrigen Temperaturen sind diese Werkstoffe Nichtleiter. Bei Raumtemperatur ist die Leitfähigkeit gering.

Dies gilt allerdings nur, wenn das Material rein ist. Die geringste Beimengung von Atomen fremder Elemente stört den kristallinen Aufbau derart, dass die Leitfähigkeit erheblich ansteigt. Die Forderung an den Reinheitsgrad liegt bei 10^{-20} bei Silizium. Das heißt, es kommt ein Fremdatom auf 10^{20} Siliziumatome. Der geforderte Reinheitsgrad ist außerordentlich hoch. Ein Vergleich macht dieses deutlich: In einem Güterzug voller Erbsen dürfte nur eine einzige schlechte enthalten sein.

Erhöht man die Temperatur eines Halbleiters, verstärken sich die Schwirrbewegungen der Atome und die Bindung der Valenzelektronen einiger Atome reißt auf. Es entstehen freie Elektronen - die Leitfähigkeit steigt (oder der Widerstand bei Anlegen einer Spannung sinkt). Dieses Verhalten entspricht dem NTC-Widerstand, also einem Widerstand mit negativem Temperaturkoeffizienten.

Man nennt diese Leitfähigkeit der Halbleiter *Eigenleitfähigkeit*. Die stark ansteigende Leitfähigkeit bei höheren Temperaturen ist beim Betrieb von Dioden und Transistoren sehr störend. In einem bestimmten Temperaturbereich schwillt der Strom lawinenartig an, was zu einer Zerstörung des Bauelementes führen kann. Aus diesem Grund sind für alle elektronischen Bauteile obere Grenzwerte der Betriebstemperaturen festgelegt.

Störstellenleitfähigkeit

Germanium- und Siliziumatome haben vier Valenzelektronen. Durch Einlegieren von Atomen mit fünf Valenzelektronen (zum Beispiel Arsen oder Antimon) erzeugt man Störstellen im Kristallgitter. Man nennt dieses gezielte Verunreinigen *Dotieren*.

Weil das fünfte Valenzelektron dieses Störatoms keine Bindungsaufgabe im Kristallgitter erfüllt, löst es sich bereits bei sehr niedrigen Temperaturen vom Atom und ist im Gitter frei beweglich. Das Kristall ist somit ohne Wärmezufuhr bereits halbleitend. Da die Leitfähigkeit in diesem Fall durch freie Elektronen (negative Ladungen) hervorgerufen wird, spricht man von N-leitendem Halbleitermaterial.

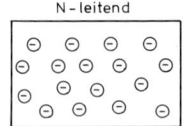 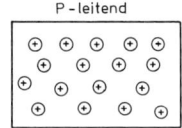

Bild 12-2: Bildliche Darstellung von N-leitendem und P-leitendem Halbleitermaterial

> **Prüfungsfragen**
> Bearbeiten Sie **TB105** und **TC502**.

Durch Einlegieren von Atomen mit nur drei Valenzelektronen (zum Beispiel Gallium oder Indium) treten ebenfalls Störstellen auf. An jeder Stelle eines Fremdatoms fehlt ein Valenzelektron zur vollständigen Bindung. Diese entstandenen Fehlstellen (Löcher) können aus der Umgebung mit Elektronen aufgefüllt werden, wodurch Löcher an anderen Stellen entstehen. Das Defektelektron (oder Loch) ist also gleichsam als frei beweglicher Ladungsträger aufzufassen. Da eine fehlende negative Ladung einer überschüssigen positiven Ladung entspricht, kann man die *Defektelektronen* als positive Ladungsträger auffassen. Man spricht hier von P-leitendem Halbleitermaterial.

Kapitel 12: Halbleiter, Diode

> **Prüfungsfrage**
> Bearbeiten Sie die Frage **TC501**.

Ein Vergleich macht vielleicht diese Defektelektronenbeweglichkeit deutlich. Ist zum Beispiel in einer Sitzreihe im Theater ein Platz in der Mitte frei (Fehlstelle, Loch), so können sich die Zuschauer (Elektronen) jeweils einen Platz weiter setzen (bewegen), wodurch sich der freie Platz in die entgegen gesetzte Richtung bewegt. Also: Defektelektronen bewegen sich immer in die entgegen gesetzte Richtung wie Elektronen.

PN-Übergang

Dotiert man einen Halbleiter von der einen Seite her mit einem dreiwertigen Stoff (P-leitend) und von der anderen Seite her mit einem fünfwertigen Stoff (N-leitend), so entsteht in der Mitte ein PN-Übergang.

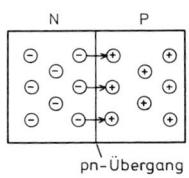
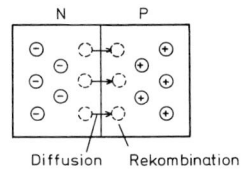

Bild 12-3: Diffusion der Ladungsträger in der Grenzschicht beim PN-Übergang

In dieser Grenzschicht werden die Elektronen der N-Schicht durch Diffusion zu den freien Stellen (Löchern) der P-Schicht wandern und die Lücken ausfüllen. Dieses gleichzeitige Verschwinden je eines Elektrons und eines Loches nennt man "Rekombination". Die Grenzschicht verarmt damit an freien Ladungsträgern. Sie wird zu einer nicht leitenden Schicht oder Sperrschicht.

In der Sperrschicht haben sich aber nun auf der P-Seite zusätzliche Elektronen (negativ) angesammelt, die auf der N-Seite fehlen (positive Ladungen im Überschuss).

Die Sperrschicht ist elektrisch nicht mehr neutral, sondern elektrisch geladen (Bild 12-4). Diese unterschiedliche Ladung hat eine Spannung zur Folge, die man "Diffusionsspannung" oder Schwellspannung nennt. Die Schwellspannung beträgt bei Germanium etwa 0,2 bis 0,4 V und bei Silizium etwa 0,6 bis 0,8 Volt.

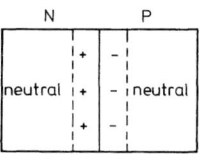
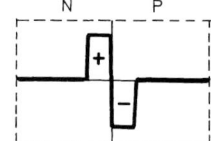

Bild 12-4: Ladungen in der Sperrschicht

Legt man einen solchen dotierten Halbleiter an eine äußere Spannung derart, dass der Pluspol der Spannungsquelle mit der N-Schicht und der Minuspol mit der P-Schicht verbunden wird (Bild 12-5), so wandern die Löcher der P-Schicht zum Minuspol und die Elektronen der N-Schicht zum Pluspol (entgegen gesetzte Ladungen ziehen sich an).

Dadurch verbreitert sich nun die ladungsträgerarme Zone (Verarmungszone). Der PN-Übergang sperrt. Es fließt ein ganz geringer Sperrstrom von wenigen Mikroampere (Germanium) bzw. Nanoampere (Silizium). Erst bei einer sehr hohen Spannung in Sperrrichtung steigt der Strom plötzlich an. Es kommt zum Durchbruch und das Bauteil kann zerstört werden.

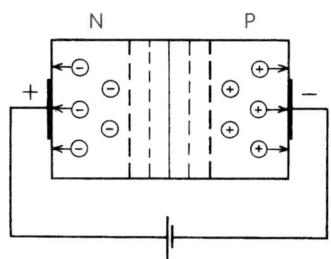

Bild 12-5: In Sperrrichtung geschalteter PN-Übergang

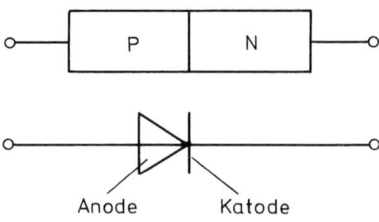

Bild 12-6: PN-Übergang und Schaltsymbol der Diode

Polt man die Spannungsquelle um, werden die Elektronen der N-Schicht und auch die Defektelektronen der P-Schicht durch die abstoßenden Kräfte in die Verarmungszone gedrängt. Die Verarmungszone wird von Ladungsträgern überflutet und dadurch abgebaut. Ist die äußere Spannung mindestens so groß wie die Diffusionsspannung, verschwindet die Sperrschicht völlig – das Bauelement leitet.

Dieses Bauelement (PN-Übergang), das in einer Richtung den Strom sperrt und in der anderen Richtung leitet, nennt man Diode (Bild 12-6). Eine Diode leitet also, wenn man den Pluspol der Spannungsquelle an die Anode (P-Schicht) und den Minuspol an die Katode (N-Schicht) legt.

> **Prüfungsfrage**
> Bearbeiten Sie die Frage **TC504**.

> **Praxis**
> Machen Sie bitte einmal folgenden **Versuch**: Schließen Sie ein Anzeigelämpchen (ca. 100 mA) über eine in Reihe geschaltete Siliziumdiode an eine entsprechende Gleichspannungsquelle an (Bild 12-7).
> Vertauschen Sie dann die Anschlüsse der Diode.
> Messen Sie die Spannungen an der Diode.

Ergebnis: In der einen Dioden-Richtung leuchtet das Lämpchen (die Diode leitet), in der anderen nicht (die Diode sperrt). Die Durchlassspannung (Spannungsabfall über der Diode, wenn diese leitet) müssten Sie bei allen Dioden mit 0,7 Volt messen, wenn Sie wirklich Siliziumdioden verwendet haben. Wenn eine Diode in beiden Richtungen leitet ist sie kaputt.

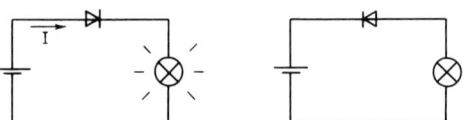

Bild 12-7: Versuch zur Demonstration von Durchlassrichtung und Sperrrichtung der Diode

Eine Diode leitet, wenn die Spitze des Diodenschaltsymbols in Stromrichtung zeigt. In umgekehrter Richtung fließt praktisch kein Strom. Die Diode hat einen fast unendlich hohen Widerstand.

> **Prüfungsfrage ähnlich TC505**
> Bei welcher der folgenden Messungen an einer Diode befindet sich die Diode in leitendem Zustand.
> A 5,3 V —◄— 4,7 V
> B 3,9 V —◄— 3,2 V
> C -3,0 V —▷— -3,6 V
> D 15 V —▷— 18 V

Lösung
Bei dieser Aufgabe und auch bei der gleich zu bearbeitenden Aufgabe TC506 müssen Sie sich zuerst die Richtung der Diode betrachten und dann schauen, dass in Flussrichtung an der Anode eine um 0,6 bis 0,8 Volt positivere Spannung anliegt. Bei C ist an der Anode mit -3,0 V die Spannung um 0,6 V positiver als an der Katode mit -3,6 V. Dies ist die richtige Lösung.

> **Prüfungsfrage:** Bearbeiten Sie die Fragen **TC503** und **TC506**.

Die Kapazitätsdiode

Solange bei einem PN-Übergang die Schwellspannung nicht überschritten wird, besteht zwischen dem N-leitenden und dem P-leitenden Material eine Sperrschicht (siehe Bilder 12-4, 12-5, 12-8). Diese Sperrschicht kann man als Dielektrikum (Isolierschicht) eines Kondensators auffassen; die leitfähigen Gebiete bilden sozusagen die „Platten" eines Kondensators.

Die Kapazität eines PN-Übergangs wird durch die Querschnittsfläche der Sperrschicht und die Sperrschichtdicke bestimmt. Vergrößert man die Sperrspannung an einer Diode, wird die Sperrschichtdicke l größer. Es wirkt, als ob sich die Platten des Kondensators mehr entfernen. Dadurch wird die Kapazität geringer.

Eine *Kapazitätsdiode* (auch Kapazitätsvariationsdiode, Varicap oder Varaktor genannt) ist also ein in Sperrrichtung betriebener PN-Übergang, dessen Kapazität durch eine Gleichspannung veränderbar ist. Das Schaltsymbol ist das Symbol einer Diode mit einem daneben gezeichneten Kondensator.

> Bearbeiten Sie die **Prüfungsfrage TC507**.

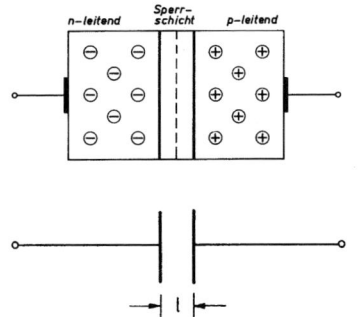

Bild 12-8: Ein in Sperrrichtung geschalteter PN-Übergang hat eine Kapazität.

Z-Diode

Jede Diode verträgt in Sperrrichtung nur eine von der Bauart abhängige Maximalspannung, bis auch Strom in umgekehrter Richtung fließt. Diese Sperrspannungen liegen meistens bei über 1000 V. Oberhalb dieser maximalen Sperrspannung ist die Diode gefährdet. Sie bricht *durch und* verursacht dann meistens einen Kurzschluss, weil die Sperrschicht mit beweglichen Ladungsträgern überflutet wird.

Spezielle Dioden werden so hergestellt, dass der Durchbruch bereits bei sehr geringen Spannungen zwischen 3 und 100 V erfolgt. Weil beim Durchbruch der Strom stark ansteigt aber die Spannung über der Diode konstant bleibt, kann man diesen Effekt nutzen, um damit Spannungen zu stabilisieren. Man nennt diese Dioden *Z-Dioden* oder auch *Zenerdioden*. Damit der Strom nicht zu groß wird, muss man einen Strombegrenzungswiderstand in Reihe schalten.

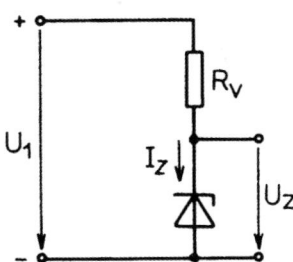

Bild 12-9: Anwendung der Z-Diode zur Spannungsstabilisierung

Merke: Eine Z-Diode wird im Durchbruchsbereich (in Sperrrichtung) und immer mit Vorwiderstand betrieben.

> Bearbeiten Sie die **Prüfungsfrage TC508** aus dem Fragenkatalog (siehe Anhang 1).

Fotodiode

Ein PN-Übergang hat, in Sperrrichtung geschaltet, einen sehr kleinen Sperrstrom. Lässt man auf die Sperrschicht Licht (ist auch eine Energieart) einwirken, werden zusätzliche Ladungsträgerpaare gebildet. Dadurch steigt der Sperrstrom an.

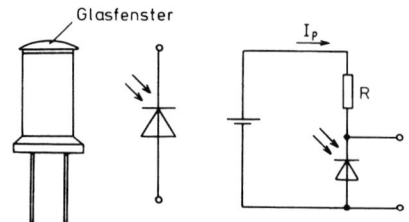

Bild 12-10: Bauform, Schaltzeichen und Prinzipschaltung der Fotodiode

Schaltet man die *Fotodiode* mit einem Vorwiderstand als Spannungsteiler, so wird der Sperrstrom I_P von der Beleuchtungsstärke abhängig (Bild 12-10). Die Spannung an der Fotodiode ändert sich. Damit kann mittels Transistor als Verstärker ein Schalter (Relais) betätigt werden. Zum Beispiel kann die Anodenspannung der Röhren-Senderendstufe unterbrochen werden, wenn die Anode wegen Überlastung rot glüht.

Fotoelement

Wird eine Fotodiode ohne Hilfsspannung betrieben, so kann man an ihren Klemmen bei Belastung mit einem Widerstand einen Strom abnehmen und damit einen Verstärker steuern. Die Fotodiode arbeitet dann als *Fotoelement*. Das Schaltzeichen ist eine Spannungsquelle, auf die zwei Pfeile zu zeigen (Bild 12-11).

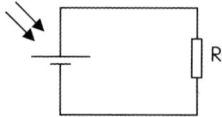

Bild 12-11: Prinzipschaltung eines Fotoelementes

Solarzelle

Bild 12-12: Ein 50-W-Sonnenkollektor für Portabelbetrieb

Eine besondere Fotodiodenart sind die so genannten *Solarzellen*. Es sind großflächige PN-Übergänge, die Spannungen bis etwa 500 mV und Ströme von einigen hundert Milliampere abgeben können. Zu Batterien zusammengeschaltet heißen sie auch Sonnenbatterien oder Sonnenkollektoren. Sie liefern zum Beispiel die Energie für Sender und Empfänger in Satelliten oder für den Portabelbetrieb (Bild 12-12).

Bei *Sonnenkollektoren* für den Einsatz bei Portabelbetrieb zum Laden von 12-V-Akkumulatoren werden mehrere Zellen in Reihe geschaltet, so dass man eine Leerlaufspannung von ungefähr 18 Volt bekommt. Mehrere solcher Reihen werden wiederum parallel geschaltet, um einen möglichst großen Strom zu erhalten.

> **Übungsaufgabe**
> Ein Sonnenkollektor besteht aus vier parallel geschalteten Reihen von je 30 Solarzellen mit je Zelle 0,6 V Leerlaufspannung und 1 A Kurzschlussstrom. Welche Leerlaufspannung und welchen Kurzschlussstrom liefert der Kollektor?

Lösungsweg: Wenn Sie folgende Schaltung zur Übungsaufgabe betrachten, sehen Sie, dass sich die Spannungen der 30 Zellen addieren und sich auch die Ströme der vier parallelen Reihen addieren.

Kapitel 12: Halbleiter, Diode

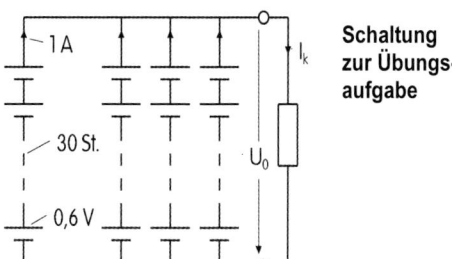

Schaltung zur Übungsaufgabe

Berechnung:
$U_0 = 30 \cdot 0,6 \text{ V} = \underline{\underline{18 \text{ V}}}$

$I_k = 4 \cdot 1 \text{ A} = \underline{\underline{4 \text{ A}}}$

Leuchtdiode (LED)

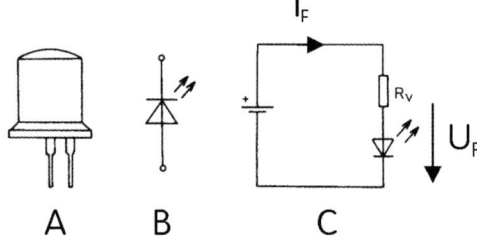

Bild 12-13: A: Aufbau, B: Schaltzeichen und C: Prinzipschaltung der Leuchtdiode

Die Umkehrung der Fotodiode ist der Effekt bei der *Leuchtdiode* (*LED* = light emitting diode = Licht aussendende Diode). Bei der Rekombination der Ladungsträgerpaare innerhalb der Sperrzone einer in Durchlassrichtung geschalteten Diode wird Energie frei. Normalerweise wird diese Energie in Form von Wärme abgegeben. Bei einer bestimmten Dotierung wird diese Energie in Form von Licht frei.

Das Grundmaterial der Leuchtdioden ist Galliumphosphid oder Gallium-Arsenphosphid. Je nach gewünschter Lichtfarbe wird mit Zink (grünes Licht) oder Zinksauerstoff (rotes Licht) dotiert. Der PN-Übergang wird durch Einlegieren von Zinn hergestellt.

Die Spannung U_F bei Leuchtdioden ist etwa doppelt so groß wie die der Siliziumdiode: etwa 1,5 Volt. Die Ströme I_F liegen je nach Lichtstärke zwischen 5 und 50 mA.

> Bearbeiten Sie die **Prüfungsaufgabe TC509.**

Leuchtdioden werden zur Anzeige dann angewendet, wenn eine Lichtquelle mit kleiner Leistung und geringen Abmessungen sowie hoher Lebensdauer benötigt wird. Es gibt Leuchtdioden, bei denen in einem Gehäuse zwei oder mehr verschieden farbige LEDs in Kombination mit normalen Dioden integriert sind und die beispielsweise bei einer bestimmten Polarität grün oder bei der anderen Polarität rot leuchten.

Optokoppler

Die hohe Grenzfrequenz der Leuchtdioden erlaubt die Übertragung von optischen Signalen bis zu Frequenzen von zirka 10 MHz. LEDs dienen als Sender in so genannten optischen Koppelelementen (*Optokoppler*). Hierbei werden elektrische Signale in optische umgewandelt und von einer Fotodiode oder einem Fototransistor wieder in elektrische zurückverwandelt. Solch ein Optokoppler wird gern zur Ankopplung von Modemsignalen an den Modulator verwendet, um Brummeinflüsse der Netzteile zu verhindern.

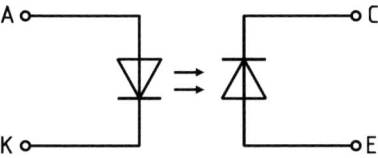

Bild 12-14: Optokoppler

105

Diode als Gleichrichter

Die typische Eigenschaft der Halbleiterdioden in einer Stromrichtung zu sperren und in der anderen zu leiten wird in der Technik mannigfaltig angewendet. Die wichtigste Anwendung ist die Gleichrichtung von Wechselspannung.

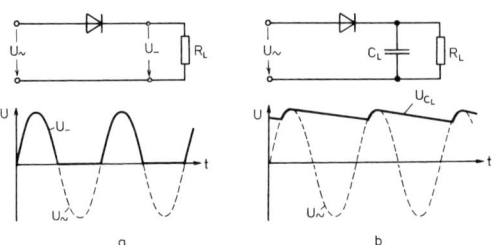

Bild 12-15: Einweggleichrichtung ohne (a) und mit (b) Ladekondensator

Schaltet man einen Lastwiderstand über eine in Reihe geschaltete Diode an eine Wechselspannungsquelle, leitet die Diode den Strom nur, wenn die Anode positiver ist als die Katode (Bild 12-15 a: positive Halbwelle der Wechselspannung wird durchgelassen). In der anderen Halbwelle sperrt die Diode. Durch den Lastwiderstand R_L fließt ein pulsförmiger Strom immer in der gleichen Richtung. Man sagt, der Strom ist *gleichgerichtet* worden. Da nur eine Halbwelle der sinusförmigen Wechselspannung ausgenutzt wird, nennt man diese Schaltung Einweggleichrichterschaltung.

Schaltet man einen genügend großen Kondensator parallel zum Lastwiderstand (Bild 12-15 b), wird sich dieser in der einen Halbwelle schnell über die Diode aufladen und in der anderen Halbwelle (Sperrzeit der Diode) langsam über den Widerstand entladen. Die Gleichspannung am Lastwiderstand beträgt also fast Maximalwert der Wechselspannung. Bei Leerlauf bleibt der Maximalwert erhalten.

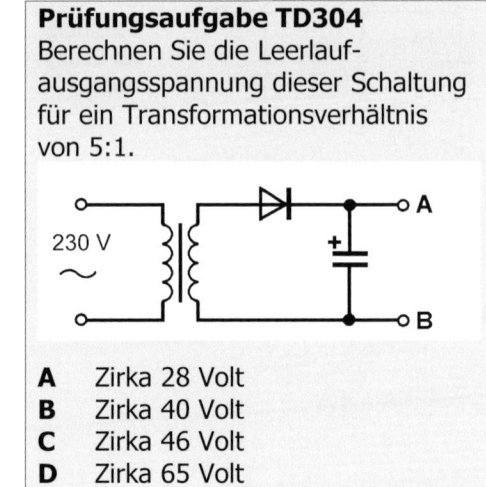

Prüfungsaufgabe TD304
Berechnen Sie die Leerlaufausgangsspannung dieser Schaltung für ein Transformationsverhältnis von 5:1.

A Zirka 28 Volt
B Zirka 40 Volt
C Zirka 46 Volt
D Zirka 65 Volt

Lösung: Der Transformator setzt die Netzwechselspannung von 230 V im Verhältnis 5:1 herunter. 230 geteilt durch 5 ergibt 46. Damit beträgt die Spannung auf der Sekundärseite 46 V. Die Diode lässt nur die positive Halbwelle durch, wie dies in Bild 12-15 gezeigt wird. Der Spitzenwert dieser Spannung ist

$$U_{max} = \sqrt{2} \cdot 46\,\text{V} = 65\,\text{V}.$$

Auf diese Spannung lädt sich der Kondensator maximal auf. Wenn kein Laststrom entnommen wird, bleibt der Kondensator auf den Maximalwert aufgeladen. Damit ist die Lösung D richtig.

Bearbeiten Sie die **Prüfungsfrage TD305**.

Hinweis

Sie wissen ja: Wenn Sie im Text nicht alle Auswahlantworten einer Aufgabe finden, sehen Sie bitte im Anhang 1 nach. Die Lösungen der nicht beantworteten Prüfungsfragen finden Sie im Anhang 2 dieses Buches.

Kapitel 13: Transistor, Verstärker

Während eine Diode aus zwei Halbleiterschichten zusammengesetzt ist, besteht ein Transistor aus drei Schichten von dotiertem Halbleitermaterial.

Übersicht

- Bipolarer Transistor
- Feldeffekt-Transistor (FET)
- Operationsverstärker
- Integrierte Schaltung
- Die Röhre

Der bipolare Transistor

Grundsätzlich unterscheidet man zwei Arten von Transistoren: Bipolare Transistoren und Feldeffekt-Transistoren (FET). Der bipolare Transistor ist der "gewöhnliche" Transistor, der aus drei Schichten besteht. Wir werden noch den unipolaren Transistor (Feldeffekt-Transistor) kennen lernen.

Ergänzt man die Schichtenanordnung einer Diode durch einen weiteren PN-Übergang, indem entweder eine P-Schicht oder eine N-Schicht hinzugefügt wird, lassen sich folgende Halbleiterschichtenfolgen sinnvoll kombinieren (Bild 13-1).

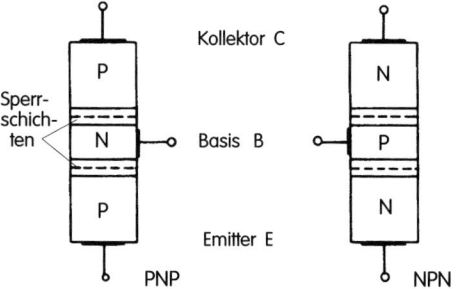

Bild 13-1: Halbleiterschichtenfolgen beim bipolaren Transistor

Die einzelnen Schichten besitzen Anschlusselektroden und erhalten die Namen Emitter (E), Basis (B) und Kollektor (C). Zwischen den einzelnen Schichten bilden sich Sperrschichten aus (siehe Kapitel Diode). Für den richtigen Betrieb des Transistors als Verstärker muss die Sperrschicht zwischen Basis und Emitter durch Anlegen einer äußeren Spannung abgebaut werden (PN-Übergang in Durchlassrichtung), während die Sperrschicht zwischen Kollektor und Basis erhalten bleibt (PN-Übergang in Sperrrichtung).

> **Prüfungsfrage**
> Bearbeiten Sie die Frage **TC608**.

Kapitel 13: Transistor, Verstärker

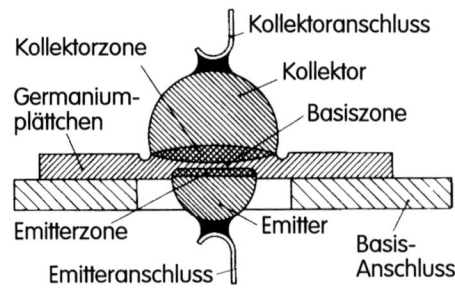

Bild 13-2: Aufbau (Schnitt) eines bipolaren Transistors älterer Bauart

Zur Erklärung der *Stromverstärkung* eines Transistors soll einmal obiger einfacher Aufbau eines Transistors angenommen werden (Legierungstransistor). Auf eine P-dotierte Germaniumscheibe als Grundplatte (Basis) werden auf beiden Seiten N-dotierte Kügelchen aufgebracht, die dann im Wärmeofen ineinander legieren (sich verbinden). Je länger der Legierungsprozess andauert, desto schmaler wird die Basiszone.

Denken Sie sich nun einen Ausschnitt aus der Basiszone des Legierungstransistors von Bild 13-2 als Bild 13-3.

Funktionsweise
Legt man zwischen Basis- und Emitteranschluss eine Spannung, so dass der PN-Übergang in Durchlassrichtung geschaltet ist, können die Ladungsträger (N = negative Ladungsträger, Elektronen) aus der Emitterzone (emittieren = aussenden) in die schwach dotierte Basiszone gelangen. Wegen der geringen Dotierung findet kaum eine Rekombination statt (Bild 13-3).

Liegt am Kollektoranschluss eine gegenüber der Basis positive Spannung, werden die Elektronen auf ihrem Weg durch die sehr dünne Basisschicht vom Kollektor angezogen (Kollekte = Sammlung). Je nach Dicke der Basiszone werden etwa 99 bis 99,9 % der Elektronen zum Kollektor gelangen, der Rest erreicht den Basisanschluss. Der Kollektorstrom ist also viel größer als der Basisstrom. Dies nennt man Stromverstärkung. Man erreicht in der Praxis Stromverstärkungen bis zu 1000.

Erhöht man die Basis-Emitter-Spannung U_{BE}, werden mehr Elektronen aus der Emitterzone in die Basiszone gelangen und sich sofort weiter in Richtung Kollektor bewegen. Eine Erhöhung der Basis-Emitter-Spannung hat zwar auch eine Zunahme des Basisstromes, aber eine viel größere Zunahme des Kollektorstromes zur Folge.

Merke: Mit einem kleinen Basisstrom kann man einen großen Kollektorstrom steuern. Man nennt diese Steuerwirkung *Stromverstärkung* des Transistors.

Bearbeiten Sie die Fragen TC601, TC602, TC609 und TC610.

Für den PNP-Transistor gilt prinzipiell das gleiche. Nur wird er mit umgekehrter Polung betrieben und die Betrachtung erfolgt mit Defektelektronen (Löchern) anstatt mit Elektronen.

Durch die unterschiedliche Größe von Kollektor und Emitter sind diese Anschlüsse nicht vertauschbar. Würde man den Transistor umgekehrt betreiben, würden nur wenige Ladungsträger die gegenüberliegende Schicht erreichen. Die Stromverstärkung wäre sehr klein.

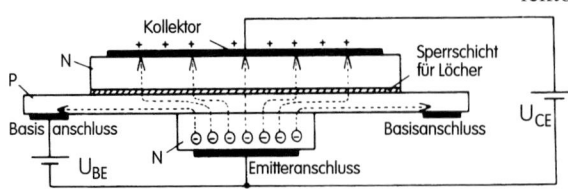

Bild 13-3: Schema eines NPN-Transistors

Um beim *bipolaren Transistor* eine gute Stromverstärkung zu erreichen, müssen an die einzelnen Schichten bestimmte Spannungen angelegt werden. Mit diesen Spannungen muss erreicht werden, dass die Basis-Emitter-Strecke in Durchlassrichtung und die Spannung am Kollektor so gepolt ist, dass die Ladungsträger angezogen werden.

Um nicht immer die drei Schichten eines Transistors zeichnen zu müssen, gibt es hierfür ein Schaltsymbol (Bild 13-4). Der Emitter wird durch einen Pfeil gekennzeichnet. Beim PNP-Transistor zeigt der Pfeil auf die Basis zu (Eselsbrücke: **P**feil **N**ach **P**latte), beim NPN-Transistor von der Basis weg (**N**icht **P**feil **N**ach...). Der Pfeil gibt die Stromrichtung durch den Transistor an (konventionelle Stromrichtung).

> Bearbeiten Sie die **Prüfungsfragen TC603** und **TC604**.

> **Aufgabe**
> Zeichnen Sie im Bild 13-4 in die Lücken für die Spannungsquellen Batterien mit richtiger Polung ein.

Lösung: Wenn Sie die Batterien richtig eingezeichnet haben, liegen beim NPN-Transistor die Pluspole an der Basis und am Kollektor. Beim PNP-Transistor sind die Verhältnisse umgekehrt.

> Bearbeiten Sie die **Prüfungsfragen TC605** und **TC606**.

> **Prüfungsaufgabe ähnlich TC605**
> Bei welcher der folgenden Schaltungen sind die Spannungsquellen richtig gepolt angeschlossen?
>
> A B C D

Die Spannung zwischen Basis und Emitter muss mindestens die Schwellspannung des PN-Übergangs überschreiten, bei Silizium also 0,6 Volt. Bei niedrigeren Spannungen fließt kein Basisstrom und damit auch kein Kollektorstrom. Diese Tatsache nutzt man für die Anwendung des Transistors als Schalter aus: Basis-Emitter-Spannung null: Transistor sperrt, Basis-Emitter-Spannung 0,6 Volt: Transistor leitet.

Ein Transistor mit den beiden PN-Übergängen lässt sich im Prinzip durch zwei Dioden ersetzen, allerdings nicht in der Praxis. Denn für die Funktionsweise ist es von besonderer Wichtigkeit, dass die Basisschicht nur wenige Mikrometer dünn und sehr schwach dotiert ist. Das (theoretische) Diodenersatzbild entsteht dadurch, dass jeder PN-Übergang durch eine Diode ersetzt wird.

Um grob zu prüfen, ob ein Transistor noch heil ist, kann man sich dieses Diodenersatzschaltbild vorstellen und die beiden Diodenstrecken durchmessen. Es muss sich jeweils in einer Richtung Durchlassverhalten und in der anderen Richtung Sperrwirkung ergeben.

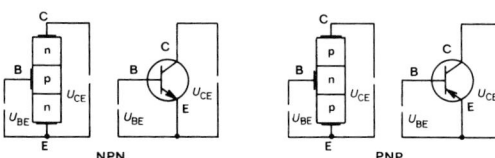

Bild 13-4: Schaltsymbole des bipolaren Transistors und die richtige Polung der Betriebsspannungsquellen

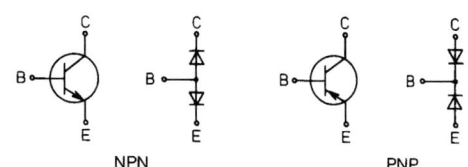

Bild 13-5: Diodenersatzschaltbild des Transistors

Feldeffekt-Transistor (FET)

Der Feldeffekttransistor wurde bereits 1928 von Julius E. Lilienfeld zum Patent angemeldet. Er ist also älter als der bipolare Transistor. Das Grundprinzip dieses von Lilienfeld beschriebenen Feldeffektes ist im Bild 13-6 dargestellt. Legt man an ein dotiertes Halbleiterplättchen (z.B. N-dotiert, also Elektronen in der Überzahl) eine Spannung an (U_1), so fließt ein Ladungsträgerstrom durch diesen Kristall (hier Elektronen). Wird mit Hilfe der Spannung U_2 senkrecht zur Strombahn ein elektrisches Feld angelegt, so dass die Ladungsträger abgestoßen werden (hier negative Spannung, denn gleichnamige Ladungen stoßen sich ab), so findet der Ladungstransport in einem immer kleiner werdenden Kristallquerschnitt (Kanal) statt. Der Widerstand des Halbleiterkristalls wird größer, bzw. der Strom sinkt.

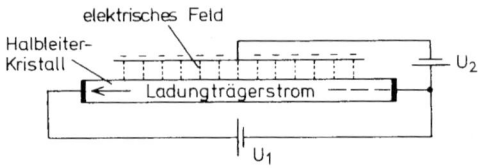

Bild 13-6: Grundprinzip des Feldeffektes

Mit Hilfe der Spannung U_2 kann der Ladungsträgerstrom im Halbleiterkristall also gesteuert werden. Dabei fließt kein Steuerstrom, weil der Steueranschluss elektrisch gut isoliert ist. Die Steuerung geschieht also *leistungslos*.

Bei den Feldeffekt-Transistoren unterscheidet man grundsätzlich zwei verschiedene Arten vom Aufbau her. Beim Sperrschicht-FET (junction-FET, J-FET) nutzt man die Sperrschicht eines PN-Übergangs zur Steuerung der Kanalbreite aus. Beim MOS-FET (metal-oxide-semiconductor-field-effect-transistor), normgerecht mit IG-FET (isolated gate) bezeichnet, befindet sich zwischen der Steuerelektrode und dem Kristall eine dünne, isolierende Quarzschicht.

Bei Sperrschicht-FETs und auch bei Mosfets kann man wiederum nach der Art der Dotierung des Kanals, nach N-Kanal- und P-Kanal-Typen unterscheiden. Im Bild 13-7 sind die beiden Aufbaumöglichkeiten von Sperrschicht-Feldeffekttransistoren sowie die zugehörigen genormten Schaltzeichen angegeben.

Im Bild 13-7a besteht der Kristall (Kanal) aus N-dotiertem Halbleitermaterial. Zwischen den beiden äußeren Anschlüssen ist eine P-Schicht eindotiert. Zwischen dieser P-Schicht und dem **N-Kanal** bildet sich eine Sperrschicht aus, von der der Transistor seinen Namen hat. Legt man an die P-Schicht eine negative Spannung, so verbreitert sich die Sperrschicht zwischen P und N, und der Kanal wird schmaler. Der Strom durch den Kristall sinkt.

> **Prüfungsfrage TC611**
> Wie erfolgt die Steuerung des Stroms im Feldeffekttransistor?

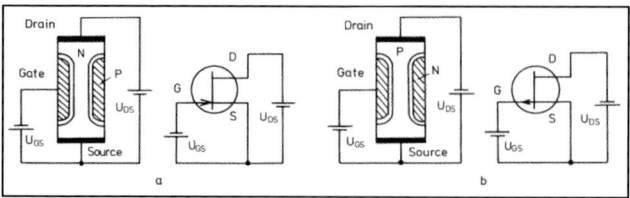

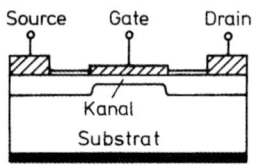

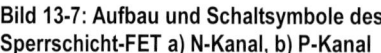

Bild 13-7: Aufbau und Schaltsymbole des Sperrschicht-FET a) N-Kanal, b) P-Kanal

Bild 13-8 Sperrschicht-FET in Planartechnik

Heutzutage baut man den J-FET nicht wie in Bild 13-7 dargestellt in Form eines zylindrischen Kristalls sondern in Planartechnik (Bild 13-8). Das Prinzip der Steuerung ist aber das gleiche: Durch Änderung der Spannung zwischen Gate und Substrat verändert sich die Breite des dazwischen befindlichen Kanals.

Man bezeichnet die Anschlüsse eines Feldeffekttransistors mit Source (gesprochen: ßorß), Drain (gesprochen: drehn) und Gate (gesprochen: geht). Source kommt von Quelle. Die Source entspricht dem Emitter. Drain kommt von Abfluss. Der Drain entspricht dem Kollektor. Gate kommt von Tor. Das Gate entspricht der Basis eines bipolaren Transistors.

Beim Schaltsymbol des FET stellt der Pfeil die Anode des PN-Übergangs dar. (Der Pfeil entspricht dem Dreieck bei der Diode.) Bild 13-7 b stellt einen P-Kanal-Sperrschicht-FET dar. Hier sind die Polaritäten der Spannungsquellen umgekehrt wie beim N-Kanal-J-FET. Der Pfeil für den PN-Übergang ist ebenfalls umgekehrt.

Merken Sie sich bitte: Die Gate-Source-Spannung U_{GS} muss beim J-FET immer so gepolt sein, dass der PN-Übergang in Sperrrichtung gepolt ist, damit kein Gatestrom fließt, Ausnahme: Transistor als Schalter.

N-Kanal-J-FET: Gate negativ gegenüber Source.
P-Kanal-J-FET: Gate positiv gegenüber Source.

Prüfungsfragen
Bearbeiten Sie bitte die Frage **TC612** zur Anschlussbezeichnung und die Frage **TC607**.

Die Polarität der Drain-Source-Spannung U_{DS} ist eigentlich für die Funktion des FETs nicht so wichtig. Er funktioniert auch mit umgekehrter Polarität als im Bild 13-7 angegeben. Jedoch gibt es auf Grund des technologischen Aufbaus doch Vorzugsrichtungen, damit er auch verstärkt.

N-Kanal: U_{GS} negativ - U_{DS} positiv
P-Kanal: U_{GS} positiv - U_{DS} negativ

Übungsaufgabe
Welcher der folgenden Transistoren ist ein J-FET N-Kanal Typ?

A   B   C   D

Lösung: N-Kanal bedeutet, dass der Strich des Diodensymbols (Gatekennzeichnung) der Kanal sein muss. Also Schaltzeichen A!

Der Sperrschicht-FET wird häufig als **elektronischer Schalter** verwendet. Hierbei wird der Transistor übersteuert und der Kanal total mit Elektronen überschwemmt. Zum Beispiel wird für ein Programm eine Sendersteuerung (PTT in Bild 13-9) benötigt, damit der Sender automatisch eingeschaltet werden kann. An der PC-Schnittstelle steht möglicherweise ein Pegel von +12/-12 Volt zur Verfügung. Für die PTT am Funkgerät benötigt man aber eine niederohmige Verbindung nach Masse. Man leitet die +12 Volt über einen Widerstand an das Gate eines FET. Dadurch wird der Kanal niederohmig und schaltet den PTT-Anschluss nach Masse durch.

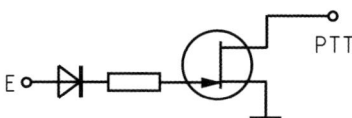

Bild 13-9: J-FET als Schalter

Verstärkung

Sie haben bisher gelernt, dass man mit einem kleinen Basis**strom** einen großen Kollektor**strom** steuern kann. Dies nennt man Stromverstärkung. Ein bipolarer Transistor ist solch ein Bauelement. Beim Feldeffekttransistor wird durch eine **Spannung** am Gate der Drain**strom** gesteuert. Dies kann man nicht Verstärkung nennen.

Unter Verstärkung versteht man die Tatsache, dass die Leistung am Ausgang der Schaltung größer ist als am Eingang - natürlich unter Zufuhr von Energie (Gleichstromversorgung).

In besonderen Fällen will man einfach nur die Signal**spannung** erhöhen. Man verwendet dazu einen Transistor (Bipolarer Transistor oder FET) und schickt den verstärkten Strom durch einen Widerstand, um über dem Widerstand eine abfallende Spannung zu erzeugen. Wenn dann die Ausgangssignalspannung größer ist als die Eingangssignalspannung, spricht man von Spannungsverstärkung. Allerdings ist es nur eine Verstärkung, wenn die höhere Spannung am gleichen Innenwiderstand der Schaltung auftritt, wenn also doch eine Leistungsverstärkung stattgefunden hat.

Mit einem Transformator könnte man auch erreichen, dass die Ausgangsspannung größer ist als die Eingangsspannung. Da die Leistung aber gleich bleibt, ist dies keine Verstärkung.

> **Prüfungsaufgabe TD402**
> Was versteht man in der Elektronik unter Verstärkung? Man spricht von Verstärkung, wenn ...

... das Ausgangssignal gegenüber dem Eingangssignal in der Leistung größer ist.

Integrierte Schaltungen (IC)

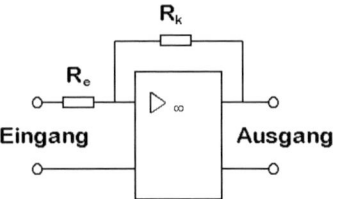

Bild 13-10: Typische Verstärkerschaltung mit OP

Heutzutage stellt man komplexe Schaltungen her, die auf einem einzigen Halbleiterkristall einen kompletten Verstärker oder sogar einen ganzen Empfänger enthalten. Jede dieser Schaltungen ist anders. Man benötigt ein detailliertes Datenblatt mit Beschaltungsvorschlägen. Moderne Amateurfunkgeräte werden praktisch aus einer Vielzahl solcher integrierten Schaltungen hergestellt. Leider ist dadurch eine Fehlersuche oder gar Eigenreparatur für einen Funkamateur sehr schwierig, praktisch unmöglich. Transceiver mit Einzeltransistoren wären aber um ein Vielfaches größer und teurer.

Ein besonderer Typ von integrierten Schaltungen ist für den Selbstbauer sehr interessant. Er nennt sich „Operationsverstärker". Der Operationsverstärker (abgekürzt OP oder OPV) besteht aus einer großen Anzahl einzelner Verstärkerstufen, die nicht nur Wechselspannungen sondern auch Gleichspannungen mit einem hohen Verstärkungsfaktor verstärken. Der Verstärkungsfaktor wird durch eine Gegenkopplungsschaltung (R_k in Bild 13-10) eingestellt. Eingangswiderstand und Verstärkungsfaktor eines OP sind sehr hoch.

> Bearbeiten Sie die **Prüfungsfragen TD403 und TD404**.

Elektronenröhre

Für Hochfrequenzleistungsverstärker (Senderendstufen im Amateurfunk) werden beim Selbstbau für große Leistungen noch immer Röhren verwendet. Sie arbeiten mit hohen Spannungen und können mit geringen Strömen bereits hohe Leistungen erzeugen.

Elektronenröhren bestehen zumeist aus einem luftleer gepumpten Glaskolben mit einem eingeschweißten gläsernen Fuß. Durch den als Fuß (Sockel) dienenden gepressten Glasteller führen Steckerstifte. Sie tragen im Innern der Röhre das Elektrodensystem. Der Röhrensockel passt in eine auf das Chassis montierte Röhrenfassung.

Die Röhrendiode enthält außer der Katode als zweite Elektrode noch die Anode. Die Anode dient zum Auffangen der Elektronen. Verbindet man die Anode mit dem Pluspol und die Katode mit dem Minuspol einer Gleichspannung, werden die von der Katode emittierten freien Elektronen durch den luftleeren Raum in der Röhre zur positiven Anode gesaugt. Es fließt ein Elektronenstrom von der Katode zur Anode. Man beachte hier, dass Elektronenstromrichtung und konventionelle (technische) Stromrichtung entgegengesetzt sind!

Polt man die Spannung zwischen Anode und Katode um, werden die Elektronen von der negativen Anode abgestoßen. Es fließt kein Strom. Die Röhrendiode lässt also genau wie die Halbleiterdiode den Strom nur in einer Richtung fließen.

Die Triode (tri = drei) hat drei Elektroden. Zwischen Katode und Anode befindet sich ein Steuergitter. Dieses Gitter besteht aus einem Draht, der wendelförmig auf zwei Haltestege weitmaschig um die Katode gewickelt ist. Mit solch einer Triode wurde folgendes Experiment gemacht.

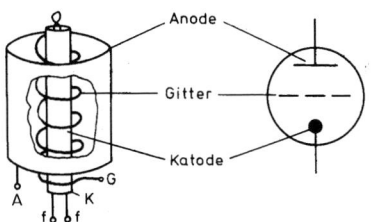

Bild 13-11: Aufbau und Schaltzeichen der Triode

Experiment

An eine Triode EC92 schließe ich die notwendige Heizspannung von 6,3 V an. Der Heizfaden beginnt rot zu glühen. Über einen Strommesser schließe ich eine Anodenspannung von etwa 100 V bis 200 V an.

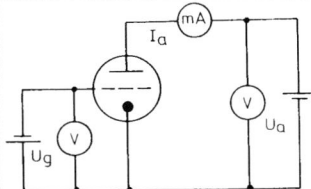

Ich lege eine veränderbare Gleichspannung von 0 bis 6 V mit dem Minuspol an das Gitter und mit dem Pluspol an die Katode. Ich verändere diese Spannung und beobachte den Ausschlag des Strommessers.

Wirkung: Der Anodenstrom wird umso schwächer, je negativer das Steuergitter gegenüber der Katode wird. **Also**: Bei der Triode steuert die Gitterspannung den Anodenstrom. **Erklärung**: Die negativen Elektronen werden von der Anode angezogen. Auf ihrem Weg von der Katode zur Anode müssen sie durch die Gitterwendel fliegen. Wenn diese Gitterdrähte negativ geladen sind, werden die negativen Elektronen abgestoßen und kommen schlechter durch dieses elektrische Feld.

Bearbeiten Sie **TD401** und **TD405**.

Kapitel 14: Modulation

Mit möglichst wenig Mathematik soll dieses wichtige Thema für die Vorbereitung auf die Amateurfunkprüfung für das Amateurfunkzeugnis Klasse E behandelt werden.

Übersicht

- Prinzip der Nachrichtenübertragung
- Sendearten
- Modulationsarten
- Amplitudenmodulation
- Bandbreite bei AM
- Trägerunterdrückung
- Einseitenbandmodulation SSB
- Frequenzmodulation
- Bandbreite bei FM
- Vorteil/Nachteil von FM
- Morsetelegrafie

Mit Hilfe der Funktechnik sollen Informationen drahtlos übertragen werden. Hierzu wird mittels Modulation die Information auf einen Hochfrequenzträger übertragen. Die Modulation ist also das Wichtigste bei der drahtlosen Nachrichtentechnik.

Die Nachrichtenübertragung

In der Nachrichtenübertragungstechnik unterscheidet man drahtgebundene (Fernmeldetechnik, Kabelfernsehen, Video, Internet) und drahtlose Nachrichtenübertragungstechnik (Rundfunk- und Fernsehtechnik, Funktechnik). Im Rahmen des Amateurfunklehrgangs werden wir uns nur mit der drahtlosen Nachrichtenübertragung befassen.

Bereits im 19. Jahrhundert behauptete der englische Physiker Maxwell (1831 - 1879) aufgrund mathematischer Ableitungen, dass sehr schnelle elektrische Schwingungen sich als elektromagnetische Wellen frei durch den Raum fortpflanzen können. Auch das Licht sei nichts anderes als solche elektromagnetischen Schwingungen oder Wellen. Alle diese Wellen bewegten sich mit der Geschwindigkeit des Lichts fort, nämlich mit fast 300 000 km in der Sekunde. Dem deutschen Physiker Heinrich Hertz (1857-1894) gelang es 1885-1889 durch Versuche, solche elektrischen Wellen zu erzeugen, sie wieder aufzufangen und ihre Wesensgleichheit mit dem Licht nachzuweisen.

Kapitel 14: Modulation

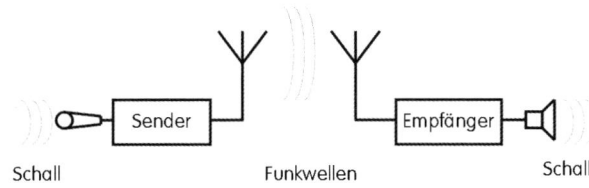

Bild 14-1: Schema der drahtlosen Nachrichtenübertragung (Funkstrecke)

Andere Erfinder benutzten diese *Hertzschen Wellen* sehr bald zur Telegrafie ohne Draht, zuerst nur von Zimmer zu Zimmer. Dem italienischen Forscher G. Marconi (1874-1937) gelang es als erstem, eine drahtlose Verbindung auf größere Entfernungen zu erzielen. Damit begann eine allmählich immer stürmischer verlaufende Entwicklung.

Die ersten Telegrafiesender erzeugten die elektromagnetischen Schwingungen nach dem Vorbild von Hertz durchweg mit einer Funkenstrecke. Dieses Prinzip verließ man zwar schon bald, aber von damals her heißt diese drahtlose Nachrichtenübertragung noch immer *Funktechnik*. Die Verbindung zwischen der Nachrichtenquelle (zum Beispiel Sprache des Menschen) und der Nachrichtensenke (zum Beispiel menschliches Ohr) besteht aus der Funkstrecke. Die Funkstrecke soll die Informationen mithilfe elektromagnetischer Wellen übertragen. Deshalb wird hinter die Nachrichtenquelle entsprechend Bild 14-1 ein Sender geschaltet.

Dieser hat nicht nur die Aufgabe, die Schallschwingungen in elektrische Schwingungen umzuwandeln (Mikrofon), sondern vielmehr muss er zusätzlich das Frequenzband dieser NF-Signale von 300 bis 3000 Hertz in das Hochfrequenzband umsetzen. Dies geschieht durch die so genannte *Modulation*.

Der Empfänger hat die Aufgabe, die hochfrequenten elektrischen Schwingungen zunächst wieder in das ursprüngliche niederfrequente Frequenzband zurückzuführen (Demodulation) und dann noch in Schallwellen umzuwandeln (Lautsprecher).

Modulation bedeutet Beeinflussung. In der Funktechnik versteht man unter Modulation die Beeinflussung einer hochfrequenten, elektrischen Schwingung (Trägerschwingung) durch die zu übertragenden Signale (Sprache, Morsezeichen, Fernsehbildsignale und so weiter).

Das modulierte hochfrequente Signal erzeugt man im Sender. Die Modulation soll auf dem Übertragungsweg erhalten bleiben. Im Empfänger wird durch Demodulation die Signalschwingung wieder von der Trägerschwingung getrennt.

Prüfungsfrage TD501
Durch Modulation ...

... werden Informationen auf einen Träger übertragen.

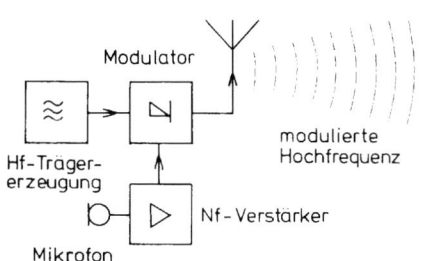

Bild 14-2: Prinzip des Senders

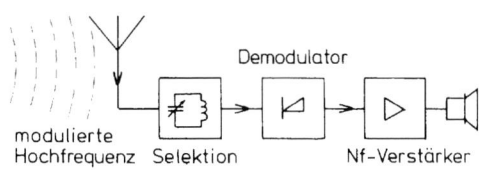

Bild 14-3: Das Prinzip des Empfängers

Sendearten

Die historisch älteste Sendeart ist die *Morsetelegrafie*, bei der mit Hilfe eines von Samuel Morse (1791-1872) festgelegten Codes Buchstaben, Ziffern und Zeichen übertragen werden. Die Morsetelegrafie hat in den letzten Jahren international an Bedeutung verloren. Jedoch ist dies eine sehr sichere Übertragungsart. Sie wird im Amateurfunk sehr gern für internationale Verbindungen verwendet.

Sprechfunk ist die am häufigsten angewendete Sendeart im Amateurfunk. Da das Tonsignal analoge Informationen enthält, ist der Aufwand auf der Senderseite (Modulation) viel höher als bei der digitalen Informationsübertragung in Morsetelegrafie. Außerdem ist die benötigte Bandbreite erheblich größer und dadurch der Signal-Störabstand geringer. Bei schlechten Ausbreitungsbedingungen ist daher die Reichweite in Telegrafie größer.

Weitere Sendearten sind *Fernschreibtelegrafie* (RTTY), *Faksimile* (FAX), *Fernsehen* (ATV) und Datenübertragung. Bei der Fernschreibtelegrafie (radio teletype) werden ebenfalls wie in Morsetelegrafie (CW) mit Hilfe internationaler Codes Buchstaben, Ziffern oder Zeichen übertragen, die auf einem Sichtgerät (z.B. Fernschreiber, Drucker, Bildschirm) sichtbar gemacht werden.

Faksimile ist eine Bildübertragung, bei der Bildvorlagen zeilenweise abgetastet und nach "schwarz oder weiß" (digital), in Graustufen oder in Farbe (analog oder digital) übertragen werden. Ähnlich funktioniert die Fernsehübertragung (ATV = amateur radio television), bei der mit Hilfe einer Optik Bilder aufgefangen und in Helligkeit und Farbe entsprechende Signale (Videosignal) umgewandelt und dann analog oder digital übertragen werden.

Internationale Kennzeichnung der Sendearten

1.Symbol: Modulationsart des Hauptträgers	
A	Zweiseitenband AM
C	Restseitenband AM
F	Frequenzmodulation
G	Phasenmodulation
J	Einseitenband AM, unterdrückter Träger

2.Symbol: Signalmodulation des Hauptträgers	
1	Einkanal mit quantisierter oder digitaler Information ohne Modulation des Hilfsträgers
2	Einkanal mit quantisierter oder digitaler Information mittels eines modulierten Hilfsträgers
3	Einkanal mit analoger Modulation

3.Symbol: Art der auszusendenden Information	
A	Tastung durch Morsetelegrafie
B	Fernschreiben
C	Faksimile (Bildübertragung)
D	Datenübertragung, Fernsteuerung
E	Sprechfunk
F	Fernsehen (Video)

Beispiele

F3E ist Sprechfunk in Frequenzmodulation.

J3E ist Sprechfunk (E) in Einseitenbandmodulation mit unterdrücktem Träger (J), analog. Das ist die Modulationsart, die wir im Amateurfunk mit SSB bezeichnen.

A1A ist normale Morsetelegrafie (CW). Man tastet die Amplitude des Trägers (AM).

F2B ist Funkfernschreiben (RTTY) mit Frequenzumtastung.

Siehe Betriebstechnik: **BB401 bis BB407!**

Kapitel 14: Modulation

Modulationsarten

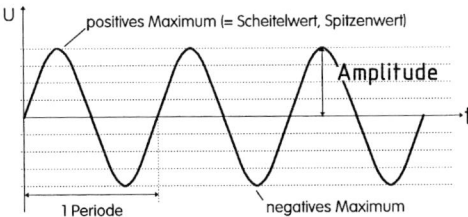

Bild 14-4: Kenngrößen einer Wechselspannung

Im Amateurfunk sind zwei grundsätzlich verschiedene Modulationsarten im Einsatz, nämlich die *Amplitudenmodulation* (mit Trägerunterdrückung und einem Seitenband, SSB) beim Kurzwellenfunkverkehr sowie beim Weitverkehr in den VHF-/UHF-Bändern. Demgegenüber ist die *Frequenzmodulation* beim lokalen Funkverkehr üblich.

Eine hochfrequente Trägerspannung im Amateurfunk muss sinusförmig sein. Zwei Kennwerte einer sinusförmigen Wechselspannung sind Amplitude mit Spitzen- oder Scheitelwert und Frequenz. Bild 14-4 lässt erkennen, dass die Amplitude die senkrechte Auslenkung des Signals ist.

Die Frequenz ist die Anzahl der Schwingungen pro Sekunde. Diese beiden Größen - Amplitude und Frequenz - lassen sich nun mit Hilfe der Modulation beeinflussen. So entstehen Amplitudenmodulation und Frequenzmodulation.

Bild 14-5 a stellt das vom Mikrofon kommende NF-Signal dar. Entsprechend dieser Spannung ändert sich bei Amplitudenmodulation (AM) die Amplitude des Trägersignals (Bild 14-5 b). Einer positiven NF-Spannung entspricht eine große Amplitude der HF-Spannung und der negativen NF-Spannung entspricht eine geringere Amplitude der HF. NF-Spannung Null entspricht dem Mittelwert.

Bei Frequenzmodulation FM (Bild 14-5 c) bleibt die Amplitude gleich, nur die Anzahl der Schwingungen pro Zeiteinheit (die Frequenz) ändert sich. Und zwar entspricht hier eine positive NF-Spannung einer hohen Frequenz, eine negative NF-Spannung einer niedrigen Frequenz und keine NF-Spannung der mittleren Frequenz, der Trägerfrequenz.

Bei analoger Signalübertragung folgt die modulierte Spannung genau der Kurvenform des NF-Signals. Es gibt jeden Zwischenwert zwischen Null und dem Maximalwert. Bei digitaler Signalübertragung gibt es nur eine begrenzte Anzahl bestimmter Werte. Eventuell reichen Werte in Zusammenhang mit einem Code. Dementsprechend ist dann zum Beispiel bei AM die Amplitude groß oder klein (eventuell null) oder bei FM die Frequenz hoch oder niedrig.

Siehe Prüfungsfrage **TD502**.

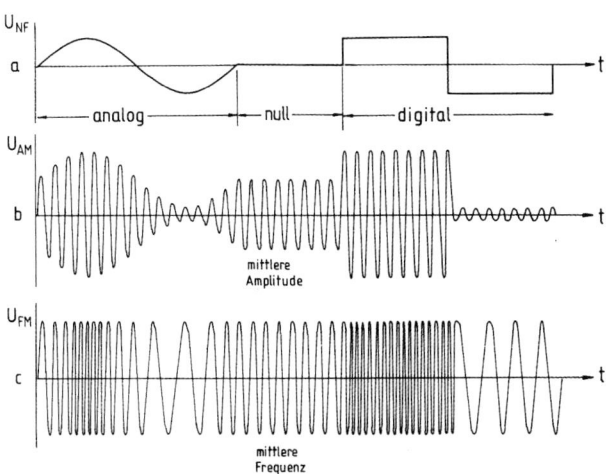

Bild 14-5: a) NF-Signal, b) AM-Signal, c) FM-Signal

Amplitudenmodulation

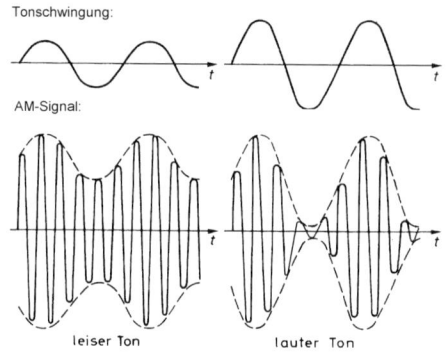

Bild 14-6: Lautstärke bei AM

Um die im Amateurfunk verwendete Modulationsart SSB besser zu verstehen, soll zunächst die Amplitudenmodulation erläutert werden. Das zu übertragende Tonsignal hat die Kennzeichen: Lautstärke und Tonfrequenz. Die Lautstärke entspricht der Spannung der Tonschwingung. Ein leiser Ton ergibt eine geringe Änderung der Amplitude, ein lauter Ton eine starke Amplitudenänderung (Bild 14-6).

Die zu übertragende Tonhöhe wirkt sich folgendermaßen aus. Bei schnellen Schwingungen eines hohen Tones wird die Amplitude des Trägers häufiger verändert als bei einem tiefen Ton.

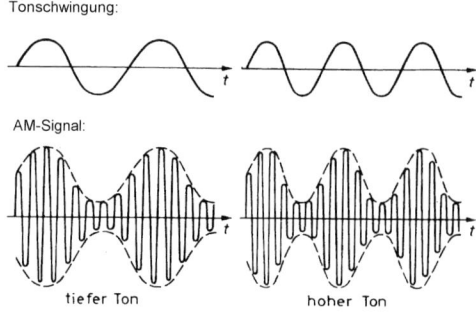

Bild 14-7: Tonhöhe bei AM

Modulationsgrad bei AM

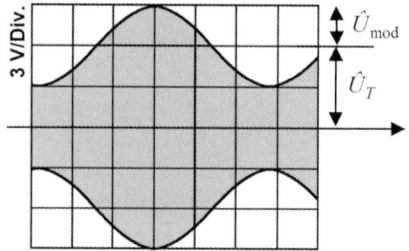

Bild 14-8: Modulationsgrad

Unter Modulationsgrad versteht man das Verhältnis der Amplitude der NF-Schwingung zur Amplitude der unmodulierten Trägerschwingung, meist in Prozent ausgedrückt. In der Formelsammlung der BNetzA lautet die Formel

$$m = \frac{\hat{U}_{mod}}{\hat{U}_T}$$

Aus Bild 14-8 soll der Modulationsgrad in Prozent ermittelt werden. Zur Lösung wurde in der Mitte eine Nulllinie eingezeichnet. Dann wurde eine Mittellinie des oberen Teils der Modulationshüllkurve eingezeichnet. Hieraus kann man nun sehr gut $\hat{U}_{mod}$ und $\hat{U}_T$ ablesen und den Modulationsgrad berechnen.

$$m = \frac{3\,\text{V}}{6\,\text{V}} = 0{,}5 = 50\%$$

Prüfungsaufgaben
Bearbeiten Sie die Aufgaben **TE103** und **TE104** aus dem Fragenkatalog.

Wird der Modulationsgrad eines AM-Senders auf über 100% erhöht, entstehen Verzerrungen auf der Empfangsseite. Außerdem erhöht sich die Bandbreite des Senders übermäßig, was zu Störungen auf den Nachbarfrequenzen führt, die man „Splatter" nennt.

Kapitel 14: Modulation

Frequenzspektrum bei AM

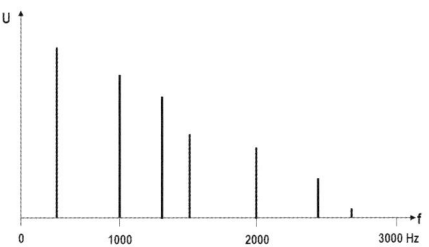

Bild 14-9: Ein Niederfrequenzspektrum

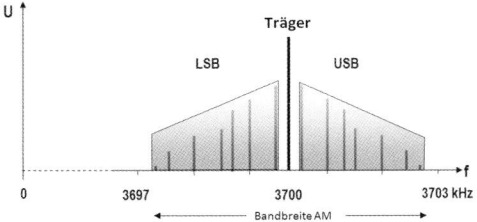

Bild 14-10: AM-Spektrum

Um die Bandbreite des Hochfrequenzsignals darzustellen, müssen wir zunächst klären, was Seitenfrequenzen sind und was ein Frequenzspektrum ist.

Ein typisches Niederfrequenzsignal, zum Beispiel ein gesprochener Vokal „a", könnte aus den Frequenzen 300, 1000, 1300, 1500, 2000, 2500, 2700 Hz mit unterschiedlichen Amplituden bestehen. Bild 14-9 zeigt die in dem gesprochenen Vokal enthaltenen Frequenzen. Man nennt dies ein Frequenzspektrum, hier das Niederfrequenzspektrum.

Bei jeder Mischung entstehen am Ausgang außer den Originalfrequenzen 3700 kHz und der NF-Frequenzen auch die Summen und die Differenzen der Frequenzen, die man miteinander moduliert. Wird beispielsweise die Trägerfrequenz 3700 kHz mit dem Niederfrequenzfrequenzsignal aus dem Beispiel (Bild 14-9) moduliert, so entstehen als Summen 3700,3 kHz, 3701 kHz, 3701,3 kHz, 3701,5 kHz, 3702 kHz, 3702,5 kHz und 3702,7 kHz. Außerdem als Differenzen die Frequenzen 3699,7 kHz, 3699 kHz, 3698,7 kHz, 3698,5 kHz, 3698 kHz, 3697,5 kHz und 3697,3 kHz.

Filtert man die Niederfrequenzen aus und zeichnet dann die übrig gebliebenen Hochfrequenzen in ein Diagramm, erhält man das Frequenzspektrum eines AM-Signals (Bild 14-10).

Man nennt die Summenfrequenzen auch obere Seitenfrequenzen und die Differenzfrequenzen untere Seitenfrequenzen. Fasst man die Frequenzen eines Bereichs zusammen, nennt man die Summe auch oberes Seitenband (upper side band USB) und die Differenzen unteres Seitenband (lower side band LSB). Vereinfacht zeichnet man nur in der Mitte einen Strich für den Träger und rechts und links je ein Viereck für die Seitenbänder (graue Kästen in Bild 14-10).

Trägerunterdrückung (DSB)

Tatsächlich ist es möglich, den Träger auf der Senderseite zu unterdrücken, um viel Sendeleistung zu sparen und den fehlenden Träger auf der Empfängerseite wieder hinzu zu setzen. Dies erfordert allerdings einen höheren Aufwand im Empfänger.

„Wieso kann man den Träger unterdrücken, wenn man diesen doch extra erzeugt, um ein Hochfrequenzsignal zu haben, welches von einer Antenne abgestrahlt werden soll?", werden Sie vielleicht fragen.

Erklärung: Moduliert man beispielsweise einen Träger von 3700 kHz mit einer Frequenz von 1 kHz, so erhält man außer der Trägerfrequenz noch die Seitenfrequenzen 3699 kHz und 3701 kHz. Das bedeutet: Die Seitenfrequenzen liegen bereits im Hochfrequenzbereich. Auch wenn man nun den Träger unterdrückt, kann eine Frequenz von 3699 oder 3701 kHz abgestrahlt werden.

Kapitel 14: Modulation

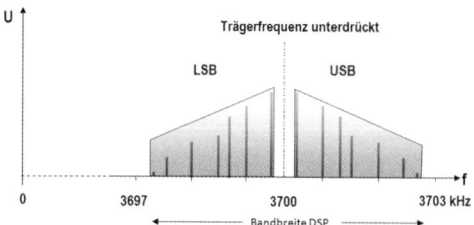

Bild 14-11: Spektrum eines DSB-Signals

Die durch Trägerunterdrückung entstandene Modulation nennt man Doppelseitenband-Modulation *DSB*. Das DSB-Signal als Frequenzspektrum ist im Bild 14-11 dargestellt. DSB hat folgenden Vorteil gegenüber AM: Wenn gerade nicht gesprochen (moduliert) wird, ist kein Träger vorhanden, also auch keine Leistung notwendig. Spricht man leise, benötigt man wenig Leistung. Man spart also viel Senderleistung, aber die Bandbreite des Signals ist gleich geblieben. Deshalb wird diese Modulationsart im Amateurfunk nicht verwendet.

| Hierzu passt die **Frage TG307**.

Einseitenbandmodulation (SSB)

Der Frequenzraum ist wertvoll. Deshalb ist es sehr wichtig, die Bandbreite der Aussendung möglichst gering zu halten. Da in beiden Seitenbändern die gleiche Information steckt, kann man das eine Seitenband auch noch unterdrücken. Diese Modulationsart heißt dann *Einseitenbandmodulation SSB* (**s**ingle **s**ide **b**and). Sie wurde übrigens von Funkamateuren „erfunden".

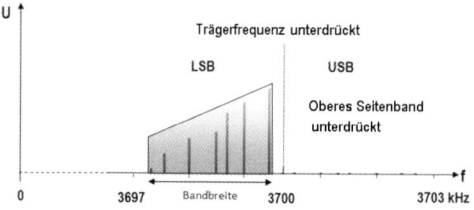

Bild 14-12: SSB-Modulation (Beispiel: LSB)

Wenn man beispielsweise das obere Seitenband unterdrückt, erhält man das in Bild 14-12 dargestellte Frequenzspektrum für das übrig bleibende Seitenband (LSB). Diese Modulation wird im Amateurfunk angewendet.

| **Prüfungsfrage TB806**
| Ein Träger von 3,65 MHz wird mit der NF-Frequenz von 2 kHz in SSB (LSB) moduliert. Welche Frequenz / Frequenzen treten im modulierten HF-Signal auf?

Lösung: 3650 kHz – 2 kHz = 3648 kHz

Es ist im Prinzip gleich, welches der beiden Seitenbänder verwendet wird. Aus historischen Gründen hat sich im Amateurfunk herausgebildet, dass bei Frequenzen unter 10 MHz das untere Seitenband LSB (lower side band) und bei Frequenzen ab 10 MHz aufwärts das obere Seitenband USB (upper side band) verwendet wird. Also auf 160 m, 80 m und 40 m verwendet man LSB und auf allen anderen Bändern USB.

Bandbreite bei SSB

Die Bandbreite bei SSB ergibt sich aus der Differenz der höchsten und der niedrigsten vorkommenden Frequenz (Bild 14-12).

$$b_{SSB} = f_{NF\,max} - f_{NF\,min}$$

Da $f_{NF\,min}$ relativ gering ist gegenüber $f_{NF\,max}$, gilt

$$b_{SSB} \approx f_{NF\,max}.$$

Die Bandbreite eines SSB-Signals ist fast identisch mit der Bandbreite des NF-Signals, also etwas geringer als die Hälfte der Bandbreite von AM.

| Bearbeiten Sie hierzu die **Prüfungsfragen TE101, TB802** und **TB805**!

Kapitel 14: Modulation

SSB-Erzeugung

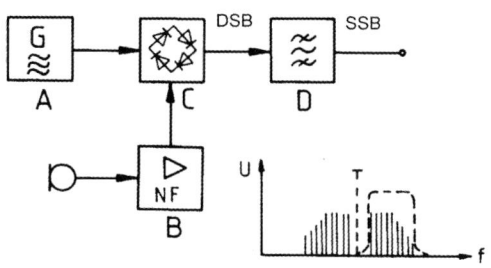

Bild 14-13 und Diagramm Bild 14-14: Erzeugung von SSB nach der Filtermethode

Nach der „Filtermethode" wird SSB folgendermaßen erzeugt. Der Trägeroszillator (A) in Bild 14-13 erzeugt die HF. Diese wird mit der NF (B) in einem „Balancemodulator" moduliert. Es entsteht ein Zweiseitenbandsignal mit Trägerunterdrückung (DSB). Dieses wird über das Filter (D) geschickt und nur noch ein Seitenband durchgelassen (selektiert). Siehe Diagramm im Bild 14-13! Mehr dazu finden Sie im Lehrbuch Klasse A!

> **Prüfungsfrage TD504**
> Wie kann ein SSB-Signal erzeugt werden?

Richtige Antwort: Im Balancemodulator wird ein Zweiseitenband-Signal erzeugt. Das Seitenbandfilter selektiert ein Seitenband heraus.

Es ist im Prinzip egal, welches der beiden Seitenbänder verwendet wird. Aus historischen Gründen hat sich im Amateurfunk herausgebildet, dass bei Frequenzen unter 10 MHz das untere Seitenband LSB (lower side band) und bei Frequenzen ab 10 MHz aufwärts das obere Seitenband USB (upper side band) verwendet wird. Also auf 80 m und 40 m verwendet man LSB und auf allen anderen Bändern USB.

Frequenzmodulation

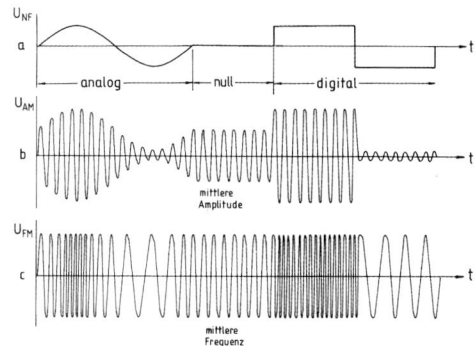

Bild 14-15: Vergleich AM - FM

Im VHF- und im UHF-Bereich des Amateurfunks werden für den Mobilbetrieb, für den lokalen Funkverkehr sowie bei Packet-Radio die *Frequenzmodulation* (*FM* oder *F3E*) angewendet.

Bei Frequenzmodulation ändert sich *nicht* die *Amplitude* des Trägers in Abhängigkeit des Modulationssignals, sondern es wird die ausgestrahlte *Frequenz* im Rhythmus der Niederfrequenz beeinflusst (Bild 14-15c). Moduliert man beispielsweise mit 100 Hz, so schwankt die Trägerfrequenz hundertmal pro Sekunde hin und her.

Außerdem ist die NF-Lautstärke nicht von der Signalstärke abhängig, was besonders bei den schwankenden Feldstärken bei Mobilbetrieb von Vorteil ist. In folgendem Bild 14-16 (nächste Seite) soll erläutert werden, wie der Zusammenhang zwischen Niederfrequenz-Lautstärke (NF) und dem „Hub" bei Frequenzmodulation ist. Der Hub ist die Auslenkung (Abweichung) von der Trägerfrequenz. Sie wissen ja: Bei FM ändert sich die Frequenz in Abhängigkeit von der NF.

> Bearbeiten Sie hierzu die **Prüfungsfrage TB803**!

Kapitel 14: Modulation

Der Hub bei FM

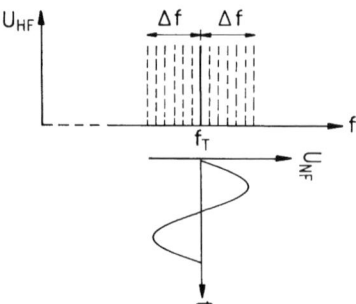

Bild 14-16: F3E: Der Hub ist von der NF-Lautstärke abhängig

Wird ein leiser Ton übertragen (geringe NF-Amplitude), ändert sich die Hochfrequenz nur geringfügig. Der Hub ist gering. Ein lauter Ton (große NF-Amplitude) bewirkt dagegen eine starke Frequenzänderung.

Bei FM bezeichnet man den größten Frequenzabstand von der Trägermittenfrequenz mit *Frequenzhub* Δf (Δ = delta). Der Frequenzhub entspricht der Amplitude des NF-Signals, also der NF-Lautstärke (Bild 14-16). Großer Hub – große Lautstärke.

Im Amateurfunk wird als höchster Frequenzhub 3 kHz verwendet. Im UKW-Rundfunk dagegen verwendet man einen Frequenzhub von 75 kHz. Wegen des geringen Frequenzhubs beim Amateurfunk bezeichnet man diese Art der Frequenzmodulation auch als NBFM (narrow band FM, Schmalband-FM).

> **Prüfungsaufgabe TD502**
> Welche Aussage zum Frequenzmodulator ist richtig? Durch das Informationssignal ...

... wird die Frequenz des Trägers beeinflusst. Die Amplitude bleibt konstant.

> Bearbeiten Sie die **Prüfungsfragen TE201, TG401** und **TK301**!

Bandbreite bei FM

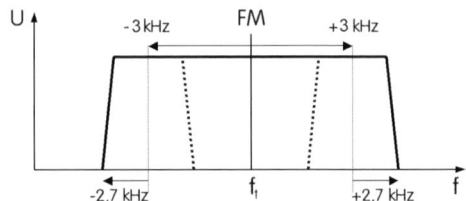

Bild 14-17: FM-Spektrum, vereinfacht gezeichnet

Bei jeder Modulation - auch bei FM - erscheinen neben den eigentlichen Trägerfrequenzen und den durch den Hub bedingten Frequenzänderungen noch die *Seitenfrequenzen* aus Träger plus NF und Träger minus NF. Wenn man, wie im Amateurfunk üblich, einen relativ geringen Hub verwendet, der nicht größer ist, als die höchste vorkommende Niederfrequenz, kann man die Bandbreite folgendermaßen berechnen.

$$b_{FM} = 2 \cdot (\Delta f + f_{NF\,max})$$

> **Beispiel**
> Wie groß ist nach obiger Formel die Bandbreite eines FM-Amateurfunksenders? Im Amateurfunk wird als Hub 3 kHz verwendet und auch die höchste Niederfrequenz soll 3 kHz nicht überschreiten.

Lösung: $b_{FM} = 2 \cdot (3\text{ kHz} + 3\text{ kHz}) = \underline{12\text{ kHz}}$

Das Kanalraster beim FM beträgt deshalb 12,5 kHz. Amateurfunkstationen, bei denen eine zu hohe NF-Lautstärke am Modulator eingestellt ist oder die einen höheren Frequenzbereich als bis 3 kHz übertragen, haben eine größere Bandbreite, was sich gelegentlich als Verzerrungen auf der Empfängerseite oder als Störungen in Nachbarkanal-Frequenzbereichen äußert.

> Bearbeiten Sie die **Prüfungsfragen TE203, TE204** und **TK204**!

Kapitel 14: Modulation

Vorteil von FM

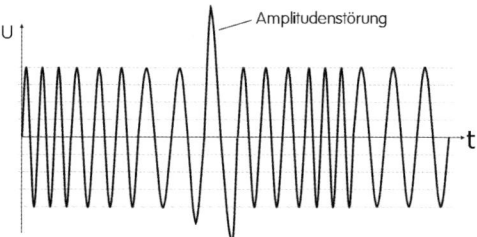

Bild 14-18: FM-Signal mit Störungen

Funkenstörungen, die von elektrostatischen Einflüssen herrühren (Gewitter) oder bei Kraftfahrzeugen mit Verbrennungsmotoren durch den Zündfunken entstehen, wirken sich als Amplitudenänderung auf dem Hochfrequenzsignal aus (Bild 14-18). Bei Amplitudenmodulation (AM und auch SSB würden sich diese Störungen als Knacken bei Empfang auswirken.

Weil aber bei FM die Information nicht in der Amplitude steckt, *begrenzt* man das HF-Signal bei Empfang (Bild 14-19). Es wird sowieso nur die Frequenzänderung ausgewertet und diese verändert sich durch die Störung nicht. Also kann man diese störenden Impulse nicht mehr hören. Dies ist der Hauptvorteil von FM gegenüber AM oder SSB.

> Bearbeiten Sie die **Prüfungsfragen TE102, TE202** und **TF302**!

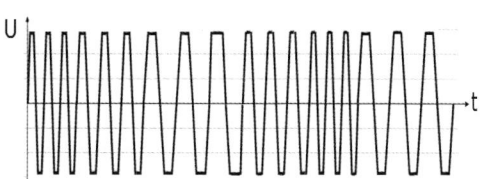

Bild 14-19: Begrenzung bei FM

Nachteile von FM

Der Hauptnachteil von FM ist die notwendige Bandbreite. Bei gleicher höchster Modulationsfrequenz von zirka 3 kHz beträgt die Bandbreite bei SSB etwa 3 kHz und bei FM zirka 12 kHz. Man könnte also im gleichen Frequenzbereich bei SSB viermal so viele Funkstrecken realisieren wie bei FM. Deshalb wird FM bevorzugt im sehr breiten VHF-, UHF oder SHF-Bereich angewendet. Auch im 10-m-Band wird FM gemacht.

Ein weiterer Nachteil von FM gegenüber SSB ist, dass man nur die stärkste Station hören kann. Eine Mobilstation mit einem schwachen Signal kann sich deshalb oft nicht bemerkbar machen, wenn bei einem Funkgespräch zwischen zwei Feststationen keine Umschaltpausen gelassen werden.

Tipp zwischendurch

Mehr zur Funkbetriebstechnik im Buch „Amateurfunklehrgang Betriebstechnik und Vorschriften", VTH-Verlag, Bestellnummer 411 0103, Preis 15 €.

Empfehlung: Bearbeiten Sie parallel zur Technik auch immer in diesem Buch das eine oder andere Kapitel, so dass Sie schließlich mit beiden Büchern gleichzeitig durch sind, wenn Sie sich zur Prüfung anmelden.

Um einen Prüfungsort und einen Prüfungstermin zu finden, informieren Sie sich am besten auf der Website von Junghard Bippes, DF1IAV, http://afup.a36.de.

Morsetelegrafie (CW)

Bild 14-20: Das Wort PARIS im Morsecode

Bei der Telegrafie werden Texte übertragen. Im Prinzip gehört die Übertragung von Information im Morsecode zu den digitalen Betriebsarten. Es wird der Träger im Rhythmus der Morsezeichen ein- und ausgeschaltet. Es ist sozusagen hundertprozentige Amplitudenmodulation mit der Frequenz von zirka zehn bis dreißig Hertz, je nachdem, wie schnell gegeben (gemorst) wird. Man könnte meinen, dass die Bandbreite dann auch nur 5 bis 30 Hz wäre.

Jedoch entstehen bei den „rechteckförmigen" Signalen weitere Frequenzen als Vielfache der Tastfrequenz (mehr dazu in Klasse A), besonders, wenn die Flanken der Tastsignale sehr steil sind, so genannte „harte Tastung". Deshalb müssen bei einem CW-Sender entsprechende Maßnahmen getroffen werden, um sie beiden Flanken etwas „abzurunden" (siehe Bild 14-22).

Mehr zum **Morsenlernen** auf dj4uf.de!

> Zum Thema „Harte und weiche Tastung" bearbeiten Sie die **Prüfungsfrage TG501!**

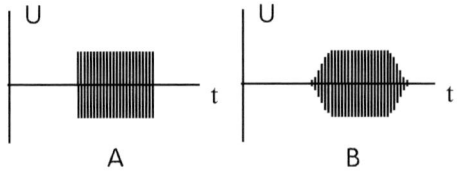

Bild 14-13: A) Harte und B) weiche Tastung bei Telegrafie

Wichtige Merksätze aus den Kapiteln 1-14

- Spannungen über 50 Volt sind lebensgefährlich.
- In einer Reihenschaltung addieren sich die Spannungen.
- In einer Parallelschaltung addieren sich die Ströme.
- Ladung ist Strom mal Zeit.
- Frequenz ist die Anzahl der Perioden pro Sekunde.
- Ohmsches Gesetz: $U = R \cdot I$
- Leistung: $P = U \cdot I$
- In einer Reihenschaltung von Widerständen addieren sich die Einzelwiderstände zum Gesamtwiderstand.
- In einer Parallelschaltung von Widerständen addieren sich die Leitwerte zum Gesamtleitwert.
- Der Leitwert ist der Kehrwert des Widerstands.
- Die Gesamtkapazität der Parallelschaltung von Kondensatoren ist gleich der Summe der Einzelkapazitäten.
- Die Induktivität steigt mit dem Quadrat der Windungszahlen (bei gleicher Wickellänge).
- Bei einem Transformator sind die Spannungen proportional zur Windungszahl.
- Ein Parallelschwingkreis ist bei der Resonanzfrequenz „hochohmig", ein Reihenschwingkreis niederohmig.
- Frequenz mal Wellenlänge ist gleich der Ausbreitungsgeschwindigkeit.
- Vierfache Leistung gleich 6 dB.
- dB-Werte kann man addieren.
- An den Enden einer resonanten Antenne sind immer Stromknoten (kein Strom).
- ERP wird auf einen Dipol bezogen, EIRP auf einen isotropen Strahler.
- AM hat einen Träger, SSB nicht.
- SSB hat eine geringe Bandbreite.
- Nachteil von FM: Große Bandbreite

Zwischentest

Nachdem Sie nun den eher theoretischen Teil des Lehrgangs bearbeitet haben, soll einmal ein kleiner Zwischentest eingelegt werden.

Es werden im Folgenden 100 Prüfungsfragen-Nummern angegeben, die im Anhang 1 herausgesucht und noch einmal gelöst werden sollen. Schreiben Sie hier auf der Seite die richtige Lösung (A, B, C oder D) hinter die Aufgaben-Nummer und prüfen Sie danach die Richtigkeit, indem Sie die Lösungen im Anhang 2 nachschlagen. Sie dürfen wie bei der Prüfung die Formelsammlung im Anhang 3 benutzen. 75 richtige Lösungen sollen als ausreichend betrachtet werden, um die nächsten Kapitel zur Sender- und Empfängertechnik, der Messtechnik und dem Kapitel über elektromagnetische Verträglichkeit und Sicherheit zu bearbeiten und damit den Lehrgang Technik abzuschließen.

TA104	TC101	TD203	TH204 ....
TA207	TC104	TD206	TH206 ....
TB103	TC106	TD208	TH208 ....
TB201	TC108	TD210	TH210 ....
TB202	TC110	TD302	TH301 ....
TB302	TC201	TD303	TH304 ....
TB303	TC205	TD402	TH306 ....
TB404	TC301	TD405	TH307 ....
TB503	TC302	TD502	TH309 ....
TB505	TC305	TD504	TH311 ....
TB602	TC401	TD603	TH312 ....
TB604	TC402	TD605	TI103 ....
TB606	TC504	TE101	TI107 ....
TB608	TC505	TE103	TI202 ....
TB610	TC508	TE106	TI208 ....
TB612	TC603	TE201	TI209 ....
TB702	TC610	TE204	TI212 ....
TB801	TC611	TF403	TI213 ....
TB802	TD101	TF404	TI304 ....
TB806	TD102	TF405	TI306 ....
TB902	TD104	TH103	TI307 ....
TB903	TD105	TH107	TI309 ....
TB906	TD108	TH110	TL204 ....
TB908	TD110	TH111	TL205 ....
TB911	TD202	TH202	TL206 ....

Richtig: _____ von 100

Benotung: Mehr als 74: bestanden, mehr als 84: gut, mehr als 94: sehr gut

Kapitel 15:
Sender- und Empfängertechnik

Sie werden anhand von Blockschaltbildern lernen, wie Sender und Empfänger prinzipiell aufgebaut sind.

Übersicht

- Prinzip des Senders
- Oszillator
- Transverter
- Empfängertechnik
- Geradeausempfänger
- Überlagerungsempfänger
- Doppelsuper
- Konverter
- Empfängereigenschaften
- Transceivereigenschaften

Sendertechnik

Das Herz eines Senders ist der *Oszillator*. Er erzeugt die Schwingungen für den Hochfrequenzträger. Früher fanden dazu einfache LC-Oszillatoren Verwendung, siehe nächster Abschnitt. Dies sind Verstärker, die auf einem aus Spule und Kondensator (L und C) bestehenden Schwingkreis basieren.

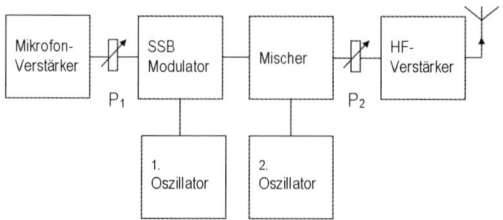

Bild 15-1: Prinzip eines SSB-Senders

Heute erzeugt man die Schwingungen mit einem automatisch (phasen-)geregelten LC-Oszillator (*PLL*, Phase Locked Loop) oder einem digitalen Synthesizer (*DDS*, Direct Digital Syntesizer), wobei die erzeugte Frequenz in beiden Fällen, allerdings auf unterschiedliche Weise, von der eines Quarzoszillators abhängt.

Das Prinzip eines SSB-Senders geht aus Bild 15-1 hervor. Das vom Mikrofon kommende NF-Signal erfährt eine mit P_1 einstellbare Verstärkung und moduliert anschließend das vom ersten Oszillator zugeführte Signal. Dabei erfolgt auch die Trägerunterdrückung. Dies geschieht häufig bei einer Frequenz im Bereich um 5 MHz. Ein zweiter Mischer transponiert dieses Signal mittels eines zweiten Oszillators auf die gewünschte Endfrequenz. Der zweite Oszillator ist in der Frequenz einstellbar und bestimmt letztendlich die Sendefrequenz. Das Ausgangssignal wird auf die gewünschte Leistung verstärkt.

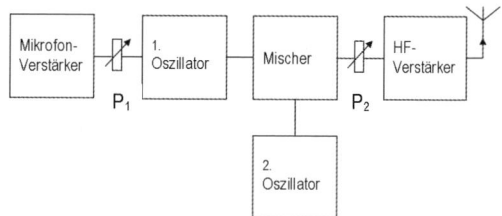

Bild 15-2: Prinzip eines FM-Senders

> **Prüfungsfrage TG101**
> Wie kann die hochfrequente Ausgangsleistung eines SSB-Senders vermindert werden?

Antwort: Durch die Verringerung der NF-Ansteuerung (P_1 in Bild 15-1) und / oder durch Einfügung eines Dämpfungsgliedes zwischen Steuersender und Endstufe (P_2).

Bei zu starker Aussteuerung wird das Ausgangssignal begrenzt, was zu Verzerrungen führt, die sich so äußern, dass in der Nähe der Sendefrequenz Nebenaussendungen entstehen, die man *Splatter* nennt, wodurch Stationen in der Nähe der Frequenz stark gestört werden können.

> **Prüfungsfrage TG104**
> Was bewirkt in der Regel eine zu hohe Mikrofonverstärkung bei einem SSB-Transceiver?

Die Antwort steht im vorigen Absatz.

Bei einem SSB-Sender wird die Aussteuerung normalerweise durch den *ALC-Level* angezeigt. Diese Anzeige für automatische Pegelregelung (automatic level control, ALC) sollte möglichst gering sein. Im Handbuch zum Sender steht beschrieben, wie groß dieser ALC-Level maximal sein darf.

Um die Leistung des SSB-Senders in einem solchen Fall zu verringern, braucht man entweder nur leiser zu sprechen oder die Aussteuerung am Mikrofonregler herunter zu drehen. Wenn eine separate Endstufe (power amplifier, *PA*) verwendet wird, kann auch die Ansteuerleistung dieser PA durch Zwischenschaltung eines Dämpfungsgliedes herabgesetzt werden (Bild 15-1, P_2).

Bei einem FM-Sender beeinflusst das verstärkte NF-Signal im einfachsten Fall direkt die Frequenz des ersten Oszillators, wie das Blockschaltbild Bild 15-2 zeigt. Dieses FM-Signal wird dann entweder durch Frequenzvervielfachung - so machte man es früher - oder durch Mischung auf die gewünschte Frequenz gebracht und dann einem HF-Leistungsverstärker zugeführt.

Weil der Hub der NF-Lautstärke entspricht (Kapitel 13), kann mit P_1 der Hub eingestellt werden. Die Bandbreite wird umso größer, je lauter moduliert wird. Wenn die Lautstärke die übliche Kanalbreite überschreitet, entstehen starke Verzerrungen, die außerdem die Nachbarkanäle stören. Abhilfe: Leiser sprechen oder die NF-Aussteuerung verringern.

Mit P_2 beeinflusst man die HF-Ausgangsleistung des Senders. Die Leistung kann bei FM nicht wie bei SSB durch NF-Aussteuerung verändert werden sondern nur durch die Verstärkung (oder Dämpfung) des HF-Signals.

> Beantworten Sie die **Prüfungsfrage TG103**!

Oszillator

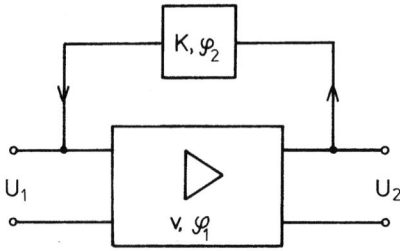

Bild 15-3: Prinzip der Rückkopplung

Elektrische Schwingungen erzeugt man auf elektronischem Wege durch Rückkopplung eines Verstärkers. Bild 15-3 verdeutlicht das Prinzip der Rückkopplung. Ein Teil der Ausgangsspannung eines Verstärkers gelangt wieder auf den Eingang zurück. Hat die zurückgeführte Spannung die gleiche Phase wie am Eingang, addieren sich diese. Die Ausgangsspannung wächst, die zurückgeführte Spannung steigt ebenfalls und so schaukelt sich der Vorgang auf, bis die Ausgangsspannung ihren Endwert erreicht hat, der von der Versorgungsspannung abhängt. Oszillatoren mit einstellbarer Frequenz werden mit *VFO* (Variable Frequency Oszillator) bezeichnet.

Damit bei diesem Rückkopplungsvorgang immer eine bestimmte gewünschte Frequenz entsteht, bedarf es frequenzbestimmender Schaltungsglieder. Beim LC-Oszillator lässt sich die Frequenz durch Ändern der Induktivität L oder der Kapazität C variieren. Allerdings unterliegen die Induktivitäten und die Kapazitäten gewissen Schwankungen durch Temperatureinflüsse. Deshalb leiten die eingangs erwähnten modernen PLL- oder DDS-Oszillatoren ihre Frequenz von der eines Schwingquarzes ab – seine Frequenz ist viel weniger temperaturabhängig.

Prüfungsfrage TD601 Was verstehen Sie unter einem „Oszillator"?

Antwort: Es ist ein Schwingungserzeuger.

Prüfungsfrage TD602
Was ist ein LC-Oszillator? Es ist ein Schwingungserzeuger, wobei die Frequenz ...

... von einer Spule und einem Kondensator (LC-Schwingkreis) bestimmt wird.

Prüfungsfrage TD604
Wie verhält sich die Frequenz eines LC-Oszillators bei Temperaturanstieg, wenn die Kapazität des Schwingkreiskondensators mit dem Temperaturanstieg geringer wird?

Lösung mit Hilfe der Thomsonschen Schwingkreisformel:

$$f_0 = \frac{1}{2 \cdot \pi \cdot \sqrt{L \cdot C}}$$

Mit Hilfe dieser Formel erkennen Sie, dass sich f_0 und C umgekehrt proportional verhalten, denn C steht unter dem Bruchstrich. Also: Die Frequenz wird höher.

Prüfungsfrage TD605
Im VFO eines Senders steigt die Induktivität der Oszillatorspule mit der Temperatur. Der Kondensator bleibt sehr stabil. Welche Auswirkungen hat dies bei steigender Temperatur?

Lösung: Aus obiger Formel erkennen Sie, dass sich f_0 und L umgekehrt proportional verhalten, denn L steht unter dem Bruchstrich. Also: Die VFO-Frequenz wandert nach unten.

Prüfungsfrage TD606
Der Vorteil von Quarzoszillatoren gegenüber LC-Oszillatoren liegt darin, dass sie ...

eine bessere Frequenzstabilität aufweisen.

Transverter

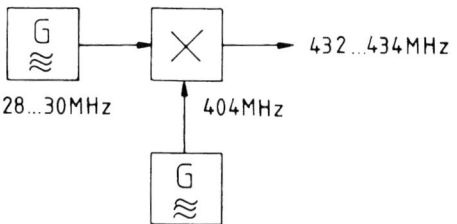

Bild 15-4: Blockschaltbild Sendeumsetzer

Sendesignale können durch Mischung umgesetzt (konvertiert) und auf diese Weise ein neuer Frequenzbereich erschlossen werden. Arbeitet solch ein Frequenzumsetzer sowohl sende- als auch empfangsseitig, heißt er *Transverter* (transceiver converter). Er ist beispielsweise gefragt, wenn ein Funkamateur bereits ein gutes Kurzwellenfunkgerät für CW und SSB besitzt und dieses nun auch für das 2-m- oder 70-cm-Band nutzen möchte. Die Umsetzung erfolgt durch eine Mischstufe. Der Mischstufe führt man zwei Signale mit unterschiedlichen Frequenzen zu und am Ausgang entstehen die Summe und die Differenz dieser beiden Frequenzen.

Angenommen, es sei ein Kurzwellensender für den Frequenzbereich 28,0 bis 30,0 MHz vorhanden. Wenn man nun dessen Ausgangssignal mit einem 404-MHz-Oszillatorsignal mischt, liegt das Summensignal im Bereich von 432 bis 434 MHz. Dies ist ein Frequenzbereich im 70-cm-Band. Für den Frequenzbereich 434 bis 436 MHz wäre die Frequenz des Oszillators auf 406 MHz zu verstellen oder umzuschalten. Dasselbe Prinzip gelangt auch in der Empfängertechnik als *Konverter* zum Einsatz.

> Bearbeiten Sie die **Prüfungsfrage TG102** zur Wirkungsweise eines Transverters.

Empfängertechnik

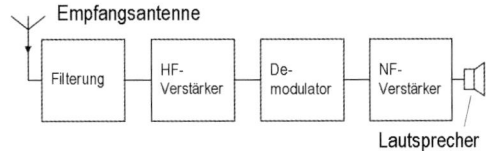

Bild 15-5: Prinzip eines Empfängers

Der Empfänger hat die Aufgabe, aus den von der Antenne aufgefangenen Signalen die gewünschte Frequenz auszufiltern und dieses Signal zu demodulieren. Demodulieren bedeutet, die Niederfrequenz aus dem modulierten Signal wieder zurück zu gewinnen. Das Prinzip wird in Bild 15-5 dargestellt. Um die notwendige *Trennschärfe* zu erhalten, finden zwei grundsätzlich verschiedene Empfängerprinzipien Anwendung: Das so genannte *Geradeaus-Prinzip* und das *Mischprinzip*.

Geradeausempfänger

Beim Geradeausempfänger bleibt das von der Antenne aufgenommene Signal in seiner Frequenz bis zum Demodulator erhalten, es wird nicht umgewandelt (Bild 15-5). Ein Empfänger ist umso besser, je höher seine Trennschärfe ist, also je besser er die unerwünschten Signale von dem gewünschten trennen kann. Für diese Trennung werden Filter benötigt. Wie wir gleich erkennen werden, gibt es beim Geradeausprinzip Probleme mit dem Filter, also mit der Trennschärfe.

Im einfachsten Fall besteht ein solches Filter aus einem Parallelschwingkreis. Die Filterkurve hat dann einen Verlauf wie im Bild 15-6 A. Die notwendige Bandbreite wird zwar erreicht, aber die Filterkurve wird sehr breit, was zur Folge hat, dass Nachbarstationen nicht sehr stark gedämpft werden. Die Trennschärfe (Selektivität) ist gering.

Kapitel 15: Sender- und Empfängertechnik

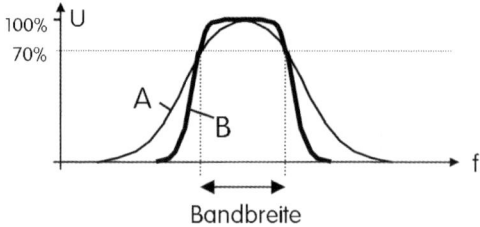

Bild 15-6: Einzelschwingkreis (A) und mehrere Schwingkreise (B) als Filter

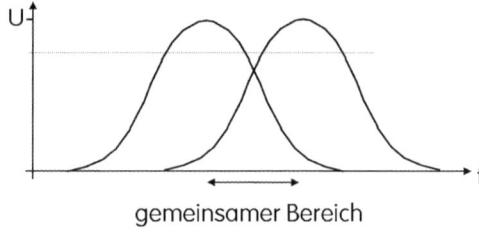

Bild 15-7: Gleichlaufprobleme

Schaltet man nun mehrere Schwingkreise zu einem Filter zusammen, erhält man beispielsweise eine Gesamtdurchlasskurve wie im Bild 15-6 B. Das Filter hat die gleiche Bandbreite (70%-Punkte, bzw. -3 dB), aber die Steilheit der Flanken ist viel höher, so dass Nachbarstationen viel stärker gedämpft werden. Die Trennschärfe ist besser.

Zum Empfang einer gewünschten Frequenz müssen alle Filter auf diese Frequenz abgestimmt sein. Wenn nur ein einzelner Schwingkreis (Einkreiser) vorhanden ist, ist dies kein Problem. Wenn aber wegen der besseren Trennschärfe mehrere Schwingkreise zu einem Filter zusammen geschaltet sind (Mehrkreiser), müssen die enthaltenen Schwingkreise gleichzeitig auf die neue Frequenz abgestimmt werden können. Bis zu zwei Schwingkreisen (Zweikreiser) geht dies noch recht gut mit einem Zweifachdrehkondensator und ein *Gleichlauf* ist erreichbar.

Bei mehr als zwei Kreisen werden aber die Verschiebungen so groß, dass die Filterkurve sich mit der Frequenz verändert und ihre Eigenschaften stark verschlechtert (Gleichlaufprobleme, Bild 15-7). Das im folgenden Abschnitt beschriebene Mischprinzip (Überlagerungsempfänger) schafft Abhilfe.

Überlagerungsempfänger

Für eine feste Frequenz lässt sich ein trennscharfer Verstärker mit mehreren Schwingkreisen leicht aufbauen. In aller Regel wollen wir jedoch in einem bestimmten Frequenzbereich empfangen können. Beim Überlagerungsempfänger nutzt man nun das Prinzip der Frequenzumsetzung durch Mischung aus, um den gewünschten Frequenzbereich auf diese meist niedrigere Frequenz des guten, trennscharfen Verstärkers (Zwischenfrequenz- oder ZF-Verstärker) herunterzusetzen.

Das Empfangssignal mit einer bestimmten Eingangsfrequenz f_e wird mit Hilfe der Mischstufe und des bei f_o arbeitenden Oszillators auf eine niedrigere (Zwischen-) Frequenz f_z, beispielsweise 455 kHz, umgesetzt. Man nennt einen Empfänger nach diesem Prinzip *Überlagerungsempfänger* oder *Superheterodyne-Empfänger*, abgekürzt *Superhet*.

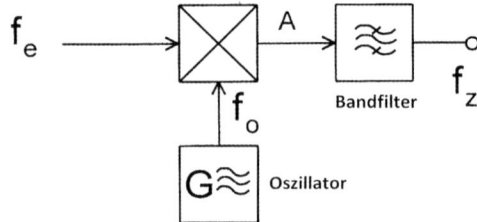

Bild 15-8: Prinzip der Empfängermischstufe

Kapitel 15: Sender- und Empfängertechnik

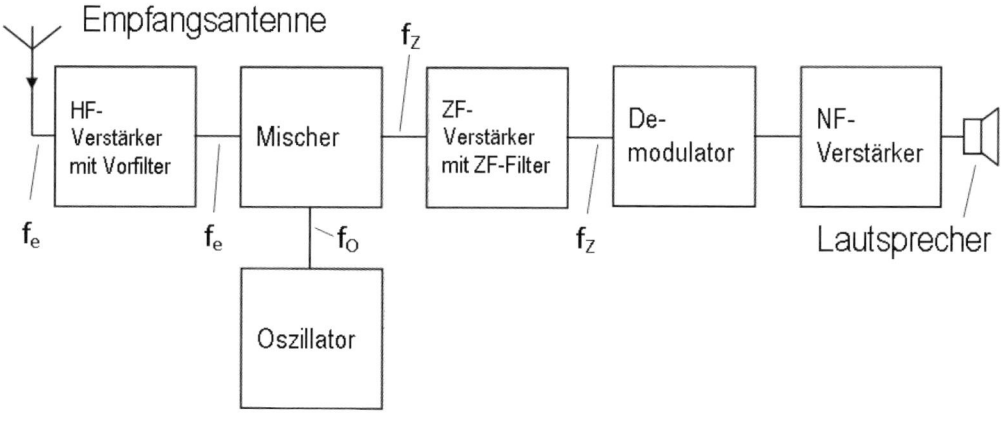

Bild 15-9: Blockschaltbild eines Überlagerungsempfängers

Nehmen wir einmal an, die Filter des ZF-Verstärkers (Bild 15-9) sind für 455 kHz ausgelegt (f_z). Es soll eine Frequenz von 3500 kHz (80-m-Band) empfangen werden (f_e). Dann soll der Oszillator 455 kHz oberhalb von 3500 kHz, also auf 3955 kHz schwingen (f_O). Wenn nun die beiden Frequenzen f_e und f_O am Mischer anliegen, ergibt sich am Mischerausgang unter anderem die Differenz dieser beiden Frequenzen.

$$f_z = f_O - f_e$$
$$f_z = 3955 \text{ kHz} - 3500 \text{ kHz} = \underline{455 \text{ kHz}}$$

Die Eingangsfrequenz wird also mit Hilfe der Mischstufe und der Oszillatorfrequenz auf eine niedrigere (Zwischen-) Frequenz umgesetzt. Wenn die zu empfangende Frequenz geändert werden soll, muss nur der Oszillator verstellt werden. Um 3 600 kHz zu empfangen, muss der Oszillator auf 3 600 + 455 = 4 055 kHz gestellt werden.

Aufgabe 1 zu Bild 15-9: Ergänzen Sie die fehlenden Frequenzen in folgender Tabelle. Der Oszillator soll immer genau 455 kHz oberhalb der Eingangsfrequenz schwingen.

f_e/kHz	f_O/kHz	f_z/kHz
3 500	3 955	455
3 600	4 055	
3 800		455
	7 455	455
14 200		455
28 500		455

Aus der ausgefüllten Tabelle kann man folgendes ablesen. Wenn der Frequenzbereich von 3 500 bis 3 800 kHz (80-m-Band) empfangen werden soll, muss der Oszillator von 3 955 bis 4 255 kHz einstellbar sein. Die Zwischenfrequenz bleibt immer gleich (letzte Spalte).

Der Vorteil für diese Empfängertechnik ist, dass immer das gleiche Filter zur Selektierung der gewünschten Frequenz dient. Dieses Filter kann also aus mehreren Schwingkreisen - eventuell sogar Schwingquarzen – bestehen und lässt sich für eine optimale Bandbreite dimensionieren. Der Zwischenfrequenzverstärker bestimmt die Güte (Trennschärfe) eines Empfängers.

Bearbeiten Sie die Prüfungsfrage TF402!

Spiegelfrequenz

Allerdings gibt es auch Nachteile dieses Empfängerprinzips.

> **Aufgabe 2** zu Bild 15-9
> Ergänzen Sie bitte die fehlenden Frequenzen in folgender Tabelle. Der Oszillator (f_o) soll immer 455 kHz oberhalb der Eingangsfrequenz f_{e1} schwingen. f_{e2} bildet mit der Oszillatorfrequenz ebenfalls eine Differenz von 455 kHz.

f_{e1}/kHz	f_{e2}/kHz	f_o/kHz	f_z/kHz
3 500	4 410	3 955	455
3 600	4 510	4 055	455
3 800			455
7 000		7 455	455
14 200			455
28 500	29 410		455

Zeichnet man für die einzelnen Zeilen der obigen Tabelle von Aufgabe 2 die verschiedenen Frequenzen in ein Diagramm, erhält man beispielsweise für die erste Zeile ein Diagramm wie in Bild 15-10. Egal für welche Frequenz man dieses Diagramm zeichnet, es ergibt sich immer dasselbe: Die zweite Frequenz, die auch empfangen werden kann, ist symmetrisch zur Oszillatorfrequenz "gespiegelt". Man nennt diese deshalb Spiegelfrequenz.

$$f_{sp} = f_e + 2 \cdot f_z \quad \text{wenn } f_o > f_e$$
$$f_{sp} = f_e - 2 \cdot f_z \quad \text{wenn } f_o < f_e$$

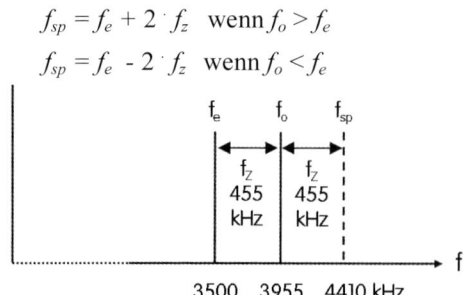

Bild 15-10: Spiegelfrequenz

Die erste Formel besagt, dass die Spiegelfrequenz immer um die zweifache Zwischenfrequenz höher liegt als die Eingangsfrequenz. Dies gilt immer dann, wenn der Oszillator oberhalb der Eingangsfrequenz schwingt. Es gibt auch die Möglichkeit, den Oszillator unterhalb der Eingangsfrequenz schwingen zu lassen. Dann gilt die zweite Formel. Dies wird in der Praxis wenig verwendet. Dann allerdings würde die Spiegelfrequenz mit der doppelten ZF unterhalb der Eingangsfrequenz liegen.

Den Empfang der unerwünschten Spiegelfrequenz kann man dadurch verringern, dass man vor die Mischstufe einen Eingangskreis genau auf die gewünschte Frequenz einfügt, der parallel zum Oszillator abgestimmt wird. Er lässt nur die gewünschte Frequenz durch und dämpft alle anderen Frequenzen.

Allerdings funktioniert dies nur bei niedrigen Frequenzen (Mittelwelle und unterer Kurzwellenbereich) ausreichend gut, da die Spiegelfrequenz relativ weit von der Empfangsfrequenz entfernt ist. Hier noch einmal eine Zusammenstellung:

f_{e1}/kHz	f_{e2}/kHz	f_o/kHz	f_z/kHz
3 500	4 410	3 955	455
3 500	21 500	12 500	9 000
28 500	29 410	28955	455
28 500	46 500	37 500	9 000

Aus dieser Tabelle erkennen Sie: Wenn man die Zwischenfrequenz erhöht, ist die Spiegelfrequenz viel weiter von der Eingangsfrequenz entfernt und kann leichter durch ein einfaches Vorfilter unterdrückt werden.

> Bearbeiten Sie die **Prüfungsfragen TF104 und TF301!**

Tipp: $f_{sp} = f_e + 2 \cdot f_z$

Doppelsuper

Eine niedrige ZF hat also den Vorteil, dass man mit wenig Aufwand (billig) eine gute Trennschärfe erzielt und eine hohe ZF hat den Vorteil, dass man die Spiegelfrequenz leicht unterdrücken kann. Um beide Vorteile zu vereinen, wurde der *Zweifach-Überlagerungsempfänger (Doppelsuperheterodyne-Empfänger,* kurz *Doppelsuper*) entwickelt. Er besitzt eine hohe 1.ZF für eine gute Spiegelfrequenzunterdrückung und eine niedrige 2. ZF für eine hohe Trennschärfe.

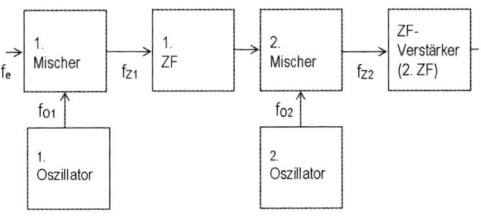

Bild 15-11: Prinzip des Doppelsupers

Einfache Empfänger (Kurzwellenradios) arbeiten mit einer 1. ZF von 10,7 MHz und einer 2. ZF von 455 kHz. Die Spiegelfrequenz liegt damit über 20 MHz entfernt und mit einem Spulenfilter von 455 kHz erreicht man eine Trennschärfe von etwa 10 kHz, was für Rundfunkempfang ausreichend ist. Der zweite Oszillator schwingt 455 kHz oberhalb der ersten ZF.

Prüfungsfrage TF101
Eine hohe erste ZF vereinfacht die Filterung zur Vermeidung von

... Spiegelfrequenzstörungen.

Prüfungsfrage TF102
Eine hohe erste ZF ...

... ermöglicht eine gute Vorselektion und damit eine hohe Spiegelfrequenzunterdrückung bei der ersten Umsetzung.

Prüfungsfrage TF103
Welche Aussage ist für einen Doppelsuper richtig?

Antwort: Mit einer niedrigen zweiten ZF erreicht man leicht eine gute Trennschärfe.

Bearbeiten Sie die Prüfungsfragen TF105 bis TF109!

Damit Sie die Blockschaltbilder des Doppelsupers im Fragenkatalog besser verstehen, soll hier schon kurz die AGC erklärt werden. Um die Schwankungen des NF-Ausgangssignals durch Schwankungen des NF-Eingangssignals zu verringern, wird der Empfänger mit einer automatischen Verstärkungsregelung *AGC* (*automatic gain control*) ausgestattet. Mehr auf Seite 136!

Bearbeiten Sie die Prüfungsfragen TF201 bis TF203!

Diese Regelspannung gewinnt man hinter der letzten ZF-Stufe aus der Demodulationsstufe (Produktdetektor, siehe folgende Seite!). Im Bild 15-12 wird die AGC durch die Wirkungspfeile oberhalb der Blocks angedeutet. Sie gehen vom Produktdetektor aus und gehen zurück auf die ZF-Verstärker und den Eingangsverstärker.

Bearbeiten Sie die Prüfungsfragen TF402 und TF408!

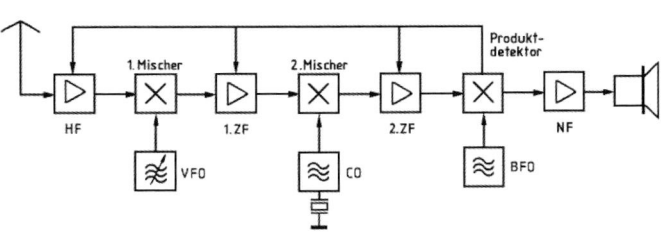

Bild 15-12: Blockschaltbild eines Doppelsupers

Der Produktdetektor

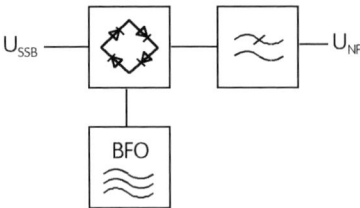

Bild 15-13: Das Prinzip des Produktdetektors

Um das SSB-Signal im Empfänger hörbar zu machen (Demodulation), muss es wieder in den Niederfrequenzbereich zurückgemischt werden. Eine Schaltung, die mit Hilfe eines Zusatzoszillators (BFO) und eines Mischers den Träger hinzusetzt und aus dem Mischprodukt das Modulationssignal ausfiltert, heißt *Produktdetektor*. *)

Funktionsweise: Nehmen wir einmal an, das modulierte SSB-Signal hat eine (Zwischen-) Frequenz von 9,000 MHz (unterdrückter Träger) + 2 kHz (NF-Signal) = 9,002 MHz. Mischt man diesem Signal die Trägerfrequenz von 9 MHz wieder hinzu, entstehen am Ausgang die Summen und die Differenzen dieser Signale.

9,002 MHz + 9 MHz = 18,002 MHz und
9,002 MHz - 9 MHz = 0,002 MHz = 2 kHz.

Mit einem Tiefpass, der im einfachsten Fall aus der Parallelschaltung eines Kondensators besteht, werden die hohen Frequenzen (hier 18,002 MHz) unterdrückt und nur das 2-kHz-NF-Signal durchgelassen.

*) Sehr ausführlich wird die Demodulation von SSB und das Prinzip des Produktdetektors mit entsprechenden Schaltungen im Buch Klasse A im Kapitel 12: „Modulation und Demodulation" erklärt. Auch wird dort die Demodulation von AM und von FM erläutert. Bei Interesse sollten Sie dort einmal nachlesen.

Konverter

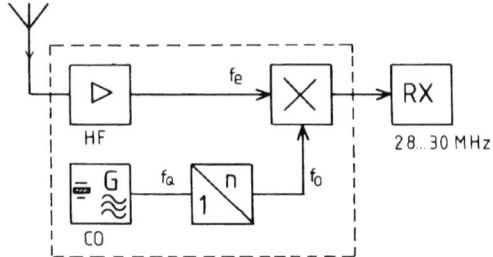

Bild 15-14: Empfangskonverter

Ein vorhandener Kurzwellenempfänger lässt sich als ZF-Verstärker, Demodulator und NF-Verstärker für den Empfang von Ultrakurzwellen (2-m-Band oder 70-cm-Band) verwenden, indem man einen Frequenzumsetzer (Konverter) dazwischen schaltet. Soll zum Beispiel das 2-m-Band von 144 bis146 MHz empfangen werden, benötigt man für den Mischer eine Oszillatorfrequenz von 116 MHz, die man durch Verdreifachung aus 38,667 MHz erhält. Mischt man 144 MHz mit 116 MHz, erhält man 28 MHz. Stellt man den Kurzwellenempfänger (RX im Bild) auf 30 MHz, empfängt man 146 MHz (146-116 = 30).

Prüfungsfrage TF110
Durch welchen Vorgang setzt ein Konverter einen Frequenzbereich für einen vorhandenen Empfänger um?
A Durch Mischung.
B Durch Vervielfachung.
C Durch Frequenzteilung.
D Durch Rückkopplung.

Auch für den Sender kann man solche Frequenzumsetzer verwenden. Man nennt sie dann Transverter von Konverter und Transceiver. Ein Gerät, das einen Sender und einen Empfänger enthält, wird Transceiver (transmitter – receiver) genannt.

Empfindlichkeit

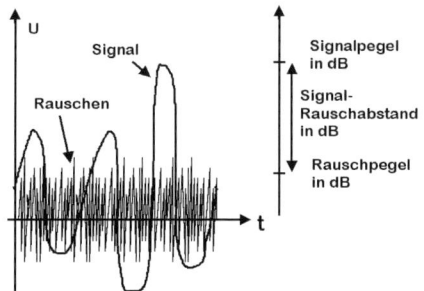

Bild 15-15: Signal-Rauschabstand

Zum Schluss der Kapitel über Sender und Empfänger sollen noch ein paar Eigenschaften der Geräte erläutert werden, die etwas über die Qualität der Geräte aussagen. Hier im Rahmen des Lehrgangs für das Amateurfunkzeugnis der Klasse E werden diese Eigenschaften nur kurz beschrieben. Im Aufbaulehrgang für die Klasse A wird auch die Theorie dazu besprochen.

Eine sehr wichtige Eigenschaft eines Empfängers ist die *Empfindlichkeit*. Im Prinzip besagt diese, wie stark ein Signal empfangen werden muss, dass es über dem Geräuschpegel liegt, den der Empfänger selbst produziert. Das thermische Rauschen ist eines dieser störenden Geräusche. Bild 15-15 verdeutlicht den in diesem Zusammenhang zu nennenden Rauschabstand.

> Bearbeiten Sie die **Prüfungsfrage TF401.**

Trennschärfe

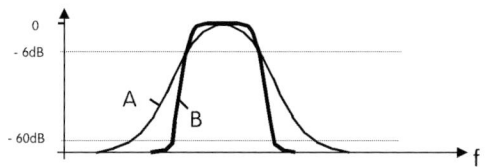

Bild 15-16: Verschiedene Selektionskurven

Trennschärfe bedeutet, wie gut ein Empfänger das gewünschte Signal von den benachbarten Signalen trennen kann. Verantwortlich ist die Durchlasskurve des ZF-Filters. Der Empfänger mit der Selektionskurve B in Bild 15-16 hat natürlich die besseren Eigenschaften. Man kann die Selektionskurve durch den *Shapefaktor* beschreiben. Dieser Formfaktor gibt das Verhältnis der Bandbreite bei -60 dB zur Bandbreite bei -6 dB an.

Großsignalfestigkeit

Ein weiteres Gütekriterium für einen Empfänger ist die *Großsignalfestigkeit*. Über die Antenne gelangen gleichzeitig sehr viele Signale an den Empfängereingang, aus denen das gewünschte herauszufiltern ist. Gute Trennschärfe ist eine wichtige Voraussetzung. Doch selbst bei einem noch so guten Filter tritt das Problem auf, dass sich starke Signale vor Passieren des Filters gegenseitig beeinflussen und dabei Mischprodukte erzeugen, die in den ZF-Bereich fallen.

Wie stark sich diese Störungen auswirken, hängt im Wesentlichen vom in den Mischstufen und ggf. im Vorverstärker getriebenen Aufwand ab. Als einheitliches Maß hierfür haben Techniker die in Dezibel über 1 mW (dBm) angegebene Größe IP3 (Interception Point, *Intermodulationsprodukt dritter Ordnung*) definiert.

Bei Störungen durch ungenügende Großsignalfestigkeit hilft es, das Eingangssignal oder die Vorverstärkung zu reduzieren. Geeignete Bedienelemente an modernen Empfängern oder Transceivern heißen je nach Hersteller *Preamp, ATT, IPO* und anders.

HF-Regelung und Squelch

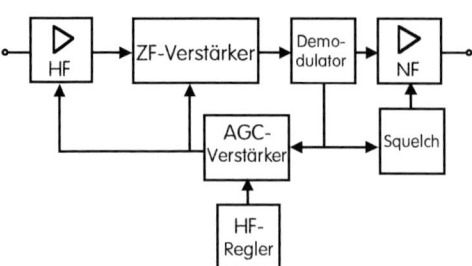

Bild 15-17: AGC, HF-Regler und Squelch

Alle gut aufnehmbaren Signale zwischen S5 und weit über S9 sollen ungefähr gleich laut aus dem Lautsprecher kommen. Der Lautstärkeausgleich geschieht mithilfe der *AGC* (automatic gain control), was soviel wie automatische Lautstärkeregelung bedeutet. Dazu wird hinter dem Demodulator eines Empfängers die Höhe des Pegels „gemessen" und je nach Stärke werden die Verstärkerstufen auf entsprechende Verstärkung geregelt. Siehe Fragen **TF201** bis **TF203**!

Ein Transceiver hat üblicherweise einen Einstellknopf „RF-Gain" (Hochfrequenzverstärkung), den man auch HF-Regler nennt. Mit diesem Einstellknopf gibt man eine zusätzliche Gleichspannung auf den AGC-Verstärker und täuscht dem Gerät damit ein stärkeres Signal vor. Die Verstärkung wird dadurch heruntergeregelt.

Eine etwas andere Wirkung hat die Rauschsperre (Squelch). Wenn kein lesbares Signal am Empfänger ansteht und man das lästige Rauschen nicht hören möchte, dreht man in der Praxis am Squelch solange, bis das Rauschen plötzlich verschwindet. Erst wenn ein lesbareres Signal die eingestellte Schwelle überschreitet, kann man das Signal hören. Der Squelch wird überwiegend in der Betriebsart FM eingesetzt.

Passband-Tuning

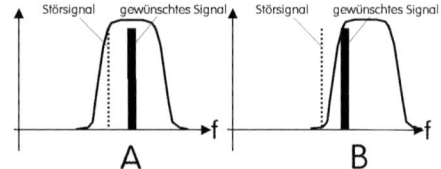

Bild 15-18: Passband-Tuning (ZF-Shift)

Um Störsignale zu dämpfen, verwenden einige Transceiver eine so genannte *Passband-Tuning* (auch IF-Shift oder ZF-Shift genannt). Diese ZF-Verschiebung erlaubt es, die Mittenfrequenz des Empfangsfrequenzbandes so zu verschieben, dass ein Störträger durch die steile Flanke des ZF-Filters gedämpft werden kann.

Im Bild 15-18 A sind gewünschtes Empfangssignal und Störsignal in der Durchlassbandbreite des ZF-Filters. Wird die Filterkurve verschoben (Bild 15-18 B), kann das Störsignal aus der Filterkurve gelangen. Dies funktioniert nur korrekt, wenn gleichzeitig die Überlagerungsfrequenz (BFO) in der richtigen Weise mit verschoben wird, damit die Frequenzlage der Modulation erhalten bleibt.

Schaltungstechnisch wird dafür das ZF-Signal mit einer ersten Mischstufe in einen anderen Frequenzbereich verschoben und dann mit der gleichen veränderbaren Oszillatorfrequenz wieder in den ursprünglichen ZF-Bereich zurück gemischt.

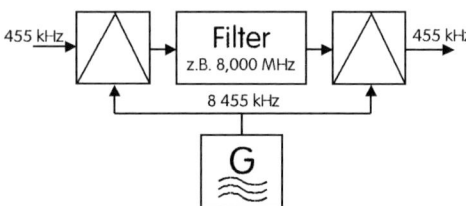

Bild 15-19: Arbeitsweise der Passband-Tuning

Kapitel 15: Sender- und Empfängertechnik

Bandbreiteneinstellung

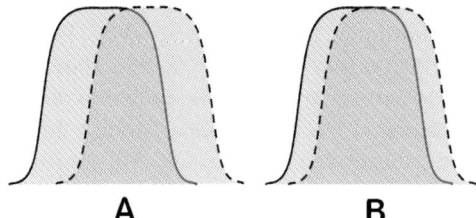

Bild 15-20: Prinzip der Bandbreiteneinstellung

Eine einstellbare Bandbreite erreicht man mit der *Variable Bandwidth Tuning* VBT, auf Deutsch: Bandbreiteneinstellung. Diese erlaubt die stufenlose Einstellung ohne eine große Anzahl verschiedener teurer Filter. Durch eine der ZF-Shift ähnliche Schaltung werden die Durchlasskurven von zwei steilflankigen Filtern so gegeneinander verschoben, dass die effektive Durchlasskurve nur aus der Überdeckungszone der beiden Filter besteht.

Notchfilter

Häufig tauchen bei einer Funkverbindung irgendwelche Störträger mit konstanter Frequenz auf, die beispielsweise durch Intermodulation entstehen. Solche einzelnen Störsignale können mit einem *Notchfilter* (notch = Kerbe) ausgelöscht werden. Dieses Kerbfilter erzeugt gewissermaßen ein Loch im Durchlassband der ZF.

> **Prüfungsfrage**
> Beantworten Sie die Frage **TF407**.

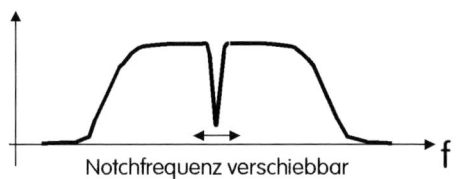

Bild 15-21: Wirkungsweise des Notchfilters

Störbegrenzer, -austaster

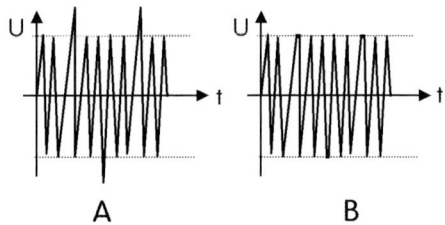

Bild 15-22: Wirkung des Störbegrenzers

Amplitudenstörungen, die beispielsweise durch Zündfunken von Motoren, statische Entladungen bei Gewittern, Elektrozäune und so weiter entstehen (Bild 15-22), können durch einen *Audio Noise Limiter ANL* (Störbegrenzer) vermindert werden. Er begrenzt die Spitzenspannung auf den jeweiligen maximalen NF-Pegel.

Während der Störbegrenzer den Pegel der Störungen nur auf die maximale Lautstärke des NF-Signals begrenzt, ist der *Störaustaster (noise blanker NB)* viel wirksamer, da er für die Zeit der Störungen die Lautstärke vollkommen auf Null reduziert. Er sperrt für die Zeit der Störungen die ZF oder die NF des Empfängers komplett.

Der Störaustaster ist zwar wesentlich wirksamer als der Störbegrenzer, jedoch ist der Schaltungsaufwand viel höher und damit teurer.

> Bearbeiten Sie die **Prüfungsfrage TF409**!

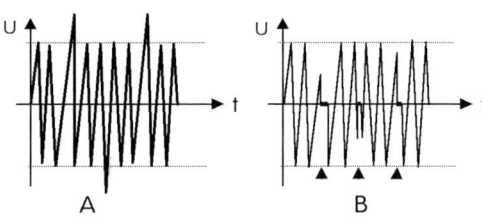

Bild 15-23: Wirkung des Störaustasters

137

Transceivereigenschaften

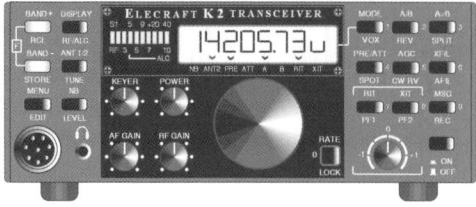

Bild 15-24: Eigenbau-Transceiver K2 (Bausatz)

Die Ausgangsleistung handelsüblicher Transceiver

Moderne Kurzwellen-Transceiver haben eingebaute Sender mit Ausgangsleistungen von 100 bis 200 Watt. QRP-Transceiver für Kurzwelle haben Leistungen von 5 bis 20 Watt. UKW-Transceiver haben meistens Leistungen zwischen 10 und 50 Watt.

Von der maximalen Ausgangsleistung sollte man seine Kaufentscheidung aber nicht abhängig machen. Häufig wird man sich später eine Linearendstufe kaufen oder bauen, die mit einer Eingangsleistung von 50 bis 100 Watt bei Kurzwellen-Endstufen bzw. 10 Watt bei UKW-Endstufen schon die volle Ausgangsleistung liefert.

Sendearten/Betriebsarten

Übliche Sendearten eines Kurzwellen-Transceivers sind *SSB (LSB, USB), CW* und *FM*. UKW-Transceiver gibt es in zwei Ausführungen: FM und Allmode. Der Allmode-UKW-Transceiver bietet außer FM noch die Sendearten SSB und CW. Moderne Transceiver sind für digitale Betriebsarten eingerichtet. Sie besitzen einen AFSK-Eingang für *PSK31, RTTY, SSTV, Pactor* oder *Packet Radio*. UKW-Transceiver, die einen Dateneingang für digitale Betriebsarten (FAX, SSTV, Packet Radio) haben, werden Datentransceiver genannt.

Frequenzbereiche

Natürlich soll ein Kurzwellen-Transceiver den gesamten Frequenzbereich von 160 m bis 10 m umfassen. Ältere Geräte enthalten das 160-m-Band nicht oder es fehlen die so genannten *WARC-Bänder* 30 m, 17 m, 12 m, die erst später für den Amateurfunk freigegeben wurden.

Bei UKW-Transceivern hat sich die Kombination von 2-m- und 70-cm-Transceiver durchgesetzt. Modernste Transceiver vereinigen bereits Kurzwelle und Ultrakurzwelle in einem Gerät. Im Kurzwellenbereich haben die Empfänger häufig einen durchgehenden Frequenzbereich von 100 kHz (Langwelle) bis 30 MHz. Dieses Breitbandkonzept hat den Nachteil, wegen der breiten Bandpassfilter einen schlechten IP3 zu besitzen.

Üblich ist heute die so genannte *Menütechnik*. Man hat nicht mehr für jede Einstellung einen Knopf oder eine Taste, sondern Multifunktionstasten, die ihre Funktion je nach Einstellung verändern. Damit ist die immer kleiner werdende Frontplatte nicht mehr mit Knöpfen und Schaltern überladen.

Frequenzanzeige

Bei den älteren, analog anzeigenden Transceivern konnte man die Frequenz nicht viel genauer als ±100 Hz einstellen. Die Linearität dieser analogen Anzeige ist nicht hundertprozentig. Heutzutage hat man nur noch Digitalanzeigen. Manche Geräte können bis auf 1 Hertz genau die Frequenz anzeigen, andere nur bis 10 Hz. Allerdings sagt eine 1-Hz-Anzeige nicht, dass die Frequenz auch auf 1 Hz genau ist.

Beachten Sie die Angaben des Herstellers über die Frequenzgenauigkeit!

RIT - Split-Betrieb

Manchmal benötigt man in Gesprächsrunden eine Empfängerfeinverstimmung, ohne dass sich die Sendefrequenz dabei ändert, denn nicht immer sind alle Stationen exakt auf der gleichen Frequenz. Diese Frequenzveränderung von zirka maximal ±10 kHz am Empfänger nennt man *Receiver Incremental Tuning* (*RIT*) oder auch *Clarifier*. Beim normalen Funkbetrieb sollte man darauf achten, dass die RIT beim Beginn der Funkverbindung ausgeschaltet ist, damit man nicht auf der falschen Frequenz anruft. Siehe **Prüfungsfrage TG403**!

Moderne Transceiver haben zwei VFOs. Damit ist Split-Funkbetrieb möglich. Besonders bei so genannten *DXpeditionen* sendet die DX-Station auf einer anderen Frequenz als die anrufenden Stationen.

Kompressor

Beim Sendebetrieb möchte man auch bei leiseren Sprachsignalen eine immer volle Aussteuerung des Senders erreichen. Dazu haben manche Transceiver einen *Speech Processor*. Dieser hebt automatisch bei leiseren Signalen die Verstärkung des Modulationsverstärkers an und reduziert diese wieder bei lauteren Passagen. Bearbeiten Sie die **Prüfungsfrage TG201**!

Die Geschwindigkeit, mit der dieser Prozessor die Verstärkung regelt, kann am Transceiver eingestellt werden. Bei einer geringen Zeitkonstante wird beim normalen Sprechen zwischen den Lauten bereits geregelt, wodurch die Modulation verfälscht wird. Bei schlechten Ausbreitungsverhältnissen ist diese Einstellung empfehlenswert, nicht aber beim normalen QSO mit Signalen über S9. Aber ein Kompressor verhindert eine Übersteuerung des Senders nicht.

VOX — PTT

VOX ist eine Abkürzung für *Voice Control* und bedeutet Sprachsteuerung. Damit ist gemeint, dass man den Transceiver von Empfang auf Senden einfach dadurch umschalten kann, dass man in das Mikrofon spricht. Aus der verstärkten Mikrofonspannung wird ein Steuersignal gewonnen, mit dem der Transceiver umgeschaltet wird.

PTT bedeutet *Push To Talk*, was übersetzt etwa heißt: „Drücke, um zu sprechen". In ein Mikrofon für Amateurfunkgeräte ist häufig ein Umschalter eingebaut, auf den man drücken muss, um den Transceiver von Empfang auf Sendung umzuschalten.

Für ein flüssiges Gespräch, bei dem abwechselnd immer nur ein Satz gesprochen wird, eignet sich die VOX recht gut. Bei längeren Durchgängen sollte man besser die PTT benutzen, um das häufig nicht zu überhörende Umschalten des Transceivers zu vermeiden. Die Abfallzeitkonstante der VOX lässt sich üblicherweise einstellen. Man sollte diese an seine Sprechgewohnheiten anpassen.

Bei Telegrafie schaltet die VOX beim Tasten auf Senden und gibt in den Tastpausen nach einer einstellbaren Verzögerungszeit den Empfänger frei. Man nennt dies auch *Semi-Break-In (Semi-BK)*. Wird der Transceiver bei Telegrafie nicht auf VOX-Betrieb gestellt, muss zum Umschalten die PTT verwendet werden.

> **Prüfungsfragen**
> Bearbeiten Sie zu diesem Thema die Fragen **TG202**, **TG404** und **TG405** aus dem Anhang 2 dieses Buches!

Kapitel 16: Betriebsarten

Übersicht

- Sprechfunk
- Moresetelegrafie
- Funkfernschreibtelegrafie
- Packet Radio, Hamnet
- APRS
- PSK31
- Amtor, Pactor
- ATV, SSTV
- Fax
- Hellschreiben
- Echolink

Übertragungsarten

In der Nachrichtentechnik werden *Simplex*- und *Duplex*-Verbindungen unterschieden. Ferner gibt es noch *Halbduplex*. Simplex (bedeutet „einfach") bedeutet, dass es nur einen Sender und auf der anderen Seite einen (oder mehrere) Empfänger gibt. Der Rundfunk oder eine Rundspruchstation wären ein Beispiel für Simplex. Duplex wird beim Telefonieren verwendet. Man kann den Gesprächspartner hören, auch wenn man gerade spricht (sendet).

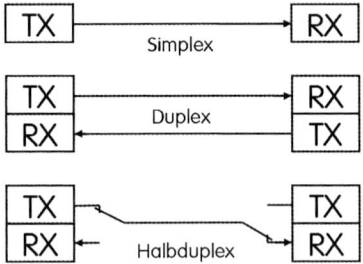

Bild 16-1: Simplex, Duplex und Halbduplex

Beim Amateurfunk wird fast ausschließlich Halbduplex verwendet. Solange ich spreche (sende), kann ich nicht hören (empfangen).

Allerdings wird bei Relaisfunkstationen gelegentlich zwischen Simplex- und Duplex-Relais unterschieden. Dies betrifft aber nur den Weg von und zum Relais. Die meisten Relais arbeiten für den Empfang auf einer anderen Frequenz als beim Senden. Solche Relais werden Duplex-Relais genannt. Der Funkverkehr zwischen den Gesprächspartnern ist aber Halbduplex.

Beantworten Sie die **Prüfungsfrage TE312** aus dem Anhang 1.

Sprechfunk

Bisher werden im Amateurfunk für Sprechfunk (Übertragung von Sprache) nur analoge Modulationsarten verwendet. Dazu gehören AM, SSB und FM, die im Kapitel 14 (Modulation) bereits ausführlich besprochen wurden. In diesem Kapitel geht es um analoge und digitale Betriebsarten.

Um eine Vorstellung bezüglich der Unterschiede zwischen analogen und digitalen Signalen zu bekommen, wird für viele der Übertragungsarten das Frequenzspektrum skizziert (Bild 16-2). Aus diesem Frequenzspektrum erkennt man, ob analoge oder digitale Informationen vorliegen. Außerdem ergibt sich daraus die Bandbreite.

Eine analoge Information erkennt man in den gezeichneten Spektren daran, dass der Informationsbereich durchgängig ist und keine Lücken enthält. Beim SSB-Spektrum zum Beispiel ist der Frequenzbereich von 300 Hertz bis 3 Kilohertz lückenlos vorhanden. Es können alle Frequenzen in diesem Bereich vorkommen. Deshalb benötigt man für SSB eine Bandbreite von 300 Hz bis 3 kHz, also 2,7 kHz.

Bei AM im Rundfunk werden beide Seitenbänder übertragen (siehe Kapitel 14). Die Bandbreite muss dann mehr als doppelt so groß sein. AM wird im Amateurfunk kaum verwendet. Viele Transceiver können aber auf AM geschaltet werden.

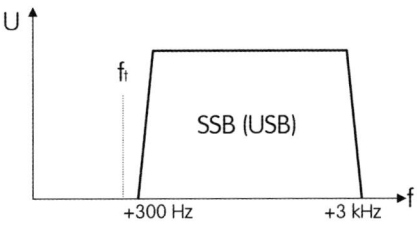

Bild 16-2: SSB-Spektrum, vereinfacht gezeichnet

Morsetelegrafie

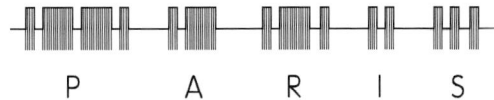

Bild 16-3: Das Wort PARIS im Morsecode mit ASK

Bei der Telegrafie im Morsecode (CW) werden Texte übertragen, indem der Sender im Rhythmus der Morsezeichen ein- und ausgeschaltet (Bild 16-3) wird.

Die Übertragung selbst wird entweder per Hand mit der Morsetaste durchgeführt oder mit Hilfe eines Computers über die Tastatur. Die Dekodierung erfolgt entweder durch direktes Hören durch den Menschen oder wiederum mit Hilfe eines Computers.

Das direkte Hören und Dekodieren im Gehirn erfordert ein längeres Training. Man übt die Morsezeichen solange, bis diese im Unterbewusstsein gespeichert sind und allein durch Erkennen des Tastrhythmus *gelesen* werden können. Morsen kann wie eine Fremdsprache verstanden werden.

Es gibt zwei wesentliche Vorteile der Übertragung durch Morsetelegrafie gegenüber der Sprachübertragung. Erstens benötigt man keine Fremdsprachenkenntnisse. Die Texte werden üblicherweise durch international festgelegte Abkürzungen übertragen. Für ein *Standard-QSO* muss man nur diese Abkürzungen lernen.

Der zweite große Vorteil ist die geringe Bandbreite. Wenn der Empfänger auf diese schmale Bandbreite eingestellt wird, verbessert sich das Signal-Rausch-Verhältnis im gleichen Maße, wie die Bandbreite verringert wird. Dadurch sind oft CW-Funkverbindungen noch möglich, wenn die Bedingungen für Sprechfunk nicht mehr ausreichen.

Funkfernschreibtelegrafie (RTTY)

Bild 16-4: Früher wurde Fernschreiben mit Hilfe von mechanischen Fernschreibern durchgeführt.

Für die Übertragung von Informationen in Schriftform verwendet man auf der Sendeseite normalerweise eine Tastatur, auf der Empfängerseite einen Bildschirm oder Drucker. Früher hat man mit Hilfe von Maschinen (Fernschreiber) Stromimpulse erzeugt, die man über Leitungen übertragen hat (teletype, TTY). Für die drahtlose Übertragung wurden die Stromimpulse in Töne umgewandelt und als moduliertes Signal fern übertragen (radio teletype, RTTY).

Heute verwendet man zwar keine elektromechanischen Fernschreiber mehr sondern fast ausschließlich den Computer und erzeugt die Töne mit Hilfe der Soundkarte. Jedoch hat man die Art der Übertragung wie früher belassen, um eine *Kompatibilität* mit den Fernschreibmaschinen zu erhalten.

> **Prüfungsfrage TE309**
> Um RTTY-Betrieb durchzuführen benötigt man außer einem Transceiver beispielsweise
> A einen Fernschreiber.
> B einen RTTY-Controller.
> C eine Zusatzeinrichtung, die RTTY-Signale umwandelt und anschließend zwischenspeichert.
> D einen PC mit Soundkarte und entsprechender Software.

Lösung: Antwort D

Die Baudrate *)

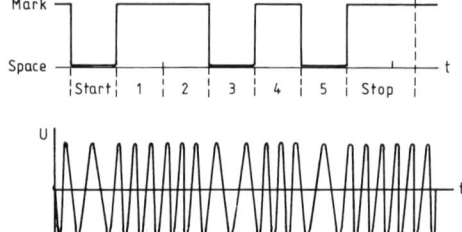

Bild 16-5: Modulation mittels Frequenzumtastung bei RTTY

In diesem Zusammenhang kann der Begriff *Baudrate* (gesprochen: Bohtrate) erläutert werden. Die Baudrate ist die Übertragungsgeschwindigkeit $v_ü$ des kürzesten Zeichens (Bit) eines digitalen Signals. Im Bild 16-5 ist dargestellt, wie der Fernschreibcode aussieht. Nach einem Startsignal (0-Wert) werden fünf Zeichen (1 oder 0, ein oder aus) mit einer Länge von 22 ms gesendet und folgt das Stoppzeichen (mindestens 33 ms eine 1). Das kürzeste Zeichen hat also 22 ms und damit ist die Übertragungsgeschwindigkeit bei RTTY

$$v_ü = \frac{1\,\text{Bit}}{22\,\text{ms}} = 45{,}45\,\frac{\text{Bit}}{\text{s}} = 45\,\text{Baud} \cdot$$

> **Übungsaufgabe**
> Welche Länge hat ein Bit (das kürzeste Zeichen) beim früheren 1k2-Packet-Radio?

Lösung: 1k2 bedeutet Baudrate 1,2 Kilo oder 1200 Baud. Kehren wir also die Aufgabe um und rechnen die Zeit in Sekunden für ein Bit, indem wir 1 durch 1200 teilen. Wir erhalten 0,833 Millisekunden. Ein Bit ist also kürzer als eine Millisekunde.

*) Diesen Abschnitt können Sie auslassen, wenn Sie nur für die Prüfung lernen.

Packet Radio *)

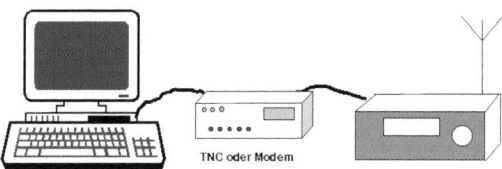

Bild 16-6: Packet-Radio-Station

Datenübertragung im Amateurfunk gibt es schon lange. Auf 2 m, 70 cm und 23 cm waren schon in den 1980er Jahren Geräusche zu hören, die man vielleicht von Modems für die analoge Telefonleitung kennt. Computerdaten wurden in Form von Tönen drahtlos übertragen.

Zu dieser Zeit konnten Modems vielleicht 1200 oder, wenn es hoch kam, 2400 Bit pro Sekunde übertragen. Und diese Geräte waren sehr teuer. Noch dazu konnten die damaligen Mailboxen auf einer Leitung immer nur einen Benutzer zur Zeit bewirten mit dem Ergebnis, dass man zu Stoßzeiten lange warten musste und die Mailboxen die Online-Zeit pro Benutzer und Tag rationieren mussten. Im Amateurfunk aber gab es schon damals eine Übertragung mit bis zu 9600 Bit pro Sekunde - wahnsinnige Geschwindigkeit seinerzeit!

Außerdem hatte man beim Amateurfunk das Problem des Massenandrangs schon gelöst, und zwar mit der Datenübertragung in so genannten „Paketen". Die Idee war, dass nicht jeder Benutzer ständig Daten überträgt, sondern die meiste Zeit Text liest oder damit beschäftigt ist, neuen Text zu schreiben. Bei der Übertragung in Paketen sendet man immer dann, wenn etwas Text zusammengekommen ist und der Kanal das nächste Mal frei ist. Die Mailbox, die in schneller Folge Pakete der vielen Benutzer erhält, sortiert diese schön nach Benutzern und sie können daher mehrere Stationen gleichzeitig auf einem Kanal bedienen.

Allerdings ist bei diesem *Packet-Radio* eine Hardware nötig, die beim Senden die Töne erzeugt beziehungsweise bei Empfang in digitale Zeichen umwandelt und die die erzeugten Töne aus dem Computer nach einem vorgeschriebenen „Protokoll" zu Paketen zusammensetzt und den Sender entsprechend steuert. Solch ein Gerät heißt *TNC (terminal node controller)*.

> Bearbeiten Sie die **Prüfungsfragen TE304, TE305 und TE308!**

Man hatte sogar schon eine Lösung für das Problem der beschränkten Reichweiten auf UKW. Man musste nur irgendeinen Benutzereinstieg (Digipeater = „digitaler Repeater") erreichen und konnte dort seine Datenpakete wie Postpakete „aufgeben", so dass sie sich von einem dieser Digipeater zum anderen selbstständig ihren Weg durch das Netz suchten (Routing) und am Ziel irgendwo am anderen Ende des Kontinents wieder herauskamen.

Das große Sterben dieser Betriebsart „Packet Radio" wurde durch die Verbreitung schneller Telefon-Modems und später Internet-Anschlüsse ausgelöst. Wer eine Leitung mit mehreren Megabit pro Sekunde zu Hause hat, den lockt die Möglichkeit, Daten mit einigen Kilobit über Amateurfunk zu übertragen, nicht mehr wirklich hinter dem Ofen hervor. Und dann geht es wie mit allem: Was keiner mehr benutzt, verkümmert und verfällt.

*) Übrigens werden in der Prüfung kaum noch Fragen zum Thema Packet-Radio gestellt.

> Sie können also für Ihre Prüfungsvorbereitung die **Fragen TE301, TE302, TE303, TE306** und **TE307** *streichen.*

Hamnet

Derzeit entsteht in Mitteleuropa ein neues schnelles drahtloses Netzwerk im Amateurfunkbereich. Man nennt es *HAMNET* (*Highspeed Amateurradio Multimedia Network*). Wegen der gewünschten hohen Übertragungsgeschwindigkeit und der daraus resultierenden Bandbreite kommen die auch für WLAN verwendeten Frequenzen um 2,4 GHz und 5,7 GHz infrage.

In diesen Bereichen ist entsprechende Hardware fertig verfügbar. Der Computer spricht sie auch an wie jedes ganz normale Netzwerkgerät und bekommt gar nicht mit, dass man für den Amateurfunk drei „Kleinigkeiten" daran verändert hat:

- Die Bandbreite muss auf den gemäß Amateurfunk-Vorschriften (AFuV) zulässigen Wert herunter geregelt werden.
- Die Verschlüsselung muss ausgeschaltet werden, da die AFuV „offene Sprache" fordert.
- Um dem Erfordernis der Rufzeichennennung zu genügen, muss man die Hardwareadresse des Geräts so ändern, dass sie das eigene Rufzeichen enthält.

Für die großen Entfernungen zwischen den Digipeatern und auch zwischen Benutzer und Digipeater werden höhere Sendeleistungen gebraucht, die man mit Richtantennen noch verstärkt. Im Amateurfunk sind nicht nur 1 W wie bei WLAN (5 GHz) sondern 75 W PEP erlaubt, aus denen mit Richtantennen durchaus 50 kW EIRP Strahlungsleistung entstehen.

Als Hardware kommt heutzutage (2014) ein kleiner Parabolspiegel infrage, in dessen Kopf die gesamte Sende- und Empfangstechnik bereits eingebaut ist. Die Anbindung einschließlich Stromversorgung erfolgt direkt über ein Netzwerkkabel.

Und das war's für den Benutzer! Ab jetzt geht alles weiter wie bei handelsüblichem WLAN: Man richtet die Antenne auf seinen nächsten Benutzereinstieg aus und wenn dieser gefunden wird, bestätigt man den Netzwerknamen. Man bekommt dann vom Benutzereinstieg automatisch eine IP-Adresse zugewiesen, deren erste Zahl „44" ist. Dies ist der Adressbereich, der weltweit nur für Amateurfunk-Anwendungen reserviert ist. Schon ist man zwar nicht im Internet, aber im Intranet der Funkamateure. Man braucht nicht einmal mehr spezielle Software für die alte Paket-Übertragung, sondern kann die gleichen Programme benutzen, die man auch im Internet benutzt. Hamnet ist also nichts anderes als auf den Amateurfunk angepasstes WLAN.

Hamnet ist aber nicht nur Textübertragung mit symmetrischen Übertragungsraten (also Download = Upload) bis zu 20 MBit/s sondern Funkamateure können über dieses schnelle Netz Videokonferenzen, Amateurfunkfernsehen (ATV) und dergleichen machen, ohne wie früher für diese Betriebsarten extra Hardware kaufen zu müssen.

Derzeit (2014) entstehen in vielen Regionen Deutschlands und Europas solche Netze, wie man eines aus dem Raum Köln-Aachen in folgendem Bild erkennen kann.

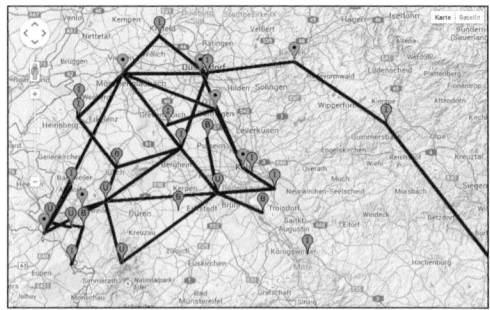

Bild 16-7: Beispiel für den Ausbau des Hamnets im Raum Köln-Aachen (Stand: Juli 2014)

APRS

APRS ist die Abkürzung aus dem amerikanischen *Automatic Position Reporting System*. Es arbeitet nach dem Prinzip von Packet Radio, nämlich kurze Datenpakete auf einer Frequenz auszusenden. Allerdings werden keine Zweiwegverbindungen aufgebaut, sondern die Datenpakete werden nur in eine Richtung (Simplex) nach einem interessanten Verteilerprinzip verbreitet.

Jede teilnehmende Station kann gleichzeitig auch Digipeater sein. Auf diese Art und Weise können Daten, wie zum Beispiel Wetterdaten, Positionsmeldungen, Messwerte an eine große Gruppe von Empfängerstationen weiter vermittelt werden. Die typische APRS-Frequenz ist 144,800 MHz.

Weil die APRS-Stationen ihre Position ständig melden, können diese auf der Empfängerseite mit Hilfe eines Computers auf einer Karte dargestellt werden. Dadurch kann man die Bewegung eines Fahrzeugs oder Schiffs sichtbar machen. Seitdem die Aktivitäten auf 2 m stark zurückgegangen, ist auch APRS etwas „aus der Mode" gekommen.

Mehr dazu auf der Website aprs.fi!

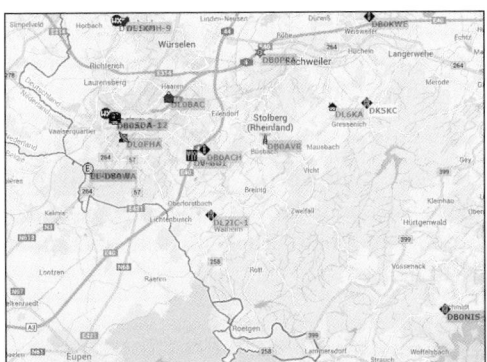

Bild 16-09: Auf einer Karte von Google Maps können Sie die Bewegungen der Mobilstationen mit eingeschaltetem APRS verfolgen.

PSK31

PSK31 ist ein Textübertragungsverfahren in PSK (*Phase Shift Keying*). Es arbeitet mit einer Bitrate von 31,25 Bit/s. PSK31 benötigt dadurch nur 31 Hz Bandbreite. Das ist nur ein Zehntel der Bandbreite von Telegrafie. Man kommt daher mit sehr geringen Sendeleistungen von typisch 5 W aus. Beantworten Sie die **Prüfungsfrage TE311**!

Diese derzeit sehr populäre Betriebsart wird mit Computer und Soundkarte durchgeführt. Bei den meisten Programmen werden die Signale im so genannten Wasserfall-Diagramm abgestimmt. Das heißt, mehrere empfangene Signale liegen alle im Durchlassbereich eines SSB-Filters (es wird immer USB verwendet!) und die Software zeigt parallel die Texte von mehreren Dutzend Stationen an. Per Mausklick kann dann auf die gewünschte Frequenz oder Station abgestimmt werden.

Seit einiger Zeit sind auch PSK63 mit 63 sowie PSK125 mit 125 Baud gebräuchlich. Diese haben aufgrund der gegenüber PSK31 etwa doppelten bzw. vierfachen Übertragungsrate eine höhere Bandbreite.

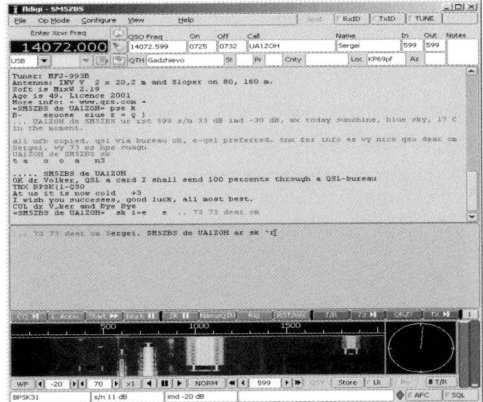

Bild 16-10: Typische Bildschirmdarstellung von PSK31 mit Empfangsfenster, Sendefenster und Wasserfalldiagramm (Freeware-Programm Fldigi)

AMTOR *)

AMTOR kommt von *Amateur Microprocessor Teleprinting Over Radio* und bedeutet Amateurfunk-Fernschreiben mit Hilfe eines Mikroprozessors. Es ist ein Verfahren mit hoher Übertragungssicherheit, da bei einer AMTOR-Verbindung die empfangende Station nach der Aussendung von drei Zeichen zur Quittierung des fehlerfreien Empfangs aufgefordert wird (ARQ, automatic repeat request). Beide Sender sind also immer wechselweise in Betrieb.

Die Übertragung der Signale geschieht wie bei RTTY durch Frequenzumtastung mit den gleichen Tönen und gleicher Shift. Allerdings werden die Dreierblöcke mit 100 Baud gesendet. Die Dreierblocks werden in einem Abstand von 450 ms gesendet, so dass der antwortenden Station eine Lücke von 240 ms verbleibt, ihr Kontrollzeichen zu senden. Die Zeit für die Empfangs-Sende-Umschaltung muss also in dieser Betriebsart sehr kurz sein. AMTOR wurde inzwischen durch das neuere und bessere Verfahren PACTOR verdrängt.

*) Diesen Abschnitt können Sie auslassen, wenn Sie sich nur für die Prüfung vorbereiten.

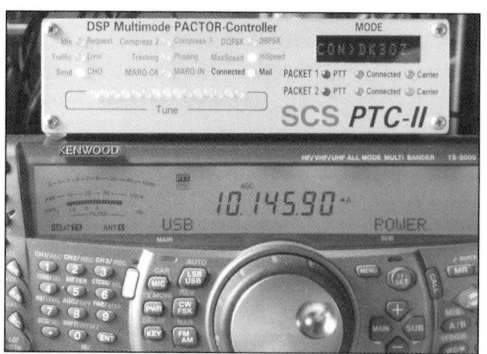

Bild 16-11: Pactor-Station, bestehend aus Kurzwellen-Transceiver und Pactor-Controller (PTC)

PACTOR

PACTOR kommt von *Packet Teleprinting Over Radio* und bedeutet Fernschreiben mit Hilfe eines Mikroprozessors in "Paketform" - ähnlich Packet Radio.

Pactor ist ein von DF4KV und DL6MAA weiterentwickeltes Verfahren von Amtor. Amtor wurde für die reine Textübertragung entwickelt. Pactor arbeitet wie Packet Radio mit einem Fehlerkorrekturverfahren, das so sicher ist, dass auch 8-Bit-Daten (zum Beispiel Programme) übertragen werden können. Es funktioniert noch bei sehr schwachen Signalen an der Rauschgrenze. Man benötigt also nur geringe Leistungen.

Bei PACTOR gibt es ähnlich wie bei Packet Radio aber eben weltweit auf Kurzwelle Mailboxen, in denen man Nachrichten an Funkamateure ablegen kann. Es gibt sogar Mailboxen, die eine Nachricht per Internet als E-Mail an den Empfänger weiter leiten. Damit kann man beispielsweise als Segler oder Mobilist Nachrichten an andere Funkamateure senden, mit denen man derzeit keine Verbindung aufbauen kann.

Nachteil: Für Pactor wird ein spezieller Controller benötigt (Bild 16-11), der Gebrauchsmuster geschützt ist und von Funkamateuren nicht nachgebaut werden darf. Die Anschaffung ist ziemlich teuer.

Hinweis: Zum Thema Pactor (Technik und Betriebstechnik) gibt es auf der Website des Autors eine ausführliche Beschreibung bei dj4uf.de.

Beantworten Sie die **Prüfungsfrage BE301** aus dem Fragenkatalog Betriebstechnik/Vorschriften.

ATV – SSTV

ATV bedeutet Amateurfunk-Fernsehen. Es ist ein Verfahren zur Übertragung von bewegten Bildern, wie es früher auch im analogen Fernsehen üblich war. Bei diesem Verfahren werden Bilder von zirka 800 mal 600 Bildpunkten in einer 25tel Sekunde übertragen. Dies ergibt 12 Millionen Bildpunkte in einer Sekunde.

Dieses Verfahren benötigt deshalb zirka 6 MHz Bandbreite. ATV-Betrieb ist ab 430 MHz aufwärts auf (fast) allen Amateurfunkbändern möglich. So z. B. auf dem 70-cm-, 23-cm-, 13-cm und 3-cm-Band. Die älteren Fernsehempfänger erlauben auf dem 70-cm-Band von 430 bis 440 MHz den direkten Empfang von ATV-Sendungen ohne zusätzlichen Konverter.

SSTV kommt von *slow scan television* und bedeutet Fernsehen mit langsamer Abtastung. Es wird für die Übertragung von Standbildern verwendet. Es werden Farbbilder mit einer Auflösung von 320 mal 240 Bildpunkten in 120 Sekunden übertragen.

Das SSTV-Signal wird direkt im Computer mit Hilfe der Soundkarte erzeugt. Am NF-Ausgang der Soundkarte erhält man das Modulationssignal, das man auf den Mikrofoneingang oder einen speziellen „Data-Eingang" des SSB-Senders gibt. Bei Empfang wird das NF-Signal aus dem Empfänger in den NF-Eingang der Soundkarte des Computers gegeben und das empfangene Bild auf dem Monitor dargestellt.

Bei SSTV verwendet man meistens Fotos vom Shack, der Antennenanlage oder der Landschaft aus der eigenen Umgebung und schreibt mit Hilfe des SSTV-Programms in diese Bilder mit großen Buchstaben die zu übertragenden Textinformationen hinein.

Bild 16-12: Typisches SSTV-Bild (Original: Farbe)

Die Anruffrequenzen für SSTV-Betrieb auf der Kurzwelle sind 3730, 7040, 14230, 21340 und 28680 kHz.

> Beantworten Sie die **Prüfungsfrage BB312** aus dem Fragenkatalog Betriebstechnik/Gesetze der BNetzA.

Faksimile (Fax)

Bei Fax werden Bilder zeilenweise abgetastet und in ein analoges Schwarzweiß- oder in drei Farbsignale umgewandelt und als Tonsignal im Frequenzbereich zwischen 1500 und 2300 Hertz übertragen.

Diese analoge Bildübertragung liefert eine sehr hohe Bildqualität, die man mit digitalen Verfahren nur bei sehr hoher Anzahl von Bildpunkten und somit recht hoher Dateigröße erreichen kann.

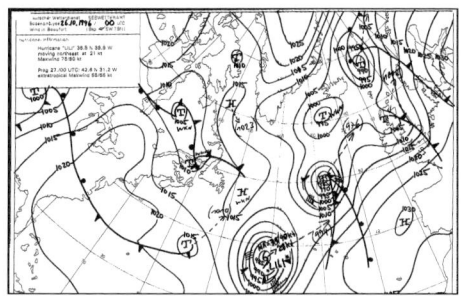

Bild 16-13: Typisches Fax-Bild (Wetterkarte)

147

Hellschreiben

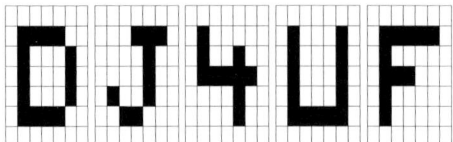

Bild 16-14: Darstellung der Buchstaben beim Hell-Verfahren

Beim *Siemens-Hell-Verfahren* denkt man sich alle Buchstaben, Ziffern und Zeichen in ein Raster von 7 · 7 Feldern eingezeichnet. Der Text wird dann zweizeilig geschrieben und spaltenweise mit einer Maschine abgetastet, so dass schwarze und weiße Felder durch 0 oder 1 übertragen werden können.

Auf der Empfangsseite werden diese Punkte durch eine Maschine wiederum auf Papier aufgezeichnet. Jeder Buchstabe wird also durch 49 Bit (das Ganze mal zwei) übertragen. Dadurch ist eine hohe Störsicherheit gegeben. Der Text bleibt lesbar, auch wenn durch Störungen mehrere Bit falsch dargestellt werden. Dieses „Hellschreiben" wird auch im Amateurfunk von Spezialisten verwendet. Es wird heutzutage natürlich mit einem Computer nachempfunden. Auch hierbei wird AFSK (audio frequency shift keying) angewendet, indem die beiden Farben schwarz und weiß in zwei Töne umgewandelt werden und diese dann in SSB übertragen werden.

Echolink

Mehr und mehr wird auch beim Amateurfunk die Anbindung an das Internet genutzt. Beim Echolink-Verfahren werden Repeater über das Internet miteinander verbunden. Jeder solcher Repeater hat eine Knotennummer. Mit einem Handfunkgerät kann man sich mit einem solchen Repeater verbinden, dann mit Hilfe einer "DTMF-Tastatur" die gewünschte Knotennummer eingeben und das Signal wird dann an dem entfernten Digipeater weltweit ausgesendet.

Zur Nummernwahl werden die gleichen Töne wie beim Telefon verwendet. Manche Mikrofone haben eine solche DTMF-Tastatur integriert. Die Funkbetriebstechnik unterscheidet sich ein wenig von der des Funkbetriebs auf den FM-Kanälen, weil die Übertragung oft eine Verzögerung von einigen Sekunden verursacht.

Mit Echolink ist es möglich, über eine handliche mobile Funkstation im 2-m- oder 70-cm-Band und natürlich entsprechenden Relais oder einem PC mit dem Echolink-Programm, mit einem Funkamateur z.B. in Australien in Verbindung zu treten, was sonst so nur auf der Kurzwelle unter günstigen Bedingungen, über Amateurfunksatelliten (OSCAR) oder per EME-Verbindung (Erde-Mond-Erde) möglich ist.

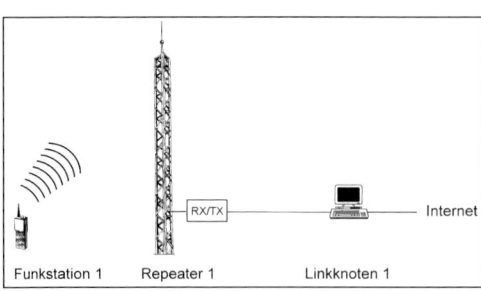

Bild 16:15 Der Echolink-Einstieg

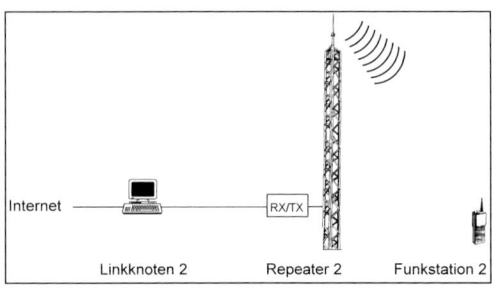

Echolink - Ausgangsseite

Kapitel 17: Messtechnik

Nicht nur beim Selbstbau von Funkgeräten oder Zubehör, auch beim normalen Funkbetrieb spielt die Messtechnik eine Rolle, nämlich dann, wenn die Leistung des Senders oder die Anpassung an die Antenne ermittelt werden soll.

Übersicht

- Analog anzeigende Messgeräte
- Digital anzeigende Messgeräte
- Oszilloskop
- PEP-Leistung
- SWR
- Stehwellenmessgerät
- Dummy Load

In der Messtechnik unterscheidet man *Messen* und *Prüfen*. Prüfen ist das Feststellen der Funktionsfähigkeit einer Anlage mit Hilfe von Geräten. Man kann zum Beispiel mit einer Lampe prüfen, ob Spannung an den Klemmen eines Akkumulators vorhanden ist. Erst mit einem Spannungsmessgerät kann man die Höhe der Spannung auch messen. Zunächst geht es um Grundlagen zur Messtechnik.

Analoge Messgeräte

Die meisten analog anzeigenden Messgeräte funktionieren nach dem elektrodynamischen Prinzip. Dabei erzeugt die zu messende elektrische Größe zwischen dem feststehenden Messwerkteil und dem beweglichen Organ (Bild 17-1) ein mechanisches Drehmoment. Meistens erzeugt der Strom in einer Drehspule, welche in einem konstanten Magnetfeld angeordnet ist, eine entsprechende Kraftwirkung. Der Zeigerausschlag ist proportional zu dem durch die Messwerkspule fließenden Strom.

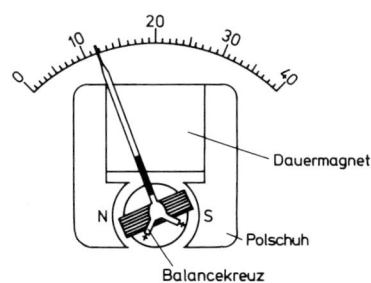

Bild 17-1: Drehspulmesswerk

Bearbeiten Sie die **Frage TJ101**.

Kapitel 17: Messtechnik

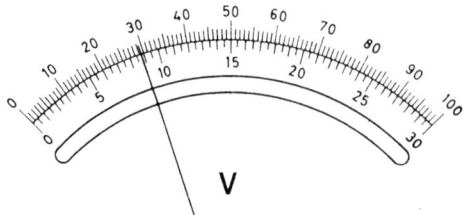

Bild 17-2: Skala eines analogen Vielfachspannungsmessers

Frage: Wie groß ist die Spannung, die der Spannungsmesser in dem Bild 17-2 anzeigt?

Diese Frage ist allein mit der Zeigerstellung nicht zu beantworten. Bei einem Vielfachmessgerät muss der eingeschaltete Bereich (Endausschlag) bekannt sein. Deshalb wird die Frage erweitert.

Prüfungsfrage TJ205 Wie groß ist die Spannung, wenn ein Bereich von 10 Volt eingeschaltet ist?

Lösung: Die obere Skala gilt. Ich lese 29,3 Skalenteile von 100 ab. Dann ist die derzeitige Spannung 29,3/100 mal 10 Volt, also 2,93 V.

Bei Zeigerinstrumenten treten Ablesefehler auf, wenn man anstatt genau von oben, schräg von der Seite auf die Skala schaut, wie man dies im Bild 17-3 erkennt. Man nennt dies *Parallaxenfehler*.

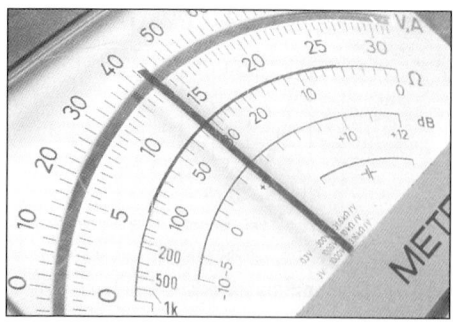

Bild 17-3: Parallaxenfehler

Digitale Messgeräte

Bild 17-4: Digitalanzeige

Ein Vorteil digital anzeigender Messgeräte ist, dass Ablesefehler weitgehend vermieden werden. Aber die Messgenauigkeit von billigen Digitalmultimetern ist oft geringer als die von guten analog anzeigenden Messgeräten. Bei digitalen Spannungsmessern ist neben der Genauigkeitsklasse noch die Messunsicherheit der letzten Ziffer der digitalen Anzeige mit ±1 Stelle zu berücksichtigen.

Allerdings benötigen digital anzeigende Geräte immer eine Batterie, während es analoge Messgeräte gibt, die rein passiv arbeiten und keine Stromquelle benötigen. Einen weiteren Nachteil haben digital anzeigende Messgeräte. Man kann nicht so leicht den Verlauf einer Spannung oder eines Stroms beobachten, wenn man beispielsweise einen Akku lädt. Man muss sich bei einem Digitalmessgerät immer einen Zahlenwert merken und rechnen, was sich inzwischen geändert hat. Bei der analogen Anzeige kann man die geringfügigen Bewegungen des Zeigers direkt verfolgen.

Digitale Messgeräte werden meistens als so genannte *Multimeter* ausgeführt. Sie dienen außer der Spannungs- und Strommessung auch der Messung von Widerständen, Dioden und häufig auch noch Kapazitäten, Induktivitäten, Leistungen oder Frequenzen (siehe Bild 17-5 nächste Seite).

Kapitel 17: Messtechnik

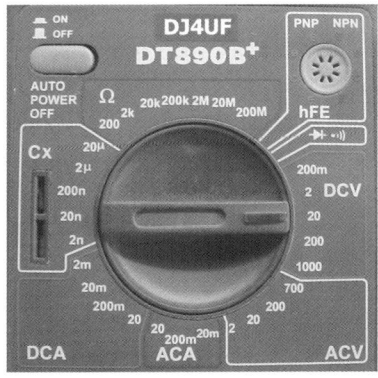

Bild 17-5: Messbereiche eines Multimeters

Mit dem in Bild 17-5 dargestellten Multimeter kann man folgende Größen messen.
- Gleichspannung (DCV)
- Wechselspannung (ACV)
- Wechselstrom (ACA)
- Gleichstrom (DCA)
- Kapazitäten (C_x)
- Widerstände (Ω)
- Stromverstärkung Transistor (h_{FE})
- Durchgangsprüfer mit Signalton

Digital anzeigende Multimeter sind im Umgang ziemlich robust. Es ist nicht schlimm, wenn man einen Messbereich überschreitet. Diese Geräte haben meistens mehrere eingebaute Schutzfunktionen. Nur der hohe Strombereich ist häufig ungeschützt. Deshalb gibt es dafür meistens eine eigene Buchse (Bild 17-6).

Die Messschnüre steckt man folgendermaßen in die Buchsen. Das schwarze Messkabel kommt immer in den Anschluss COM (common = gemeinsam).

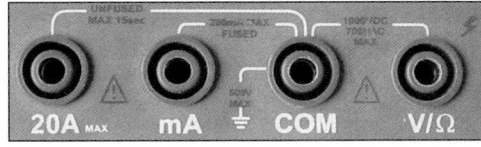

Bild 17-6: Eingangsbuchsen des Multimeters

Zur Messung einer Spannung oder eines Widerstandes kommt das rote Kabel in die Buchse V/Ω. Zur „normalen" Strommessung kommt die rote Messschnur in die Buchse mA (Milliampere). Nur, wenn man größere Ströme im Amperebereich messen will, kommt das rote Kabel in die Buchse 20 A. An dieser Buchse steht dran, dass man die maximal 20 A aber auch nur kurzzeitig (maximal 15 Sekunden lang) messen darf.

Wahrscheinlich wird sonst der Messgerätewiderstand (Shunt) zu warm. Außerdem steht „unfused" dabei, was ungesichert (keine Sicherung) bedeutet. Durch einen zu hohen Strom über 20 A kann man also das Messgerät zerstören. Bei Strommessungen muss man immer vorsichtig sein.

Ein wichtiges Kriterium bei digitalen Messgeräten ist die *Auflösung*. Es bedeutet die kleinste Unterteilung der Anzeige, also welchen kleinsten Wert das Messgerät noch unterscheiden kann.

> **Prüfungsfrage TJ102**
> Die Auflösung eines Messinstrumentes entspricht ...

... der kleinsten Einteilung der Anzeige.

Spannungs- und Strommessung

Messgeräte zur Spannungsmessung werden grundsätzlich zur zu messenden Spannung parallel geschaltet. Strommesser müssen in Reihe in den Stromkreis geschaltet werden. Häufig ist das Auftrennen des Stromkreises schwierig, um einen Strom messen zu können. Dann hilft man sich so, indem man an einem vorhandenen Widerstand die Spannung misst und den Strom berechnet. Dies nennt man *indirekte Strommessung*.

Kapitel 17: Messtechnik

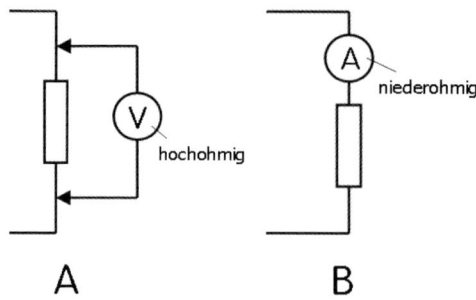

Bild 17-7: Spannungsmessung (A) und Strommessung (B)

Damit bei einer Spannungsmessung die Messung nicht verfälscht wird, sollte möglichst wenig Strom durch das Messgerät abfließen. Deshalb müssen *Spannungsmesser* möglichst *hochohmig* sein. *Strommesser* dagegen müssen *niederohmig* sein, damit an ihrem Innenwiderstand nicht zu viel Spannung verloren geht.

> **Prüfungsfrage TJ202**
> Wie wird ein Spannungsmesser an Messobjekte angeschlossen und welche Anforderungen muss das Messgerät erfüllen, damit der Messfehler möglichst gering bleibt?

Lösung: Der Spannungsmesser ist parallel zum Messobjekt anzuschließen und sollte hochohmig sein.

> **Prüfungsfrage TJ201**
> Siehe Anhang 1: Schauen Sie sich die Schaltungen der Auswahlantworten genau an!

Lösung A ist richtig, denn nur hier ist der Spannungsmesser parallel und der Strommesser in Reihe zum Lastwiderstand geschaltet. Schaltung B erzeugt über den Strommesser einen Kurzschluss. Bei den Schaltungen C und D kann kein Laststrom fließen.

Oszilloskop

Mit einem Oszilloskop werden Zeitverläufe von Spannungen sichtbar gemacht. Die Anzeige erfolgt entweder mit einer Elektronenstrahlröhre (auch KO Katodenstrahloszilloskop genannt) oder mit einem LC-Display.

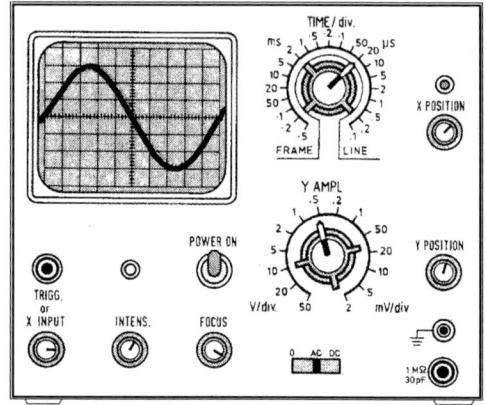

Bild 17-8: Oszilloskop

Der Wert einer Spannung kann mit dem eingestellten *Ablenkfaktor* (Y-Amplitude) bestimmt werden. Als Ablenkfaktor wird der Spannungswert angegeben, der notwendig ist, um den Leuchtpunkt um eine Rastereinheit zu verschieben. Der Ablenkfaktor wird durch die Abschwächer beeinflusst und ist von außen einstellbar.

> **Beispiel** a) Wie groß ist der Spitze-Spitze-Wert der angelegten Wechselspannung (Bild 17-8), wenn der Y-Ablenkfaktor auf 0,5 V/div (Volt pro Teilung) eingestellt ist?
> b) Wie groß ist die Periodendauer der Schwingung, wenn für die X-Ablenkung eine Zeit von 20 µs/div eingestellt ist?

Lösung
a) $U_{ss} = 6 \cdot 0{,}5 \text{ V} = 3 \text{ V}$
b) $T = 10 \cdot 20 \text{ µs} = 200 \text{ µs}$

Mit dem Oszilloskop können Gleich- und Wechselspannungen gemessen werden. Bei Wechselspannungen liest man den Spitze-Spitze-Wert ab, teilt durch zwei und erhält den Spitzenwert und berechnet daraus den Effektivwert (Siehe Kapitel 3).

Prüfungsfrage TJ203 Die Zeitbasis eines Oszilloskops ist so eingestellt, dass ein Skalenteil 0,5 ms entspricht. Welche Frequenz hat die angelegte Spannung?

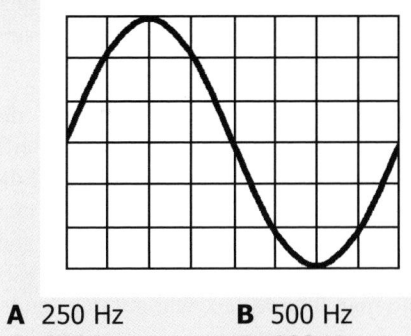

A 250 Hz   B 500 Hz
C 667 Hz   D 333 Hz

Lösung
Zeichen Sie eine Mittellinie ein! Insgesamt sind es 6 Teilungen vertikal, die Hälfte ist drei. Wenn Sie dort eine Mittellinie einzeichnen, können Sie als Periodendauer acht Skalenteile ablesen. 8 · 0,5 ms = 4 ms und 4 ms ergeben 250 Hz.

TJ107 Für welche Messungen verwendet man ein Oszilloskop? Ein Oszilloskop verwendet man, um ...

... Signalverläufe sichtbar zu machen, um Verzerrungen zu erkennen.

TJ108 Welches der folgenden Geräte wird für die Anzeige von NF-Verzerrungen verwendet?

Lösung: Ein Oszilloskop

SWR

Zur Überprüfung der Anpassung des Senders an die Antenne verwendet ein Funkamateur ein Stehwellenmessgerät (SWR-Meter). Was Stehwellen sind und was SWR bedeutet, wurde in diesem Lehrgang in Kapitel 10 schon ein wenig beschrieben. Hier folgt noch eine Ergänzung im Rahmen der Messtechnik. Die Formel für die Berechnung des SWR (s) ist (Siehe Formelsammlung BNetzA im Anhang 3 dieses Buches).

$$s = \frac{U_{max}}{U_{min}} = \frac{U_v + U_r}{U_v - U_r}$$

Beispiel
Mit einem Richtkoppler (Stehwellenmessbrücke) wurde die vorlaufende Welle mit 1 V gemessen und die rücklaufende Welle mit 0,5 V. Wie groß ist das Stehwellenverhältnis?

Lösung

$$s = \frac{1V + 0,5V}{1V - 0,5V} = \frac{1,5V}{0,5V} = 3$$

Wenn die Hälfte der Spannung reflektiert wird, ergibt sich ein Stehwellenverhältnis von 3.

Für den Sonderfall, dass keine Hochfrequenz reflektiert wird ($U_r = 0$), ergibt sich folgendes SWR.

$$s = \frac{1+0}{1-0} = \frac{1}{1} = 1$$

Bei einem Stehwellenverhältnis von 1 liegt optimale Anpassung vor.

Prüfungsfrage TH401 Bei welchem SWR ist eine Antenne am besten an die Leitung angepasst?

Kapitel 17: Messtechnik

Messung des SWR

Ein *SWR-Meter* besteht im Prinzip aus einem *Richtkoppler* (siehe Aufbaulehrgang Klasse A Kapitel 16 und 19) mit einer Anzeige für die vorlaufende und die rücklaufende Welle. Die Anzeige kann ein umschaltbares analoges Messinstrument sein, oder es sind zwei Instrumente (eines für U_v und eines für U_r), oder es gibt Geräte mit einem Kreuzzeigerinstrument. Um die Funktionsweise ein wenig zu verstehen, folgt eine Rechenaufgabe.

> **Aufgabe 16-2**
> Berechnen Sie das Stehwellenverhältnis, wenn für die vorlaufende Welle ein Wert von 100 Einheiten und für die rücklaufende Welle folgende Werte gemessen wurden.
> a) 10, b) 20, c) 33,3, d) 50, e) 66

Lösungen: a) 1,22, b) 1,5, c) 2, d) 3, e) 4,9

Trägt man Werte für das (V)SWR in eine Skala eines Messgerätes ein, hat man die Anzeige für ein Stehwellenmessgerät (Bild 17-9).

> **Ableseübung**
> Wie groß ist das (V)SWR, wenn der Zeigerausschlag bei a) 10, b) 20, c) 33, d) 50 e) 66 (µA) steht?

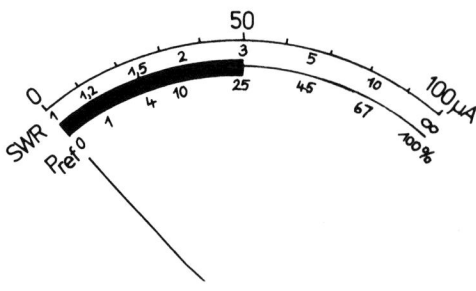

Bild 17-9: Skala eines Stehwellenmessgerätes

> **Prüfungsfrage TH406** Am Eingang einer Antennenleitung misst man ein VSWR von 3. Wie groß ist in etwa die rücklaufende Leistung am Messpunkt, wenn die vorlaufende Leistung dort 100 Watt beträgt?
> A 12,5 W   B 25 W
> C 50 W   D 75 W

Lösung: Aus Bild 17-9 erkennen Sie: Bei einem VSWR von 3 wird 25 % der Leistung reflektiert. Grund: Halbe Spannung ergibt halben Strom, also ein Viertel der Leistung. Ein Viertel der Leistung von 100 W sind natürlich 25 W.

Das Stehwellenmessgerät wird an der Stelle einer Antennenanlage eingeschleift, wo das SWR bestimmt werden soll. Soll die Antenne selbst überprüft werden, setzt man das SWR-Meter zwischen Antennenkabel und Antenneneingang (Bild 17-10 SWR2). Möchte man überprüfen, wie gut der Sender an die gesamte Antennenanlage mit Kabeln und Stecker angepasst ist, schleift man das SWR-Meter an der Stelle SWR1 ein.

> **Prüfungsfrage TJ206** An welcher Stelle einer Antennenanlage muss ein SWR-Meter eingeschleift werden, um Aussagen über die Antenne selbst machen zu können?

Lösung: Das SWR-Meter muss zwischen Antennenkabel und Antenne eingeschleift werden (SWR2 in Bild 17-10).

> Bearbeiten Sie die **Prüfungsfragen TJ209** bis **TJ211**.

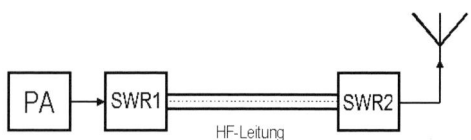

Bild 17-10: SWR1 und SWR2 sind die Stellen, an denen das SWR gemessen werden soll.

Kapitel 17: Messtechnik

Messungen an SSB-Sendern

Um das SSB-Signal auf einem Oszilloskop anzuzeigen, muss man den Sender mit zwei Tönen gleicher Amplitude modulieren, denn bei Modulation mit einem Ton entsteht nur eine Frequenz und das Signal sieht aus wie ein unmodulierter Träger (CW).

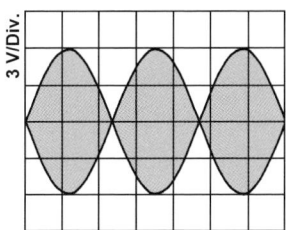

Bild 17-11: Zweiton-SSB-Testsignal

> Bearbeiten Sie hierzu die **Prüfungsfragen TE105** und **TE106**!

Tipp zu TE106: Es gibt keinen Träger.

PEP-Leistung

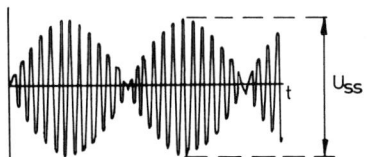

Bild 17-12: Messung der PEP-Leistung

Bei SSB-Sendern wird meistens die *Spitzen-Hüllkurvenleistung PEP* angegeben. Das ist der Effektivwert der Leistung für den höchsten Punkt der Hüllkurve, bevor der Sender übersteuert. Zur Messung wird der Sender mit einem Zweitonsignal ausgesteuert und an einer 50-Ω-Dummy-Load die Spitzenspannung gemessen oder mit einem Oszilloskop angezeigt und daraus der Effektivwert berechnet.

> Bearbeiten Sie die **Prüfungsfragen TE105** und **TG304!**

Dummy Load

Das wichtigste Zubehör in der Hochfrequenzmesstechnik ist der 50-Ohm-Widerstand, den man auch *künstliche Antenne* oder *Dummy Load* (wird englisch ausgesprochen: dammi lohd) nennt.

Eine solche Dummy Load lässt sich selbst herstellen. (Siehe www.dj4uf.de). Allerdings muss man darauf achten, dass der Widerstand die Senderleistung auch verträgt. Wegen der Induktivität ist ein Drahtwiderstand dafür ungeeignet.

> Bearbeiten Sie die **Prüfungsfragen TC109, TJ109** und **TJ110.**

Dipmeter

Mit einem so genannten Dipmeter (Dip = Einbruch) kann man Resonanzfrequenzen von Schwingkreisen und Antennen messen. Ein Dipmeter (Dipper) ist im Prinzip ein Oszillator, bei welchem die Schwingkreisspule nach außen geführt wird, um den Schwingkreis dieses Oszillators durch das Messobjekt zu beeinflussen, so dass der Oszillator nicht mehr so gut schwingt. Der Rückgang der Schwingamplitude wird durch eine Anzeige sichtbar gemacht.

Bei der Messung nähert man sich dem Messobjekt und verändert die Frequenzeinstellung am Dipmeter bis man eine Reaktion der Anzeige bemerkt. Dann vergrößert man den Abstand, um eine möglichst lose Kopplung zu erhalten, damit man den Schwingkreis nicht verstimmt. Geeignet ist dieses Gerät, um die Resonanzfrequenz von passiven Schwingkreisen (z.B. *Traps* von einer W3DZZ-Antenne) zu ermitteln.

> Bearbeiten Sie die **Prüfungsfragen TJ103, TJ104** und **TJ105.**

Kapitel 18: EMV und Sicherheit

Als Funkamateur hat man natürlich die Verantwortung für seine Funkgeräte und Antennen, einerseits was störende Beeinflussungen angeht und andererseits, was die Sicherheit von Sachen und Personen angeht.

Übersicht
- Störungen
- Störende Beeinflussungen
- Störungsbeseitigung
- Personenschutz (EMVU)
- Berührschutz
- Antennenerdung
- Blitzschutz
- Mechanische Sicherheit

Störungen

Störungen liegen dann vor, wenn unerwünschte Nebenausstrahlungen vom Sender verursacht werden, die eventuell direkt in den Empfangskanal eines anderen Gerätes fallen. *Störende Beeinflussungen* entstehen, wenn der Sender zwar einwandfrei auf seiner Sollfrequenz arbeitet, aber durch seine Feldstärke den Empfang auf anderen Frequenzen beeinflusst.

Unerwünschte Aussendungen des Amateurfunksenders können durch Oberwellen oder Nebenausstrahlungen entstehen. Oberwellen sind Vielfache der Grundfrequenz, die durch Nichtlinearitäten im Sender hervorgerufen werden.

Nebenausstrahlungen können *mischfrequente* Aussendungen sein, die im Zuge der Erzeugung der Sendefrequenz gebildet werden und nicht ausreichend gefiltert werden. Die Nebenausstrahlungen eines Senders dürfen bestimmte vorgeschriebene Grenzen nicht überschreiten. Das eigene Signal darf mit seiner Bandbreite die für den Amateurfunk festgelegten Frequenzbereiche nicht überschreiten.

Bis 25 Watt	Über 25 Watt
Kurzwellensender:	
max. +4 dBm	Mind. 40 dB gedämpft
VHF-/UHF-Sender:	
max. -16 dBm	Mind. 60 dB gedämpft

Prüfungsfrage TK104
Bei der Überprüfung des Ausgangssignals eines 75-Watt-Kurzwellen-Senders sollte die Dämpfung der Oberwellen in Bezug auf die Leistung der Betriebsfrequenz mindestens
A 20 dB betragen.
B 40 dB betragen.
C 60 dB betragen.
D 100 dB betragen.

Lösungshinweis: Siehe Tabelle oben!

Prüfungsfrage TK203
Die Übersteuerung eines Leistungsverstärkers führt zu ...
A lediglich geringen Verzerrungen beim Empfang.
B einer besseren Verständlichkeit am Empfangsort.
C einer Verringerung der Ausgangsleitung.
D einem hohen Nebenwellenanteil.

Prüfungsfrage TK204
Die gesamte Bandbreite einer FM-Übertragung beträgt 15 kHz. Wie nah an der Bandgrenze kann ein Träger übertragen werden, ohne dass Außerbandaussendungen erzeugt werden?

Lösung: Bei FM wird die Frequenz durch Modulation symmetrisch nach oben und nach unten verändert. 15 kHz Bandbreite verteilen sich also zu ±7,5 kHz. Man kann also bis 7,5 kHz an die Bandgrenze gehen.

Störende Beeinflussungen

Zu den störenden Beeinflussungen im Senderfrequenzbereich gehören zum Beispiel Intermodulation und Zustopfeffekte. Intermodulation entsteht, wenn zwei oder mehr starke Signale die Mischstufe des Empfängers übersteuern und Phantomsignale erzeugen, die beim Einschalten des Abschwächers im Empfänger verschwinden.

Prüfungsfrage TK101
Wie äußert sich Zustopfen bzw. Blockierung eines Empfängers?

Antwort: Durch den Rückgang der Empfindlichkeit und ggf. Auftreten von Brodelgeräuschen.

Prüfungsfrage TK102
Welche Effekte werden durch Intermodulation hervorgerufen?

Antwort: Es treten Phantomsignale auf, die bei Einschalten eines Abschwächers verschwinden.

Prüfungsfrage TK103
Welche sofortige Reaktion ist angebracht, wenn der Nachbar sich über HF-Störungen beklagt?

Antwort: Sie bieten höflich an, die erforderlichen Prüfungen in die Wege zu leiten.

Prüfungsfrage TK107
Wie nennt man die elektromagnetische Störung, die durch die Aussendung des reinen Nutzsignals beim Empfang anderer Frequenzen in benachbarten Empfängern auftreten kann?

Antwort: Blockierung oder störende Beeinflussung.

Einströmungen und Einstrahlungen

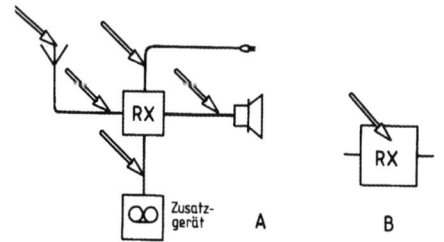

Bild 18-1: A: Einströmung   B: Einstrahlung

Störende Beeinflussungen entstehen dadurch, dass starke Sendersignale in der Nachbarschaft irgendwie in den Verstärkerkanal des Rundfunk- oder Fernsehempfängers gelangen und dann entweder Übersteuerungseffekte auftreten oder Einfluss auf die Regelspannung besteht. Sie lassen sich grundsätzlich nur auf der Empfängerseite beheben, wenn die Senderleistung nicht reduziert werden soll.

Die störende Hochfrequenzenergie gelangt entweder durch *Einströmung* oder durch *Einstrahlung* in den Empfänger. Einströmungen liegen dann vor, wenn die HF über Leitungen oder Kabel in das gestörte Gerät gelangt. Dies kann über die Antenne und die Antennenzuführung passieren oder auch über Verbindungsleitungen des Gerätes mit anderen Geräten oder den weit abgesetzten Lautsprechern. Bei einer Einstrahlung dagegen gelangt das störende HF-Signal über das ungenügend abgeschirmte Gehäuse direkt in die Elektronik.

Die Einströmungen und Einstrahlungen können dazu führen, dass an PN-Übergängen von Transistoren eine Gleichrichtung stattfindet, die dann den Arbeitspunkt verändert und dadurch zu Zustopfeffekten führt oder das NF-Signal im Lautsprecher hörbar wird.

Für die Beseitigung der Störungen muss zunächst am Empfangsgerät geprüft werden, ob es sich um eine Einströmung oder eine Einstrahlung handelt. Denn Störungen durch Einströmungen lassen sich relativ einfach von außen durch Vorschalten von entsprechenden Filtern beseitigen. Einstrahlungen lassen sich nur durch Abschirmung des Gehäuses oder der entsprechenden Baugruppe verhindern.

Aber auch eine Ableitung an der Stelle der Elektronik, wo die Übersteuerung auftritt, kann Abhilfe sein. Dafür ist aber ein Eingriff in die Elektronik nötig, was man allenfalls an eigenen Geräten, nicht aber bei fremden Geräten machen sollte. Ist die Stelle der Einströmung eindeutig lokalisiert, kann man mit dem Zwischenstecken von Entstörfiltern beginnen.

> **Prüfungsfrage TK105**
> In welchem Fall spricht man von Einströmungen bei EMV?

Richtige Antwort: Einströmungen liegen dann vor, wenn die HF über Leitungen oder Kabel in das zu überprüfende Gerät gelangt.

> **Prüfungsaufgabe TK201**
> Wie kommen Geräusche aus den Lautsprechern einer abgeschalteten Stereoanlage möglicherweise zustande?

Richtige Antwort: Durch Gleichrichtung starker HF-Signale in der NF-Endstufe der Stereoanlage.

> **Prüfungsfrage TK302**
> Ein Sender sollte so betrieben werden, dass ...
> (Auswahlantworten: Siehe Anhang 1!)

... er keine unerwünschten Aussendungen hervorruft.

Beseitigung von Störungen und störenden Beeinflussungen

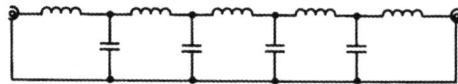

Bild 18-2: Schaltung eines fünfgliedrigen Tiefpasses

Um die Störwahrscheinlichkeit zu verringern, sollte die benutzte Sendeleistung auf das für eine zufrieden stellende Kommunikation erforderliche Minimum eingestellt werden.

> Bearbeiten Sie die **Prüfungsfrage TK307!**

Oberwellen- und Nebenwellenausstrahlungen von Sendern lassen sich mit einem Tiefpass am Senderausgang beseitigen. Grundsätzlich lassen sich solche Filter leicht selber bauen, aber wenn sie eine hohe Sperrdämpfung haben sollen, ist die Dimensionierung besonders für Tiefpassglieder bei hohen Frequenzen recht kritisch, so dass oft nur spezielle Computerprogramme bei der Berechnung weiter helfen.

Es gibt kommerzielle Tiefpassglieder für Kurzwellensender, die bis 30 MHz keine nennenswerte Dämpfung und oberhalb von 30 MHz eine hohe Dämpfung haben /Bild 18-2). Für Sender im 2-m-Band oder 70-cm-Band gibt es Tiefpassfilter mit entsprechend höheren Grenzfrequenzen. Die obere Grenzfrequenz f_g wird bei 3 dB Leistungsabfall angegeben.

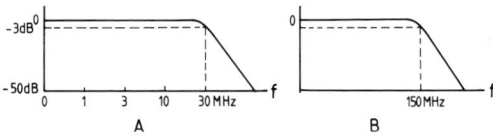

Bild 18-3: Dämpfungsverlauf von Tiefpassfiltern
A: f_g = 30 MHz, B: f_g = 150 MHz

Mit Tiefpassfiltern lassen sich Oberwellen unterdrücken. Schwieriger wird es, Nebenwellenausstrahlungen zu unterdrücken, deren Frequenzen niedriger als die höchste Nutzfrequenz sind. In diesem Fall kann kein Tiefpass verwendet werden. Sofern es sich um eine feste Störfrequenz handelt, die sich beim Verändern der Senderfrequenz nicht ändert, kann ein Sperrkreis oder ein Saugkreis an geeigneter Stelle im Sender eingesetzt werden.

Für das Vorschalten von Filtern muss man unterscheiden, ob die störenden Beeinflussungen oberhalb oder unterhalb der Sendefrequenz auftreten. Treten störende Beeinflussungen auf Kurzwelle bei einem Rundfunkempfänger auf Mittelwelle auf, sollte durch einen Tiefpass vor dem Empfänger dafür gesorgt werden, dass der tiefer liegende Mittelwellenbereich (ca. 0,5 bis 1,6 MHz) ungedämpft durchgelassen wird und der Kurzwellenbereich 3 bis 30 MHz gesperrt wird (Bild 18-4).

> Bearbeiten Sie die **Prüfungsfrage TK202!**

Treten die Störungen beim Sendebetrieb im 2-Meter- oder 70-cm-Band auf, wird ein Sperrfilter für die Sendefrequenz vor dem Empfänger die beste Wirkung zeigen. Sperrfilter aus Spulen und Kondensatoren werden meistens als Pi-Filter ausgelegt.

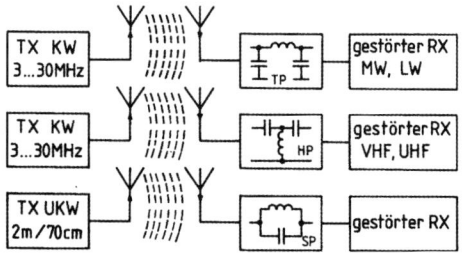

Bild 18-4: Auswahl von Tiefpass, Hochpass oder Sperrfilter

> **Prüfungsaufgabe TK308**
> Welches Filter sollte im Störungsfall für die Dämpfung von Kurzwellensignalen in ein Fernsehantennenkabel eingeschleift werden?
> **A** Ein Hochpassfilter.
> **B** Ein Tiefpassfilter.
> **C** Eine Bandsperre für die Fernsehbereiche.
> **D** Ein regelbares Dämpfungsglied.

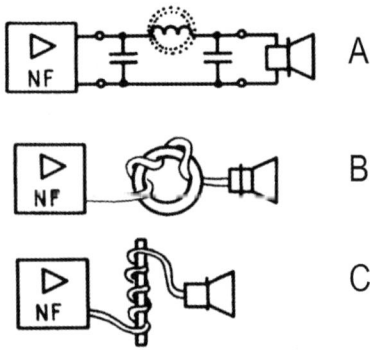

Die störenden Kurzwellenfrequenzen sind weit unterhalb der gewünschten Fernsehempfangsfrequenzen, die man eigentlich nur durchlassen möchte. Also muss man ein Hochpassfilter einschalten. Gleiches gilt für die **Prüfungsfrage TK309**.

Hilft dies allein nicht oder kommen die Einströmungen möglicherweise über die Zuleitungen von angeschlossenen elektronischen Geräten (CD-Player, Videorecorder) in den gestörten Verstärker, kann man Entstördrosseln vor die Leitungsanschlüsse setzen oder versuchen, mit Klappkernen aus Ferritmaterial, wie man sie im Computerzubehör finden kann, eine Entstörung zu bewirken. Bearbeiten Sie die Frage **TK314**!

> **Prüfungsfrage TK310**
> Welches Filter sollte im Störungsfall vor die einzelnen Leitungsanschlüsse eines UKW- oder Fernsehrundfunkgeräts oder angeschlossener Geräte eingeschleift werden, um Kurzwellensignale zu dämpfen?

Bei Einströmungen über die Leitungen zu den Lautsprecherboxen werden in jede Zuleitung Tiefpassfilter eingeschleift. Diese Tiefpassfilter sollen den NF-Frequenzbereich bis zirka 100 kHz ungehindert durchlassen, aber HF-Einströmungen verhindern. Eine Skizze über weitere Möglichkeiten zeigt folgendes Bild.

Bild 18-5: Beseitigung von störenden Beeinflussungen bei Einströmung über Lautsprecherleitungen

Diese Filter bestehen aus Tiefpässen mit Ringkerndrosseln und Kondensatoren (Bild 18-5 A). Manchmal hilft auch folgende einfache Methode. Man zieht die Lautsprecherleitung mehrfach durch einen Ringkern (B) oder wickelt einen Teil der Leitung auf einen Ferritstab (C).

Kommen die Einströmungen nicht über die Antennenzuleitung sondern über die Netzzuleitung im gleichen Haus, wo die Funkanlage betrieben wird, sollte zunächst die Netzleitung des Senders über ein Breitbandnetzfilter verdrosselt werden (Bild 18-6). Ein gleiches Filter kann in die Netzleitung des gestörten Empfängers eingeschleift werden. Solche Netzfilter sind im Amateurfunk-Zubehörhandel erhältlich.

> Bearbeiten Sie die **Prüfungsfragen TK313, TK314** und **TK316**.

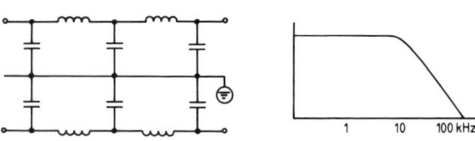

Bild 18-6: Schaltung und Durchlassbereich eines Breitbandnetzfilters

Direkteinstrahlungen liegen dann vor, wenn beim Entfernen sämtlicher Zuleitungskabel und Einfügung einer Netzverdrosselung noch immer störende Beeinflussungen vorhanden sind. Sie treten besonders bei Amateursendern auf, die mit maximal zulässigen Senderleistungen und Richtantennen mit hohem Gewinn arbeiten. Oder sie treten auf, wenn sich die Sendeantenne räumlich sehr nah an dem Rundfunk- oder Fernsehempfänger befindet.

> **Prüfungsaufgabe TK106**
> In welchem Fall spricht man von Einstrahlungen bei EMV? Einstrahlungen liegen dann vor, wenn die HF
> **A** über nicht genügend geschirmte Kabel zum gestörten Empfänger gelangt.
> **B** über Leitungen oder Kabel in das gestörte Gerät gelangt.
> **C** über das ungenügend abgeschirmte Gehäuse in die Elektronik gelangt.
> **D** wegen eines schlechten Stehwellenverhältnisses wieder zum Sender zurück strahlt.

Lösung: Hier wird nach Einstrahlungen und nicht nach Einströmungen gefragt. Antwort C ist die richtige Lösung.

Die Beseitigung von Störungen durch Einstrahlungen sollte vom Funkamateur nicht selbst vorgenommen werden. Man sollte dem gestörten Nachbarn empfehlen, sich an den Funkstörungsmessdienst mit der bundeseinheitlichen Rufnummer (Funkstörungsannahme: 0180-3232323) zu wenden.

Keinesfalls sollte man versuchen, die Erhöhung der Einstrahlfestigkeit durch Manipulationen im Gerät selbst vorzunehmen. Für später auftretende Fehler am Gerät werden Sie sonst irgendwann verantwortlich gemacht.

Vorbeugende Maßnahmen

Eine möglichst hoch über den Häusern angebrachte Richtantenne mit geringem vertikalem Öffnungswinkel ist häufig schon eine gute Vorbeugungsmaßnahme. Generell gilt: Die Sendeantenne sollte so weit wie möglich entfernt von Empfangsantennen für Rundfunk und Fernsehen aufgebaut werden.

> **Prüfungsfrage TK304** Ein Funkamateur wohnt in einem Reihenhaus. An welcher Stelle sollte die KW-Drahtantenne angebracht werden, um störende Beeinflussungen auf ein Mindestmaß zu begrenzen?

Richtige Antwort aus dem Fragenkatalog: Rechtwinklig zur Häuserzeile mit abgewandter Strahlungsrichtung.

> **Prüfungsfrage TK315** Bei einem Wohnort in einem Ballungsgebiet empfiehlt es sich, während der abendlichen Fernsehstunden ...

Antwort: ... mit keiner höheren Leistung zu senden, als für eine sichere Kommunikation erforderlich ist.

> **Prüfungsfrage TK317** Eine 435-MHz-Sendeantenne mit hohem Gewinn ist unmittelbar auf eine UHF-Fernseh-Empfangsantenne gerichtet. Dies führt gegebenenfalls zu ...

Antwort: ... einer Übersteuerung eines TV-Empfängers.

> **Prüfungsfrage TK306**
> Die Bemühungen, die durch eine in der Nähe befindliche Amateurfunkstelle hervorgerufenen Fernsehstörungen zu verringern, sind fehlgeschlagen. Als nächster Schritt ist ...

Antwort: ... die zuständige Außenstelle der BNetzA um Prüfung zu bitten.

Personenschutz

Um Schädigungen durch zu hohe Feldstärken bei Menschen zu vermeiden, muss verhindert werden, dass ein Mensch so nahe an die Antennenanlage kommen kann, dass eine zu hohe Feldstärke auf seinen Körper einwirkt.

Für die Feldstärkeberechnung nach der Personenschutznorm (EMVU = Elektromagnetische Verträglichkeit Umwelt) gelten zwei verschiedene Aufenthaltsbereiche, nämlich einmal der *Expositionsbereich 1* für vom Betreiber der Anlage kontrollierte Bereiche, z.B. das Haus des Funkamateurs und der *Expositionsbereich 2*, das sind die für den normalen Bürger jederzeit zugänglichen Bereiche, mit Aufenthalt dort mehr als sechs Stunden pro Tag.

Die Bundesnetzagentur (BNetzA) hat Rechenregeln aufgestellt (Entwurf DIN VDE 0848), nach denen man die Grenzwerte der elektrischen Ersatzfeldstärke berechnen kann. Für mathematisch Interessierte wird die vereinfachte Formel aus einer allgemeinen Feldstärkeberechnungsformel im Buch für die Klasse A hergeleitet. Wir begnügen uns hier mit der zugeschnittenen Formel und lernen, diese anzuwenden.

Sicherheitsabstand
$$r = \frac{\sqrt{30 \cdot P_{EIRP}[W]}}{E[\frac{V}{m}]}$$

Diese Formel besagt: Wenn man die zulässigen Grenzwerte für die elektrische Feldstärke E für Personenschutz (Siehe folgende Tabelle) und die verwendete Strahlungsleistung der Antenne P_{EIRP} kennt, kann man daraus den Sicherheitsabstand in Meter berechnen, der eingehalten werden muss, um auf keinen Fall Personen mit der Hochfrequenz-Strahlungsleistung zu gefährden.

Grenzwerte für Personenschutz

Frequenzbereich	Elektrische Feldstärke
unter 10 MHz	$E = 87 \sqrt{f(MHz)}$ in V/m
10 bis 400 MHz	$E = 27,5$ V/m
400 - 2000 MHz	$E = 1,375 \sqrt{f(MHz)}$ in V/m
über 2000 MHz	$E = 61$ V/m

Im Bereich zwischen 10 und 400 MHz ist die Wirkung des elektromagnetischen Feldes für Menschen am kritischsten. Dort ist die niedrigste Feldstärke (27,5 V/m) festgelegt. Aus der Tabelle erkennt man: Oberhalb von 400 MHz darf die Feldstärke mit Wurzel aus der Frequenz größer werden. Im Frequenzbereich unter 10 MHz darf die Feldstärke mit 1/f steigen.

Um den Mindestabstand berechnen zu können, muss man die Strahlungsleistung EIRP kennen. Die Formel zur Feldstärkeberechnung geht von einem Kugelstrahler aus, den es in der Praxis nicht gibt. Für die verschiedenen Antennenformen muss der Leistungsgewinnfaktor bekannt sein, um die Strahlungsleistung berechnen zu können. Für einen Dipol gilt ein Gewinnfaktor von 1,64 (2,15 dB) und für einen Lambdaviertelstrahler (z.B. GP) ein Faktor von 2 · 1,64 = 3,28 (5,15 dB). Bei Richtantennen nimmt man den Gewinn aus dem Richtdiagramm.

Leistungsgewinnfaktor		oder in dBi
Dipol	1,64	2,15 dBi
λ/4-Vertikal	3,28	5,15 dBi

Prüfungsaufgabe TL209
Für den Kurzwellenbereich oberhalb 10 MHz (beispielsweise 28 MHz) soll der Mindestabstand ausgerechnet werden, der von Personen eingehalten werden muss, wenn mit einem Dipol mit maximal zulässiger Leistung von 100 W gearbeitet wird.

Lösung: Für einen Dipol gilt ein Gewinnfaktor von 1,64. Das ergibt eine maximale Strahlungsleistung von 100 W mal 1,64 = 164 W. Die zulässige Feldstärke beträgt 28 V/m (Tabelle vorige Seite).

Die Formel lautet.

$$r = \frac{\sqrt{30 \cdot P_{EIRP}[\text{W}]}}{E[\frac{\text{V}}{\text{m}}]} \text{ m}$$

Eingesetzt ergibt sich

$$r = \frac{\sqrt{30 \cdot 164}}{28} \text{ m} = \frac{\sqrt{4920}}{28} \text{ m} = \underline{\underline{2{,}50 \text{ m}}}.$$

Es muss also von jedem Punkt der Antenne ein Abstand von mindestens 2,50 m eingehalten werden.

Reduzierungsfaktoren

Die in der Tabelle angegebenen Maximalwerte der Feldstärken gelten als Effektivwerte, gemittelt über 6-Minuten-Intervalle. Im Amateurfunk ist der Mittelwert erheblich geringer als die zulässigen Spitzenwerte von 75 Watt. Bei SSB ist der Mittelwert je nach Klippgrad etwa 1 : 6 bis 1 : 4. Bei Morsetelegrafie ist durch die Pausen zwischen den einzelnen Zeichen der Mittelwert etwa 1 : 4. Nur bei Frequenzmodulation und auch bei Frequenzumtastung (z.B. RTTY) ist der Mittelwert gleich der Trägerleistung. Mit diesem Faktor muss die effektive Strahlungsleistung reduziert werden.

Betriebsart	Reduzierungsfaktor
SSB	1 : 6 = 0,167
CW	1 : 4 = 0,25
FM (RTTY, SSTV)	1

Bearbeiten Sie die **Prüfungsfrage TL213**.

Diesen Reduzierungsfaktor darf man nur für die Berechnung des Sicherheitsabstandes nach Personenschutz ansetzen. Wenn Sie mit Ihrer Antennenanlage öffentliche Wege oder Nachbargrundstücke bestrahlen und nicht sicher sein können, dass sich eventuell ein Herzschrittmacherträger dort aufhalten könnte, müssen Sie mit dem maximalen Augenblickswert der Feldstärke des modulierten Trägers rechnen. In diesem Fall rechnen Sie wie in Prüfungsaufgabe TL211 weiter unten mit dem Reduzierungsfaktor 1, also so, als ob es FM wäre, auch wenn Sie SSB verwenden.

Bearbeiten Sie die **Prüfungsfrage TL214** aus dem Anhang 1.

Prüfungsaufgabe TL211
Sie möchten den Personenschutz-Sicherheitsabstand für die Antenne Ihrer Amateurfunkstelle für das 2-m-Band und die Betriebsart FM berechnen. Der Grenzwert im Fall des Personenschutzes beträgt 28 V/m. Sie betreiben eine Yagi-Antenne mit einem Gewinn von 11,5 dBd. Die Antenne wird von einem Sender mit einer Leistung von 75 W über ein Koaxialkabel gespeist. Die Kabeldämpfung beträgt 1,5 dB. Wie groß muss der Sicherheitsabstand sein?

Lösung: Zunächst wird die EIRP berechnet. Bei der Betriebsart FM gilt der Reduzierungsfaktor 1, also keine Reduzierung. Den Gewinn der Antenne verrechnen wir mit dem Kabelverlust 11,5 dB − 1,5 dB = 10 dB. Es bleiben also 10 dB Gewinn gegenüber Dipol (Angabe dBd in Aufgabe TL 211) übrig. 10 dB entsprechen zehnfacher Leistung. Außerdem muss der Gewinnfaktor 1,64 für einen Dipol (wegen Gewinnangabe in dBd) noch berücksichtigt werden.

$$P_{EIRP} = 10 \cdot 75 \text{ W} \cdot 1{,}64 = 1230 \text{ W}$$

Kapitel 18: EMV und Sicherheit

Die Werte werden in die Formel eingesetzt.

$$r = \frac{\sqrt{30 \cdot P_{EIRP}[\text{w}]}}{E[\frac{V}{m}]}\,\text{m} = \frac{\sqrt{30 \cdot 1230}}{28}\,\text{m} = \underline{6{,}86\,\text{m}}$$

Es müssen also 6,86 m Abstand eingehalten werden.

> Bearbeiten Sie die **Prüfungsfrage TL210** aus dem Fragenkatalog bzw. aus dem Anhang 1 dieses Buches.

Tipp: Diese Aufgabe wird im Prinzip genau wie die Aufgaben TL209 und TL211 gerechnet. Wenn Sie den Gewinn der Yagi und den Verlust des Kabels gegeneinander verrechnen, bleiben 6 dB Gewinn übrig. 6 dB entsprechen der vierfachen Leistung. Wegen der Angabe dBd multiplizieren Sie diese 400 W mit 1.64, um P_{EIRP} zu erhalten. Damit sollten Sie die Lösung berechnen können. Für diejenigen, die noch etwas Probleme beim Rechnen mit dem Taschenrechner haben, sei hier die Aufgabe einmal genau vorgerechnet.

$$r = \frac{\sqrt{30 \cdot 656}}{28}\,\text{m}$$

Zur Eingabe in den Taschenrechner gehen Sie gemäß folgender Tabelle vor.

Eingabe	Anzeige
30	30
*	
656	656
=	19680
√	140.285
÷	
28	28
=	5.01019

Als Ergebnis erhalten Sie 5,01. Also muss der Sicherheitsabstand mindestens 5,01 m betragen und zwar von jedem Punkt der Antenne. Siehe Prüfungsaufgabe **TL212**!

> **Prüfungsaufgabe TL208**
> Sie besitzen einen λ/4-Vertikalstrahler. Da Sie für diese Antenne keine Selbsterklärung abgeben möchten und somit nur eine Strahlungsleistung von kleiner 10 W EIRP verwenden dürfen, müssen Sie die Sendeleistung soweit reduzieren, dass sie unter diesem Wert bleiben. Wie groß darf die Sendeleistung dabei sein?
> **A** kleiner 3 Watt
> **B** kleiner 6 Watt
> **C** kleiner 10 Watt
> **D** kleiner 16,4 Watt

Lösung: In der Formelsammlung der BNetzA und auch hier im Text zwei Seiten zuvor finden Sie die Angabe, dass ein λ/4-Vertikalstrahler einen Gewinnfaktor von 3,28 besitzt. Faktor bedeutet, dass die verwendete Senderleistung damit multipliziert die Strahlungsleistung EIRP ergibt. Umgekehrt bedeutet dies für die Aufgabe, dass die 10 Watt EIRP durch 3,28 geteilt werden müssen. Dies ergibt 3,05 Watt. Also darf die verwendete Senderleistung (eigentlich Antenneneingangsleistung) zirka 3 Watt nicht überschreiten. Lösung A!

> **Prüfungsfrage TL207**
> Muss ein Funkamateur als Betreiber einer ortsfesten 2-m-Amateurfunkstelle bei der Sendeart F3E und einer Senderleistung von 6 Watt an einer 15-Element-Yagiantenne mit 13 dB Gewinn die Einhaltung der Personenschutzgrenzwerte nachweisen?

Lösung: 13 dB sind 10 dB plus 3 dB. 10 dB sind ein Gewinn vom Faktor 10. Aus 6 Watt werden also 60. Und nochmals 3 dB, Faktor 2, ergeben 120 Watt EIRP. *Nur 10 W EIRP sind ohne Nachweis erlaubt!* Die Antwort muss also „Ja" lauten.

Sicherheitsanforderungen

Nicht nur die kommerziellen Sender- und Antennenanlagen, auch die Amateurfunkstellen unterliegen gewissen Sicherheitsanforderungen, damit weder Mensch noch Tier noch Sachen durch diese Anlagen gefährdet werden. Zum Schutz von Menschen, Tieren und Sachen werden von nationalen Verbänden aus Fachleuten der Elektrotechnik, in Deutschland vom Verband Deutscher Elektrotechniker (VDE) Sicherheitsbestimmungen zur Verhütung von Unfällen durch elektrischen Strom erlassen. Die wichtigsten Sicherheitsbestimmungen für elektrische Betriebsmittel (zum Beispiel Funkgeräte) mit Netzwechselspannungen bis 1000 V sowie Nenngleichspannungen bis 1500 V sind DIN VDE 0100 (auch DIN 57100).

Berührschutz

Direktes Berühren liegt vor, wenn Körperteile Spannung führende Teile berühren. Zum Schutz gegen direktes Berühren müssen Spannung führende Teile vollständig isoliert oder abgedeckt sein. Indirektes Berühren liegt vor, wenn ein sonst spannungsfreier leitfähiger Teil eines Gerätes, der durch Isolationsfehler Spannung annimmt, berührt wird.

Solche Isolationsfehler können dadurch auftreten, dass ein unter Spannung stehender Leiter das Gehäuse berührt. In elektrischen Anlagen sind stets Schutzmaßnahmen gegen direktes und indirektes Berühren anzuwenden. Diese hier beschriebenen Normen gelten für Deutschland beziehungsweise für Europa. Eingeführte Geräte müssen den europäischen Normen entsprechen.

Schutzkleinspannung

Die Stromverbraucher werden entweder über Sicherheitstransformatoren mit einer Nennausgangsspannung von weniger als 50 Volt (meist 12 V, 24 V oder 42 V) oder an Akkumulatoren oder Batterien angeschlossen. Die *Schutzkleinspannung* findet Anwendung bei Kinderspielzeug, Geräten für die Tierhaltung, Taschenlampen, und so weiter. Spannungsführende Teile von Stromkreisen mit Schutzkleinspannung dürfen weder mit Erdungsleitungen, Schutzleitern noch mit leitenden Teilen von Stromkreisen anderer Spannung verbunden sein. Deshalb haben diese Geräte keinen Schutzkontakt- (Schuko-)stecker.

Funktionskleinspannung

Können bei Verwendung von Nennspannungen unter 50 V Wechselspannung beziehungsweise 120 V Gleichspannung nicht alle Anforderungen an die Schutzmaßnahme Schutzkleinspannung erfüllt werden (z.B. wenn die Antennenanlage geerdet sein muss), so sind zusätzliche Schutzmaßnahmen notwendig. Diese Kombination von Schutzmaßnahmen wird Funktionskleinspannung genannt.

Dies kommt im Amateurfunk beispielsweise bei der Stromversorgung mit 12-V-Netzteilen vor. Es muss zusätzlich ein Berührschutz vorgenommen werden, indem entweder das Gehäuse dieses Netzteiles an den Schutzleiter des Primärkreises oder an den geerdeten Potenzialausgleichsleiter angeschlossen wird. Die Stecker von den daran anzuschließenden Stromkreisen mit Funktionskleinspannung dürfen nicht in Netzsteckdosen passen. Dies gilt übrigens auch bei Schutzkleinspannung.

Schutzisolierung

Eine andere Schutzmaßnahme gegen unzulässig hohe Berührspannung ist die Schutzisolierung. Diese kann als Schutzisolierumhüllung (Bild 18-7 A), Schutzzwischenisolierung (B) oder verstärkte Isolierung (C) ausgeführt sein.

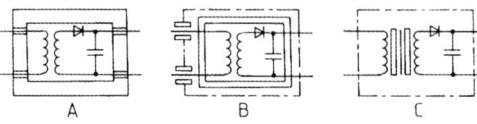

Bild 18-7: Schutzisolierungen

Schutzisolierte Geräte dürfen nicht mit dem Schutzleiter verbunden werden. Deshalb sind industriell gefertigte Geräte (zum Beispiel Steckernetzteile) nur über zweiadrige Leitungen und Stecker ohne Schutzkontakt angeschlossen.

Schutztrennung

Bei Schutztrennung wird jedes einzelne Gerät durch einen Trenntransformator nach VDE vom Netz getrennt, so dass bei einem Fehler des angeschlossenen Gerätes keine Berührspannung auftreten kann. Schutztrennung ist jedoch nur wirksam, wenn bei einem Fehler des angeschlossenen Gerätes kein Erdschluss auftritt. Schutztrennung wird in der Messtechnik angewendet.

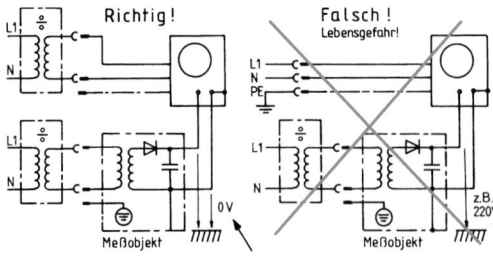

Bild 18-8: Richtige und falsche Anwendung von Schutztrennung

Schutzmaßnahmen durch Abschaltung

Diese Schutzmaßnahme hat einen Schutzleiter und schaltet nach dem Auftreten eines Fehlers selbständig durch Sicherungen oder FI-Schutzschalter ab. Sie verhindern das Bestehenbleiben einer unzulässig hohen Berührspannung. Als Schutzleiter wird eine grüngelbe Ader beziehungsweise ein grüngelb isolierter Leiter verwendet. Alle leitfähigen Gehäuse oder Teile der Geräte müssen an einen Schutzleiter angeschlossen werden. Siehe **Prüfungsfrage TL305**!

Merke: Die grüngelben Leiter dürfen nur als Schutzleiter verwendet werden.

Empfehlenswert für Funkamateure ist eine *Fehlerstromschutzeinrichtung (FI)*. Bei dieser Schutzeinrichtung werden die Spannung führenden (Außen)leiter und der Neutralleiter (N) durch einen Summenstromwandler geführt. Ist die Summe der über die Außenleiter und den N-Leiter fließenden Ströme nicht null, fließt also Strom nach Erde ab, löst bei einer bestimmten Differenz der *FI-Schutzschalter* aus und unterbricht die gesamte Spannungsversorgung.

Es gibt FI-Schutzschalter, die bereits ab 30 mA Differenzstrom auslösen. Bei gleichzeitiger Berührung eines Spannung führenden Leiters und Erde würde ein Strom über den menschlichen Körper nach Erde abfließen und der FI-Schalter auslösen. Wenn Ihr Haus oder die Wohnung nicht FI-geschützt ist, sollten Sie als Funkamateur mindestens den Bastaltisch und damit sich selbst durch einen FI-Schalter schützen. Bei gleichzeitiger Berührung des Außenleiters und des Neutralleiters (also „Phase" und „Null") nutzt dieser FI-Schutzschalter allerdings nichts. **Seien Sie immer vorsichtig beim Arbeiten unter Spannung!**

Die Erdung von Antennen

Alle leitfähigen Teile von Antennenanlagen außerhalb von Gebäuden müssen über eine *Erdungsleitung* mit dem *Erder* verbunden werden. Bei Zimmerantennen, bei Antennen, die im Gerät eingebaut sind, bei Antennen unter der Dachhaut und bei so genannten *Fensterantennen* darf auf eine Erdung verzichtet werden. Fensterantennen sind Antennen, deren höchster Punkt mindestens 2 m unter der Dachkante liegt und deren äußerster Punkt höchstens 1,5 m von der Außenfront des Gebäudes entfernt ist.

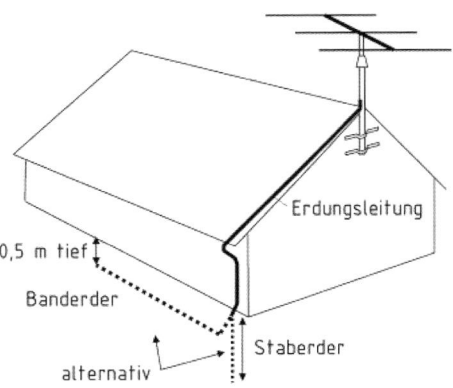

Bild 18-9: Erdung von Antennen

Erdungsleiter, die eigens für die Antennenanlage gelegt werden, müssen folgende **Mindestmaße** haben.

Werkstoff	Abmessungen oder Art
Kupfer	16 mm², blank oder isoliert
Aluminium	25 mm², isoliert, in Innenräumen auch blank
Stahl	50 mm² verzinkt, z.B. Band, 20 mm · 2,5 mm
Volldraht oder mehrdrähtig, jedoch nicht feindrähtig, Kennzeichnung für isolierte Leiter: grüngelb	

Erdungsleitungen innerhalb von Gebäuden dürfen bis zu 1 m aus dem Gebäude herausgeführt werden. Erdungsleitungen sind auf kürzestem Weg und möglichst senkrecht zum Erder zu führen. Sie sollen möglichst sichtbar oder in Kunststoffrohren verlegt werden. In diesen Rohren dürfen aber keine anderen Leitungen liegen.

> **Prüfungsfrage TL302**
> Welches Material und welcher Mindestquerschnitt ist bei einer Erdungsleitung zwischen einem Antennenstandrohr und einer Erdungsanlage nach DIN VDE 0855 Teil 300 für Funksender bis 1 kW zu verwenden?

Lösung: Siehe Tabelle Erdungsleiter!

Als Erder können dienen:
- Staberder (Mindestlänge 2,5 m),
- Banderder aus verzinktem Stahl (3,5 mm · 30 mm) 0,5 m tief verlegt, bei einer Mindestlänge von 5 m;
- Fundament- und/oder Blitzschutzerder;
- Stahlbauten.

Der Wandabstand der Erdungsleitung soll mindestens 1 m betragen.

Sind *Potenzialausgleichsleitungen* zwischen Betriebsmitteln, z.B. Verstärkern der Antennenanlage erforderlich, so sind diese Leitungen aus mindestens 4 mm² Kupferdraht blank oder isoliert zu installieren (Kennzeichnung der isolierten Leitungen: grün/gelb).

> **Prüfungsfrage TL101**
> Um eine Amateurfunkstelle in Bezug auf EMV zu optimieren ...

... sollten alle Einrichtungen mit einer guten HF-Erdung versehen werden.

> Bearbeiten Sie die **Prüfungsfrage TK312!**

Blitzschutz

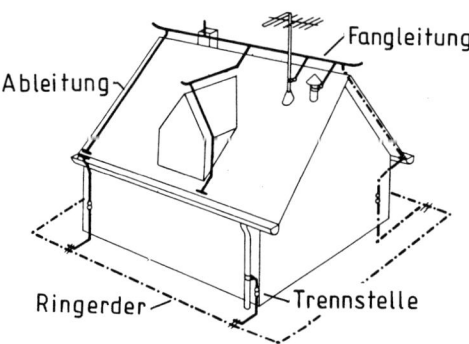

Bild 18-10: Äußerer Blitzschutz

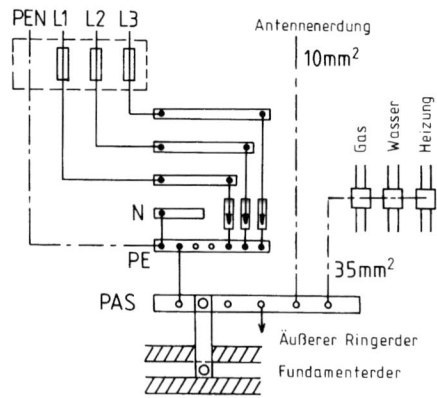

Bild 18-11: Innerer Blitzschutz

Antennen erden - genügt das? Jährlich gehen etwa eine Million Wolke-Erde-Blitze in Deutschland nieder. Auch wenn nur ein geringer Teil dieser Blitze direkt in Gebäude einschlägt, so werden doch für das Gebiet Deutschland jährlich mehr als 30000 Schadensfälle durch Blitzschlag mit Sachschäden in Millionenhöhe gemeldet. Die Anzahl der Schäden durch indirekte Blitzwirkung hat in den letzten Jahren durch die zunehmende Ausstattung mit Elektronikgeräten und Computern stark zugenommen.

Durch die großen Blitzströme mit sehr steilen Anstiegsflanken können auch durch Induktion hohe Spannungen im Innern von Gebäuden entstehen. Diese Überspannungen entstehen sowohl in offenen als auch in geschlossenen Schleifen und zwar unabhängig davon, ob diese Installationsschleifen leitend mit Blitzableitern verbunden oder davon isoliert sind. Eine offene Induktionsschleife entsteht beim Amateurfunk häufig dadurch, dass der Funkamateur bei aufkommendem Gewitter den Antennenstecker abzieht und diesen offen liegen lässt, anstatt das Kabel zu erden. Zwischen dem Koaxkabel und dem Gehäuse des Funkgerätes entsteht eine hohe Induktionsspannung, die zu einem Überschlag führen kann.

> **Bei Gewitterneigung und wenn Sie die Wohnung für längere Zeit verlassen, ziehen Sie die Netzstecker der Funkgeräte und erden Sie Ihre Antennenleitungen.**

Wenn Sie Hauseigentümer sind und eine Antennenanlage auf Ihrem Haus aufgebaut haben, sollten Sie sich vom Fachmann einen Blitzschutz installieren lassen. Außer dem äußeren Blitzschutz, wie er im Bild 18-10 dargestellt ist, kommt noch der innere Blitzschutz nach Bild 18-11 hinzu, wobei alle Hausanschlussleitungen durch eine Überspannungsschutzeinrichtung gegen Blitzströme von außen geschützt werden.

Das Standrohr einer Amateurfunkantenne auf einem Gebäude darf mit einer vorhandenen Blitzschutzanlage verbunden werden, wenn die vorhandene Blitzschutzanlage fachgerecht aufgebaut ist und das Standrohr mit ihr auf dem kürzesten Wege verbunden werden kann.

Mehr dazu unter
www.vde.com/blitzschutzfunksysteme

Prüfungsfragen
Beantworten Sie die Fragen **TL301 TL303** und **TL304**.

Mechanische Sicherheit der Antennenanlage

Die gesamte Antennenanlage muss den auftretenden mechanischen Beanspruchungen und Witterungseinflüssen standhalten. Die Antennen und die Rohrverbindungen am Standrohr müssen gegen unerwünschtes Verdrehen gesichert sein. Gewindemuffen als Rohrverbindung sind unzulässig. Als Standrohre für Antennen gibt es Rohre aus einem Stück, Steckrohre und Schieberohre.

Diese Rohre bestehen meist aus Stahl- oder bestimmten Aluminiumlegierungen und haben gewährleistete Mindestwerte der Festigkeit. Gasrohre und Wasserrohre erfüllen die Festigkeitsbedingungen nicht und sind deshalb *nicht zulässig*. Die Standrohre aus Stahl müssen im Einspannbereich eine Mindestwanddicke von 2 mm haben. Sie müssen verzinkt oder gleichwertig gegen Korrosion geschützt sein.

Auf Antennen wirken bei Wind erhebliche Kräfte, die man als Windlast F_A bezeichnet. Die Einheit der Windlast wird in Newton (N) angegeben. Diese Windlast entsteht durch den Stau der bewegten Luft an Teilen der Antenne (Staudruck).

$$\boxed{F_A = p \cdot A}$$

p ist der Staudruck (Winddruck) in N/m² und A ist die wirksame Antennenfläche in m², auf die der Wind auftreffen kann.

Für Antennen mit Standrohren bis zu einer freien Rohrlänge von 6 m und bis zu einem Einspannmoment von 1650 Nm (Newton-Meter) auf Bauwerken bis zu acht Geschossen (etwa 20 m über der Geländeoberfläche) darf für $p = 800$ N/m² eingesetzt werden.

Aufgabe
Welche Windlast tritt bei 800 N/m² an einer UKW-Yagi mit 0,0625 m² wirksamer Antennenfläche auf?

$F = p \cdot A = 800$ N/m² $\cdot$ 0,0625 m² = $\underline{50\ N}$

Die Antenne ruft infolge der Windlast auf das Standrohr ein Drehmoment hervor, das man *Biegemoment* nennt. Das Biegemoment M_A in Nm berechnet sich aus dem Produkt Windlast mal Länge vom Einspannpunkt bis zur Antenne. Sollen mehrere Antennen an einem Mast montiert werden, sind die Biegemomente zu addieren.

$$\boxed{M_A = F_1 \cdot l_1 + F_2 \cdot l_2 + F_3 \cdot l_3}$$

Beispiel
Es soll das Biegemoment für die Antennenanlage Bild 18-12 berechnet werden.

Lösung:

$M_A = (400 \cdot 2 + 100 \cdot 4 + 50 \cdot 5)$ Nm

$M_A = (800 + 400 + 250)$ Nm = $\underline{1450\ Nm}$

Für dieses Biegemoment von 1450 Nm muss der Mast geeignet sein.

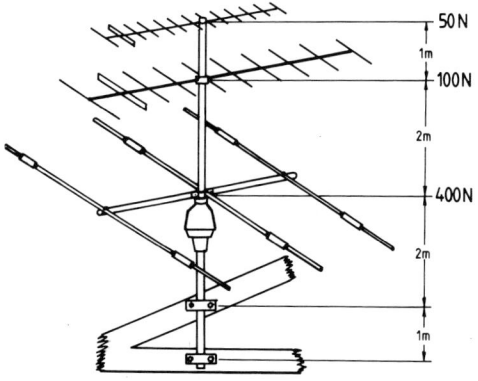

Bild 18-12: Berechnung der Gesamtwindlast

Tragende Bauteile, zum Beispiel Gebäudeteile wie Dachbalken, die zur Befestigung von Antennen, Antennenstandrohren und Abspannseilen dienen, müssen ebenfalls eine ausreichende mechanische Festigkeit besitzen. Die Befestigung des Standrohres am Schornstein ist verboten.

Die Verbindungsmittel mit dem tragenden Bauteil müssen die auftretenden Kräfte dauerhaft übertragen. Diese Kraftübertragung darf durch Alterung und Korrosion nicht beeinträchtigt werden. Gips und Dübel aus thermoplastischem Kunststoff erfüllen diese Forderung im Allgemeinen nicht. Jede Halterung des Standrohres muss mit mindestens zwei Schrauben am tragenden Bauteil befestigt werden. Bei Befestigung am Gebälk sind Schlüsselschrauben von mindestens 8 mm Durchmesser erforderlich, bei Befestigung im Mauerwerk mindestens Schrauben M8.

Abspannseile sollen größere Schwankungen durch den Wind verhindern. Die Antennenanlage muss die Forderungen an die mechanische Festigkeit auch ohne Abspannseile erfüllen. Die Abspannseile dürfen bei der Ermittlung der mechanischen Festigkeit also nicht berücksichtigt werden. Die Verbindungsmittel sollen aus geeigneten Werkstoffen bestehen, damit Korrosion durch Elementbildung möglichst verhindert wird.

Die Antennenanlage ist so aufzustellen, dass abknickende Bauteile der Antennen darunter liegende Starkstromleitungen nicht berühren können. Das Abknicken des Standrohres wird nicht angenommen. Der waagerechte Abstand des Standrohres zur Starkstromfreileitung und der Abstand zwischen Antennenteilen und der Starkstromfreileitung muss mindestens 1 m betragen.

Sendeanlage im KFZ

Damit die Zulassung eines Kraftfahrzeugs nicht ungültig wird, sollten Sie vor dem Einbau einer mobilen Sendeanlage die Anweisungen des Kraftfahrzeugherstellers beachten. Manche Hersteller erlauben nur den eingeschränkten Einsatz einer Amateurfunkanlage bis zu einer bestimmten Sendeleistung.

Um ein Einwirken der Hochfrequenz in die Elektronik des Kraftfahrzeugs zu verhindern, sollten Antennen und Antennenkabel möglichst weit davon entfernt verlegt werden. Die beste Abstrahlung hat eine mobile VHF-Antenne, wenn sie in der Mitte des Wagendaches installiert wird.

> **Prüfungsfragen**
> Beantworten Sie die Fragen **TL306** bis **TL308**.

Mehr dazu auf der KFZ-Info-Seite des DARC unter www.darc.de/referate/emv

Abschlusstest

Nachdem Sie nun den Lehrgang Technik komplett bearbeitet haben, soll noch einmal ein Test ihr Wissen prüfen. Es werden im Folgenden 100 Prüfungsfragen-Nummern angegeben, die im Anhang 1 herausgesucht und noch einmal gelöst werden sollen. Schreiben Sie hier auf der Seite die richtige Lösung (A, B, C oder D) hinter die Aufgaben-Nummer und prüfen Sie danach die Richtigkeit, indem Sie die Lösungen im Anhang 2 nachschlagen. Sie dürfen die Formelsammlung im Anhang 3 benutzen.

TA103	TC609	TF102	TI102 ....
TA205	TD102	TF104	TI105 ....
TB102	TD107	TF106	TI201 ....
TB201	TD109	TF108	TI206 ....
TB301	TD201	TF401	TI208 ....
TB403	TD204	TF402	TI211 ....
TB502	TD205	TF404	TI303 ....
TB601	TD207	TF407	TI305 ....
TB605	TD209	TF409	TI306 ....
TB611	TD301	TG101	TI308 ....
TB701	TD303	TG104	TJ101 ....
TB801	TD401	TG202	TJ105 ....
TB901	TD404	TG304	TJ109 ....
TB905	TD501	TH102	TJ203 ....
TB907	TD503	TH106	TJ205 ....
TB910	TD602	TH109	TJ209 ....
TC103	TD604	TH111	TK101 ....
TC109	TD606	TH201	TK104 ....
TC204	TE102	TH205	TK202 ....
TC303	TE105	TH209	TK204 ....
TC304	TE203	TH302	TK315 ....
TC403	TE305	TH305	TL203 ....
TC504	TE308	TH308	TL211 ....
TC507	TE309	TH310	TL302 ....
TC602	TE312	TH402	TL307 ....

Richtig: _____ von 100

Benotung: Mehr als 74: bestanden, mehr als 84: gut, mehr als 94: sehr gut

Anhang 1: Prüfungsfragen

Prüfungsfragen TECHNIK

Übersicht

1.1. Allgemeine mathematische Grundkenntnisse und Größen (TA)
1.1.1. Allgemeine mathematische Grundkenntnisse (TA1)
1.1.2. Größen und Einheiten (TA2)

1.2. Elektrizitäts-, Elektromagnetismus- und Funktheorie (TB)
1.2.1. Leiter, Halbleiter und Isolator (TB1)
1.2.2. Strom- und Spannungsquellen (TB2)
1.2.3. Elektrisches Feld (TB3)
1.2.4. Magnetisches Feld (TB4)
1.2.5. Elektromagnetisches Feld (TB5)
1.2.6. Sinusförmige Signale (TB6)
1.2.7. Nichtsinusförmige Signale (TB7)
1.2.8. Modulierte Signale (TB8)
1.2.9. Ohmsches Gesetz, Leistung und Energie (TB9)

1.3. Elektrische und elektronische Bauteile (TC)
1.3.1. Widerstand (TC1)
1.3.2. Kondensator (TC2)
1.3.3. Spule (TC3)
1.3.4. Übertrager und Transformatoren (TC4)
1.3.5. Diode (TC5)
1.3.6. Transistor (TC6)

1.4. Elektronische Schaltungen und deren Merkmale (TD)
1.4.1. Serien- und Parallelschaltung von Widerständen, Spulen und Kondensatoren (TD1)
1.4.2. Schwingkreise und Filter (TD2)
1.4.3. Stromversorgung (TD3)
1.4.4. Verstärker (TD4)
1.4.5. Modulator / Demodulator (TD5)
1.4.6. Oszillator (TD6)

1.5. Analoge und digitale Modulationsverfahren (TE)
1.5.1. Amplitudenmodulation AM,SSB (TE1)
1.5.2. Frequenzmodulation (TE2)
1.5.3. Text-, Daten- und Bildübertragung (TE3)

1.6. Funk-Empfänger (TF)

1.6.1. Einfach- und Doppelsuperhet-Empfänger (TF1)
1.6.2. Blockschaltbilder (TF2)
1.6.3. Betrieb und Funktionsweise einzelner Stufen (TF3)
1.6.4. Empfängermerkmale (TF4)

1.7. Funksender (TG)
1.7.1. Blockschaltbilder (TG1)
1.7.2. Betrieb und Funktionsweise einzelner Stufen (TG2)
1.7.3. Betrieb und Funktionsweise von HF-Leistungsverstärkern (TG3)
1.7.4. Betrieb und Funktionsweise von HF-Transceivern (TG4)
1.7.5. Unerwünschte Ausstrahlungen (TG5)

1.8. Antennen und Übertragungsleitungen (TH)
1.8.1. Antennen (TH1)
1.8.2. Antennenmerkmale (TH2)
1.8.3. Übertragungsleitungen (TH3)
1.8.4. Anpassung, Transformation und Symmetrierung (TH4)

1.9. Wellenausbreitung und Ionosphäre (TI)
1.9.1. Ionosphäre (TI1)
1.9.2. Kurzwellenausbreitung (TI2)
1.9.3. Wellenausbreitung oberhalb 30 MHz (TI3)

1.10. Messungen und Messinstrumente (TJ)
1.10.1. Messinstrumente (TJ1)
1.10.2. Durchführung von Messungen (TJ2)

1.11. Störemissionen, -festigkeit, Schutzanforderungen, Ursachen, Abhilfe (TK)
1.11.1. Störungen elektronischer Geräte (TK1)
1.11.2. Ursachen für Störungen und störende Beeinflussungen (TK2)
1.11.3. Maßnahmen gegen Störungen und störende Beeinflussungen (TK3)

1.12. Elektromagnetische Verträglichkeit, Anwendung, Personen- u. Sachschutz (TL)
1.12.1. Störfestigkeit (TL1)
1.12.2. Schutz von Personen (TL2)
1.12.3. Sicherheit (TL3)

Anhang 1: Prüfungsfragen

1.1 Mathematische Grundkenntnisse und Größen (TA)

Achtung! Im Prüfungsfragenkatalog der BNetzA ist immer die Antwort A die Richtige. Für Ihren Test wurden die Antworten von mir beliebig gewürfelt. Bei der Prüfung selbst wird die Reihenfolge wiederum eine andere sein.

1.1.1 Allgemeine mathematische Grundkenntnisse (TA1)

TA101 0,042 A entspricht
A $42 \cdot 10^3$ A. **B** $42 \cdot 10^{-1}$ A.
C $42 \cdot 10^{-2}$ A. **D** $42 \cdot 10^{-3}$ A.

TA102 0,00042 A entspricht
A $420 \cdot 10^{-6}$ A. **B** $42 \cdot 10^{-6}$ A.
C $420 \cdot 10^{-5}$ A. **D** $420 \cdot 10^6$ A.

TA103 100 mW entspricht
A 0,001 W. **B** 0,01 W.
C 10^{-1} W. **D** 10^{-2} W.

TA104 4 200 000 Hz entspricht
A $42 \cdot 10^{-5}$ Hz. **B** $4{,}2 \cdot 10^5$ Hz.
C $42 \cdot 10^6$ Hz. **D** $4{,}2 \cdot 10^6$ Hz.

1.1.2 Größen und Einheiten (TA2)

TA201 Welche Einheit wird für die elektrische Spannung verwendet?
A Ohm (Ω)
B Ampere (A)
C Watt (W)
D Volt (V)

TA202 Welche Einheit wird für die elektrische Ladung verwendet?
A Kilowatt (kW)
B Amperesekunde (As)
C Joule (J)
D Ampere (A)

TA203 Welche Einheit wird für die elektrische Leistung verwendet?
A Joule (J)
B Kilowattstunden (kWh)
C Watt (W)
D Amperestunden (Ah)

TA204 In welcher Einheit wird der elektrische Widerstand angegeben?
A Farad
B Siemens
C Ohm
D Henry

TA205 Welche der nachfolgenden Antworten enthält <u>nur</u> Basiseinheiten nach dem internationalen Einheitensystem?
A Sekunde, Meter, Volt, Watt
B Ampere, Kelvin, Meter, Sekunde
C Farad, Henry, Ohm, Sekunde
D Grad, Hertz, Ohm, Sekunde

TA206 0,22 µF sind
A 220 nF.
B 22 nF.
C 220 pF.
D 22 pF.

TA207 3,75 MHz sind
A 375 kHz.
B 3750 kHz.
C 0,0375 GHz.
D 0,375 GHz.

TA208 Welche Einheit wird für die Kapazität verwendet?
A Farad (F)
B Ohm (Ω)
C Siemens (S)
D Henry (H)

1.2 Elektrizitäts-, Elektromagnetismus- und Funktheorie (TB)

1.2.1 Leiter, Halbleiter und Isolator (TB1)

TB101 Welche Gruppe enthält insgesamt die besten gut leitenden Metalle?
A Silber, Kupfer, Blei
B Silber, Kupfer, Aluminium
C Kupfer, Eisen, Zinn
D Aluminium, Kupfer, Quecksilber

TB102 Welches der genannten Metalle hat die beste elektrische Leitfähigkeit?
A Kupfer
B Gold
C Silber
D Zinn

TB103 Welches der genannten Metalle hat die schlechteste elektrische Leitfähigkeit?
A Kupfer
B Gold
C Aluminium
D Zinn

TB104 Welche Gruppe von Materialien enthält nur Nichtleiter?
A Pertinax, Polyvinylchlorid (PVC), Graphit
B Epoxid, Polyethylen (PE), Polystyrol (PS)
C Polyethylen (PE), Messing, Konstantan
D Teflon, Pertinax, Bronze

TB105 Was verstehen Sie unter Halbleitermaterialien? Einige Stoffe wie z.B. ...
A Silizium, Germanium sind in reinem Zustand gute Isolatoren. Durch geringfügige Zusätze von geeigneten anderen Stoffen oder bei hohen Temperaturen werden sie jedoch zu Leitern.
B Silizium, Germanium sind in reinem Zustand gute Leiter. Durch geringfügige Zusätze von geeigneten anderen Stoffen nimmt jedoch ihre Leitfähigkeit ab.
C Indium oder Magnesium sind in reinem Zustand gute Isolatoren. Durch geringfügige Zusätze von Silizium, Germanium oder geeigneten anderen Stoffen werden sie jedoch zu Leitern.
D Silizium, Germanium sind in trockenem Zustand gute Elektrolyten. Durch geringfügige Zusätze von Wismut oder Tellur kann man daraus entweder N-leitendes oder P-leitendes Material für Anoden bzw. Katoden von Halbleiterbauelementen herstellen.

1.2.2 Strom- und Spannungsquellen (TB2)

TB201 Welche Spannung zeigt der Spannungsmesser in folgender Schaltung?

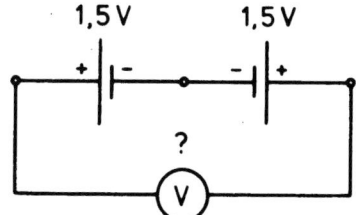

- A 3 V
- B 0 V
- C -3 V
- D 1,5 V

TB202 Folgende Schaltung eines Akkus besteht aus Zellen von je 2 V. Jede Zelle kann 10 Ah Ladung liefern. Welche Daten hat der Akku?

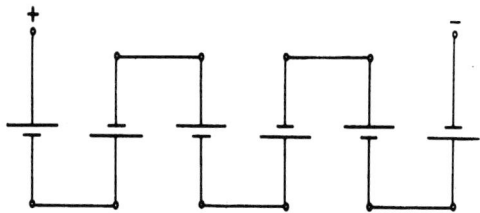

- A 12 V / 60 Ah
- B 12 V / 10 Ah
- C 2 V / 10 Ah
- D 2 V / 60 Ah

Raum für Notizen:

....

....

....

TB203 Was versteht man unter „technischer Stromrichtung" in der Elektrotechnik?
- A Man nimmt an, dass der Strom vom Pluspol zum Minuspol fließt.
- B Man nimmt an, dass der Strom vom Minuspol zum Pluspol fließt.
- C Es ist die Flussrichtung der Elektronen vom Minuspol zum Pluspol.
- D Es ist die Flussrichtung der Elektronen vom Pluspol zum Minuspol.

TB204 Kann in nebenstehender Schaltung von zwei gleichen Spannungsquellen Strom fließen?

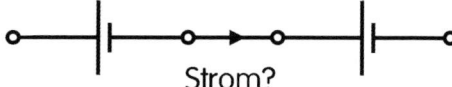
Strom?

Welche Begründung ist richtig?
- A Nein, weil der Pluspol mit dem Minuspol verbunden ist.
- B Ja, sogar Kurzschlussstrom, weil der Pluspol mit dem Minuspol verbunden ist.
- C Nein, weil kein geschlossener Stromkreis vorhanden ist.
- D Ja. Der Strom hängt vom Innenwiderstand der Batterien ab.

TB205 Wie lange könnte man mit einem voll geladenen Akku mit 55 Ah einen Amateurfunkempfänger betreiben, der einen Strom von 0,8 A aufnimmt?
- A Genau 44 Stunden
- B 6 Stunden 52 Minuten und 30 Sekunden
- C 69 Stunden und 15 Minuten
- D 68 Stunden und 45 Minuten

1.2.3 Elektrisches Feld (TB3)

TB301 Welche Einheit wird für die elektrische Feldstärke verwendet?
A Watt pro Quadratmeter (W/m^2)
B Ampere pro Meter (A/m)
C Henry pro Meter (H/m)
D Volt pro Meter (V/m)

TB302 Wie nennt man das Feld zwischen zwei parallelen Kondensatorplatten bei Anschluss einer Gleichspannung?
A Homogenes elektrisches Feld
B Homogenes magnetisches Feld
C Polarisiertes elektrisches Feld
D Polarisiertes magnetisches Feld

TB303 Wie werden die mit X gekennzeichneten Feldlinien einer Vertikalantenne bezeichnet?

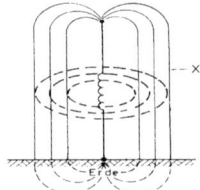

A Magnetische Feldlinien
B Elektrische Feldlinien
C Polarisierte Feldlinien
D Horizontale Feldlinien

1.2.4 Magnetisches Feld (TB4)

TB401 Welche Einheit wird für die magnetische Feldstärke verwendet?
A Watt pro Quadratmeter (W/m^2)
B Volt pro Meter (V/m)
C Ampere pro Meter (A/m)
D Henry pro Meter (H/m)

TB402 Wie nennt man das Feld im Innern einer langen Zylinderspule beim Fließen eines Gleichstroms?

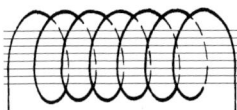

A Homogenes elektrisches Feld
B Zentriertes magnetisches Feld
C Konzentrisches Magnetfeld
D Homogenes magnetisches Feld

TB403 Wenn Strom durch einen gestreckten Leiter fließt, entsteht ein
A elektrisches Feld aus konzentrischen Kreisen um den Leiter.
B Magnetfeld aus konzentrischen Kreisen um den Leiter.
C homogenes Magnetfeld um den Leiter.
D homogenes elektrisches Feld um den Leiter.

TB404 Wie werden die mit X gekennzeichneten Feldlinien einer Vertikalantenne bezeichnet?

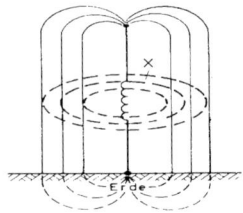

A Magnetische Feldlinien
B Elektrische Feldlinien
C Radiale Feldlinien
D Vertikale Feldlinien

TB405 Welcher der nachfolgenden Werkstoffe ist ein ferromagnetischer Stoff?
A Chrom
B Kupfer
C Eisen
D Aluminium

1.2.5 Elektromagnetisches Feld (TB5)

TB501 Wodurch entsteht ein elektromagnetisches Feld? Ein elektromagnetisches Feld entsteht,
A wenn ein zeitlich schnell veränderlicher Strom durch einen elektrischen Leiter fließt, dessen Länge mindestens 1/100 der Wellenlänge ist.
B wenn durch einen elektrischen Leiter, dessen Länge mindestens 1/100 der Wellenlänge ist, ein konstanter Strom fließt.
C wenn sich elektrische Ladungen in einem Leiter befinden, dessen Länge mindestens 1/100 der Wellenlänge ist.
D wenn an einem elektrischen Leiter, dessen Länge mindestens 1/100 der Wellenlänge ist, eine konstante Spannung angelegt wird.

TB502 Wie erfolgt die Ausbreitung einer elektromagnetischen Welle? Die Ausbreitung erfolgt
A nur über das elektrische Feld. Das magnetische Feld ist nur im Nahfeld vorhanden.
B durch eine Wechselwirkung zwischen elektrischem und magnetischem Feld.
C nur über das magnetische Feld. Das elektrische Feld ist nur im Nahfeld vorhanden.
D über die sich unabhängig voneinander ausbreitenden und senkrecht zueinander stehenden elektrischen und magnetischen Felder.

TB503 Das folgende Bild zeigt die Feldlinien eines elektromagnetischen Feldes. Welche Polarisation hat die skizzierte Wellenfront?

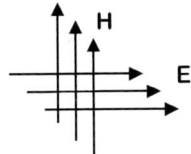

A Vertikale Polarisation
B Rechtsdrehende Polarisation
C Horizontale Polarisation
D Zirkulare Polarisation

TB504 Der Winkel zwischen den elektrischen und magnetischen Feldkomponenten eines elektromagnetischen Feldes beträgt im Fernfeld
A 45°.   B 90°.
C 180°.   D 360°.

TB505 Die Polarisation des Sendesignals in der Hauptstrahlrichtung dieser Richtantenne ist
A vertikal.
B horizontal.
C rechtsdrehend.
D linksdrehend.

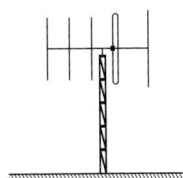

Raum für Notizen:

1.2.6 Sinusförmige Signale (TB6)

TB601 Welches ist die Einheit der Wellenlänge?
A m B m/s
C Hz D s/m

TB602 Welcher Wellenlänge λ entspricht die Frequenz 1,84 MHz?
A 16,3 m B 163 m
C 0,613 m D 61,3 m

TB603 Welcher Wellenlänge λ entspricht die Frequenz 28,28 MHz?
A 163 m B 9,49 m
C 10,5 m D 61,3 m

TB604 Eine Wellenlänge von 2,06 m entspricht einer Frequenz von
A 135,754 MHz B 148,927 MHz
C 150,247 MHz D 145,631 MHz

TB605 Eine Wellenlänge von 80,0 m entspricht einer Frequenz von
A 3,75 MHz B 3,65 MHz
C 3,56 MHz D 3,57 MHz

TB606 Welche Bezeichnung ist für eine Schwingung von 145 000 000 Perioden pro Sekunde richtig?
A 145 μs B 145 MHz
C 145 km D 145 km/s

TB607 Die Periodendauer von 50 μs entspricht einer Frequenz von
A 200 kHz B 2 MHz
C 20 kHz D 20 MHz

TB608 Den Frequenzbereich zwischen 30 und 300 MHz bezeichnet man als
A UHF (ultra high frequency)
B MF (medium frequency)
C VHF (very high frequency)
D SHF (super high frequency)

TB609 Das 70-cm-Band befindet sich im
A VHF-Bereich.
B UHF-Bereich.
C SHF-Bereich.
D EHF-Bereich.

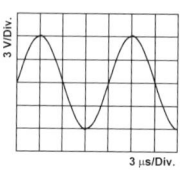

TB610 Welche Frequenz hat die in diesem Oszillogramm dargestellte Spannung?
A 83,3 kHz
B 833,3 kHz
C 8,3 MHz
D 83,3 MHz

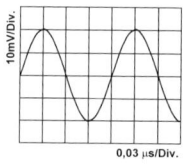

TB611 Welche Frequenz hat das in diesem Schirmbild dargestellte Signal?
A 8,33 kHz
B 16,7 MHz
C 8,33 MHz
D 833 kHz

TB612 Eine sinusförmige Wechselspannung hat einen Spitzenwert von 12 V. Wie groß ist der Effektivwert der Wechselspannung?
A 6,0 V
B 8,5 V
C 17 V
D 24 V

TB613 Ein sinusförmiges Signal hat einen Effektivwert von 12 V. Wie groß ist der Spitzen-Spitzen-Wert?
A 36,4 V B 24 V
C 16,97 V D 33,9 V

1.2.7 Nichtsinusförmige Signale (TB7)

TB701 Welche Signalform sollte der Träger einer hochfrequenten Schwingung haben?
A sinusförmig
B rechteckförmig
C dreieckförmig
D kreisförmig

TB702 Ein periodische Schwingung, die wie nebenstehendes Signal aussieht, besteht

A aus der Grundwelle und Teilen dieser Frequenz (Unterwellen).
B aus nur einer einzigen Frequenz.
C aus der Grundwelle mit vielen Nebenwellen.
D aus der Grundwelle mit ganzzahligen Vielfachen dieser Frequenz (Oberwellen).

Raum für Notizen:

1.2.8 Modulierte Signale (TB8)

TB801 Was ist der Unterschied zwischen AM und SSB?
A Normale AM hat einen Träger und zwei Seitenbänder, SSB arbeitet mit Trägerunterdrückung und einem Seitenband.
B Normale AM hat einen Träger und ein Seitenband, SSB arbeitet mit Trägerunterdrückung und hat zwei Seitenbänder.
C Normale AM hat keinen Träger und zwei Seitenbänder, SSB arbeitet mit Trägerunterdrückung und einem Seitenband.
D Normale AM hat keinen Träger und zwei Seitenbänder, SSB arbeitet mit Träger und einem Seitenband.

TB802 Was ist der Unterschied zwischen LSB und USB?
A LSB arbeitet mit Träger und zwei Seitenbändern, USB arbeitet mit Trägerunterdrückung und einem Seitenband.
B LSB arbeitet mit Trägerunterdrückung und dem unteren Seitenband, USB arbeitet mit Trägerunterdrückung und dem oberen Seitenband.
C LSB arbeitet mit Träger und einem Seitenband, USB arbeitet mit Trägerunterdrückung und beiden Seitenbändern.
D LSB arbeitet mit Trägerunterdrückung und dem oberen Seitenband, USB arbeitet mit Trägerunterdrückung und dem unteren Seitenband.

TB803 Welche Aussage über modulierte Signale ist richtig?
A Bei FM ändert sich die Amplitude des Sendesignals bei Modulation nicht.
B Bei SSB ändert sich die Amplitude des Sendesignals bei Modulation nicht.
C Bei FM ändert sich die Amplitude des Sendesignals bei Modulation im Rhythmus der Sprache.
D Bei AM ändert sich die Amplitude des Sendesignals bei Modulation nicht.

TB804 Was ist der Unterschied zwischen FSK und AFSK?
A Bei FSK wird der Träger frequenzmoduliert und bei AFSK amplitudenmoduliert.
B Bei FSK wird der Träger frequenzmoduliert und bei AFSK wird der Träger unterdrückt.
C Bei FSK wird der Träger direkt und bei AFSK mit Hilfe des Audiosignals hin und her geschaltet.
D Bei FSK wird der Träger amplitudenmoduliert und bei AFSK frequenzmoduliert.

TB805 Wie groß ist die HF-Bandbreite, die bei der Übertragung eines SSB-Signals entsteht?
A Sie entspricht der Hälfte der Bandbreite des NF-Signals.
B Sie entspricht der doppelten Bandbreite des NF-Signals.
C Sie ist Null, weil bei SSB-Modulation der HF-Träger unterdrückt wird.
D Sie entspricht genau der Bandbreite des NF-Signals.

TB806 Ein Träger von 3,65 MHz wird mit der NF-Frequenz von 2 kHz in SSB (LSB) moduliert. Welche Frequenz/Frequenzen treten im modulierten HF-Signal auf?
A 3,648 MHz
B 3,650 MHz
C 3,652 MHz
D 3,648 MHz und 3,652 MHz

1.2.9 Ohmsches Gesetz, Leistung und Energie (TB9)

TB901 Die Maßeinheit der elektrischen Leistung ist
A Joule
B Kilowattstunden
C Amperestunden
D Watt

TB902 Welcher der nachfolgenden Zusammenhänge ist richtig?
A $U = R \cdot I$
B $I = U \cdot R$
C $R = \dfrac{I}{U}$
D $I = \dfrac{R}{U}$

TB903 Welche Spannung lässt einen Strom von 2 A durch einen Widerstand von 50 Ohm fließen?
A 25 Volt   B 200 Volt
C 100 Volt   D 52 Volt

TB904 Welcher Widerstand ist erforderlich um einen Strom von 3 A bei einer Spannung von 90 Volt fließen zu lassen?
A 93 Ω   B 1/30 Ω
C 270 Ω   D 30 Ω

TB905 Eine Stromversorgung nimmt bei 230 V einen Strom von 0,63 A auf. Welche elektrische Arbeit (Energie) wird bei einer Betriebsdauer von 7 Stunden verbraucht?
A 1,01 kWh   B 0,1 kWh
C 2,56 kWh   D 20,7 kWh

TB906 Eine Glühlampe hat einen Nennwert von 12 V und 48 W. Bei einer 12-V-Versorgung beträgt die Stromentnahme
A 36 A.   B 250 mA.
C 750 mA.   D 4 A.

TB907 Der Effektivwert der Spannung an einer künstlichen 50-Ω-Antenne wird mit 100 V gemessen. Die Leistung an der Last beträgt
A 141 W.
B 100 W.
C 283 W.
D 200 W.

TB908 Ein mit einer künstlichen 50-Ω-Antenne in Serie geschaltetes Amperemeter zeigt 2 A an. Die Leistung in der Last beträgt
A 100 W.
B 200 W.
C 25 W.
D 250 W.

TB909 Ein Mobiltransceiver (Sender-Empfänger) hat bei Sendebetrieb eine Leistungsaufnahme von 100 Watt aus dem 12-V-Bordnetz des Kraftfahrzeuges. Wie groß ist die Stromaufnahme?
A 1200 A   B 16,6 A
C 8,33 A   D 0,12 A

TB910 Ein 100-Ω-Widerstand, an dem 10 V anliegen, muss mindestens eine Belastbarkeit haben von
A 0,01 W.   B 100 mW.
C 1 W.   D 10 W.

TB911 Welche Belastbarkeit muss ein Vorwiderstand haben, an dem bei einem Strom von 50 mA eine Spannung von 50 V abfallen soll?
A 25 W
B 250 mW
C 2,5 W
D 1 W

1.3 Elektrische und elektronische Bauteile (TC)

1.3.1 Widerstand (TC1)

TC101 Die Farbringe gelb, violett und orange auf einem Widerstand mit 4 Farbringen bedeuten einen Widerstandswert von
A 4,7 kΩ   B 47 kΩ
C 470 kΩ   D 4,7 MΩ

TC102 Die Farbringe gelb, violett und rot auf einem Widerstand mit 4 Farbringen bedeuten einen Widerstandswert von
A 4,7 kΩ   B 47 kΩ
C 470 kΩ   D 4,7 MΩ

TC103 Die Farbringe rot, violett und orange auf einem Widerstand mit 4 Farbringen bedeuten einen Widerstandswert von
A 27 kΩ   B 2,7 kΩ
C 270 kΩ   D 2,7 MΩ

TC104 Die Farbringe rot, violett und rot auf einem Widerstand mit 4 Farbringen bedeuten einen Widerstandswert von
A 2,7 MΩ   B 27 kΩ
C 270 kΩ   D 2,7 kΩ

TC105 Welches Bauteil hat folgendes Schaltzeichen?

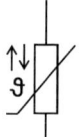

A LDR
B VDR
C NTC
D PTC

TC106 Welches der folgenden Bauteile ist ein NTC?

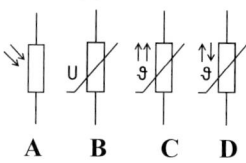

A   B   C   D

TC107 Welches der folgenden Bauteile ist ein PTC?

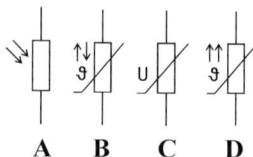

A   B   C   D

TC108 Ein Widerstand hat eine Toleranz von 10 %. Bei einem nominalen Widerstandswert von 5,6 kΩ liegt der tatsächliche Wert zwischen
A 4760 und 6440 Ω.
B 5040 und 6160 Ω.
C 4,7 und 6,8 kΩ.
D 5,2 und 6,3 kΩ.

TC109 Welche Bauart von Widerstand folgender Auswahl ist am besten für eine künstliche Antenne (Dummy Load) geeignet?
A Ein Metalloxidwiderstand
B Ein Kohleschichtwiderstand
C Ein keramischer Drahtwiderstand
D Ein frei gewickelter Drahtwiderstand aus Kupferdraht

TC110 Welchen Wert hat ein SMD-Widerstand mit der Kennzeichnung 221?
A 221 Ω   B 220 Ω
C 22 Ω   D 22 kΩ

TC111 Welchen Wert hat ein SMD-Widerstand mit der Kennzeichnung 223?
A 22 Ω   B 221 Ω
C 22 kΩ   D 220 Ω

1.3.2 Kondensator (TC2)

TC201 Welche Aussage zur Kapazität eines Plattenkondensators ist richtig?
A Je größer der Plattenabstand ist, desto kleiner ist die Kapazität.
B Je größer die angelegte Spannung ist, desto kleiner ist die Kapazität.
C Je größer die Plattenoberfläche ist, desto kleiner ist die Kapazität.
D Je größer die Dielektrizitätszahl ist, desto kleiner ist die Kapazität.

TC202 Ein Bauelement, bei dem sich Platten auf einer isolierten Achse befinden, die zwischen fest stehende Platten hineingedreht werden können, nennt man
A Tauchkondensator
B Drehkondensator
C Keramischer Kondensator
D Rotorkondensator

TC203 Die Kapazität eines Kondensators ist mit " m33 " angegeben. Welcher Kapazität entspricht diese Angabe?
A 3,3 µF
B 33 µF
C 330 µF
D 33000 µF

TC204 Die Kapazität eines Kondensators ist mit "n47" angegeben. Welcher Kapazität entspricht diese Angabe?
A 470 pF
B 4,7 pF
C 47 pF
D 47000 pF

TC205 Die Kapazität eines Kondensators ist mit " 8p2 " angegeben. Welcher Kapazität entspricht diese Angabe?
A 820 pF
B 82 pF
C 0,82 pF
D 8,2 pF

TC206 Drei Kondensatoren mit den Kapazitäten $C_1 = 0,1$ µF, $C_2 = 150$ nF und $C_3 = 50000$ pF werden parallel geschaltet. Wie groß ist die Gesamtkapazität?
A 0,027 µF
B 0,255 µF
C 0,3 µF
D 2,73 nF

TC207 Bei welchem der folgenden Bauformen von Kondensatoren muss beim Einbau auf die Polarität geachtet werden?
A Elektrolytkondensator
B Keramischer Kondensator
C Styroflexkondensator
D Plattenkondensator

TC208 Mit zunehmender Frequenz
A steigt der Wechselstromwiderstand von Kondensatoren.
B sinkt der Wechselstromwiderstand von Kondensatoren.
C steigt der Wechselstromwiderstand von Kondensatoren bis zu einem Maximum und sinkt dann wieder.
D sinkt der Wechselstromwiderstand von Kondensatoren bis zu einem Minimum und steigt dann wieder.

Raum für Notizen:

1.3.3 Spule (TC3)

TC301 Wie ändert sich die Induktivität einer Spule von 12 µH, wenn die Windungszahl bei gleicher Wickellänge verdoppelt wird?

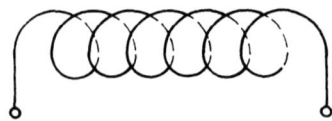

A Die Induktivität steigt auf 48 µH.
B Die Induktivität steigt auf 24 µH.
C Die Induktivität sinkt auf 6 µH.
D Die Induktivität sinkt auf 3 µH.

TC302 Wie ändert sich die Induktivität einer Spule von 12 µH, wenn die Wicklung bei gleicher Windungszahl auf die doppelten Länge auseinander gezogen wird?

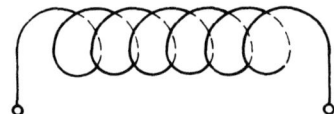

A Die Induktivität sinkt auf 3 µH.
B Die Induktivität sinkt auf 6 µH.
C Die Induktivität steigt auf 24 µH.
D Die Induktivität steigt auf 48 µH.

TC303 Wie kann man die Induktivität einer Spule vergrößern?
A Durch Auseinanderziehen der Spule (Vergrößerung der Spulenlänge).
B Durch Einführen eines Kupferkerns in die Spule.
C Durch Stauchen der Spule (Verkürzen der Spulenlänge).
D Durch Einbau der Spule in einen Abschirmbecher.

TC304 Das folgende Bild zeigt einen Kern, um den ein Kabel für den Bau einer Netzdrossel gewickelt ist. Der Kern sollte aus

A Kunststoff bestehen.
B Stahl bestehen.
C aus gut leitendem Material bestehen.
D Ferrit bestehen.

TC305 Schaltet man zwei Glühlampen gleichzeitig an eine Spannungsquelle, wobei eine Glühlampe zum Helligkeitsausgleich über einen Widerstand und die andere über eine Spule mit vielen Windungen und Eisenkern angeschlossen ist, so

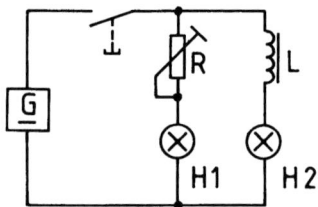

A leuchtet H1 zuerst.
B leuchtet H2 zuerst.
C leuchten H1 und H2 genau gleich schnell.
D leuchtet H2 kurz auf und geht wieder aus. H1 leuchtet.

TC306 Mit zunehmender Frequenz
A sinkt der Wechselstromwiderstand einer Spule bis zu einem Minimum und steigt dann wieder.
B steigt der Wechselstromwiderstand einer Spule bis zu einem Maximum und sinkt dann wieder.
C steigt der Wechselstromwiderstand einer Spule.
D sinkt der Wechselstromwiderstand einer Spule.

1.3.4 Übertrager und Transformatoren (TC4)

TC401 Ein Trafo liegt an 230 Volt und gibt 11,5 Volt ab. Seine Primärwicklung hat 600 Windungen. Wie groß ist seine Sekundärwindungszahl?
A 20 Windungen
B 30 Windungen
C 52 Windungen
D 180 Windungen

TC402 Ein Trafo liegt an 45 Volt und gibt 180 Volt ab. Seine Primärwicklung hat 150 Windungen. Wie groß ist seine Sekundärwindungszahl?
A 46 Windungen
B 30 Windungen
C 600 Windungen
D 850 Windungen

TC403 Die Primärspule eines Übertragers hat die fünffache Anzahl von Windungen der Sekundärspule. Wie hoch ist die erwartete Sekundärspannung, wenn die Primärspule an eine 230-V-Stromversorgung angeschlossen wird?
A 9,2 Volt
B 23 Volt
C 46 Volt
D 1150 Volt

Raum für Notizen:
....
....

1.3.5 Diode (TC5)

TC501 P-dotiertes Halbleitermaterial ist solches, das mit einem zusätzlichen Stoff versehen wurde, der
A mehr als vier Valenzelektronen enthält.
B genau vier Valenzelektronen enthält.
C weniger als vier Valenzelektronen enthält.
D keine Valenzelektronen enthält.

TC502 N-leitendes Halbleitermaterial ist gekennzeichnet durch
A Überschuss an freien Elektronen.
B das Fehlen von Dotierungsatomen.
C das Fehlen von Atomen im Gitter des Halbleiterkristalls.
D bewegliche Elektronenlücken.

TC503 Ein in Durchlassrichtung betriebener PN-Übergang ermöglicht
A den Stromfluss von N nach P.
B den Stromfluss von P nach N.
C keinen Stromfluss.
D den Elektronenfluss von P nach N.

TC504 Eine in Sperrrichtung betriebene Diode hat
A eine hohe Kapazität.
B eine geringe Impedanz.
C einen hohen Widerstand.
D eine hohe Induktivität.

TC505 Die Auswahlantworten enthalten Silizium-Dioden mit unterschiedlichen Arbeitspunkten. Bei welcher Antwort befindet sich die Diode in leitendem Zustand?
A -2,6 V ——▷|—— -2,0 V
B 15 V ——|◁—— 9 V
C 0,7 V ——|◁—— 1,3 V
D 3,4 V ——▷|—— 4,0 V

TC506 Die Auswahlantworten enthalten Silizium-Dioden mit unterschiedlichen Arbeitspunkten. Bei welcher Antwort befindet sich die Diode in leitendem Zustand?
A 5,3 V ——|◁—— 4,7 V
B 15 V ——▷|—— 18 V
C 3,9 V ——|◁—— 3,2 V
D -2 V ——▷|—— -2,6 V

TC507 Wie verhält sich die Kapazität einer Kapazitätsdiode (Varicap)?
A Sie erhöht sich mit zunehmender Durchlassspannung.
B Sie nimmt mit abnehmender Sperrspannung zu.
C Sie nimmt mit zunehmender Sperrspannung zu.
D Sie erhöht sich mit zunehmendem Durchlassstrom.

TC508 Wozu dient diese Schaltung?

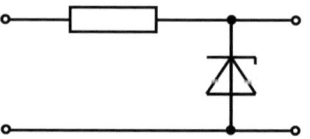

Sie dient
A zur Spannungsstabilisierung.
B zur Signalbegrenzung.
C als Leuchtanzeige.
D zur Stromgewinnung.

TC509 Wozu dient diese Schaltung?

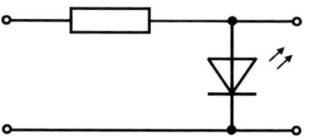

Sie dient
A zur Signalbegrenzung.
B zur Spannungsstabilisierung.
C zur Stromgewinnung.
D als Leuchtanzeige.

Raum für Notizen:

1.3.6 Transistor (TC6)

TC601 Was versteht man unter Stromverstärkung beim Transistor?
A Mit einem geringen Strom (Emitterstrom) wird ein großer Strom (Kollektorstrom) gesteuert.
B Mit einem geringen Strom (Basisstrom) wird ein großer Strom (Emitterstrom) gesteuert.
C Mit einem geringen Strom (Basisstrom) wird ein großer Strom (Kollektorstrom) gesteuert.
D Mit einem geringen Strom (Kollektorstrom) wird ein großer Strom (Emitterstrom) gesteuert.

TC602 Das Verhältnis von Kollektorstrom zum Basisstrom eines Transistors liegt üblicherweise im Bereich von
A 1 zu 50 bis 1 zu 100.
B 10 zu 1 bis 900 zu 1.
C 1000 zu 1 bis 5000 zu 1.
D 1 zu 100 bis 1 zu 500.

TC603 Bei diesem Bauelement handelt es sich um einen

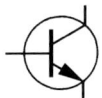

A PNP-Transistor.
B NPN-Transistor.
C Sperrschicht-FET.
D MOSFET

TC604 Bei diesem Bauelement handelt es sich um einen

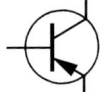

A PNP-Transistor.
B NPN-Transistor.
C P-Kanal-FET.
D N-Kanal-FET.

TC605 Welche Kollektorspannungen haben NPN- und PNP-Transistoren?
A NPN- und PNP-Transistoren benötigen negative Kollektorspannungen.
B PNP-Transistoren benötigen positive, NPN-Transistoren negative Kollektorspannung.
C PNP- und NPN-Transistoren benötigen positive Kollektorspannungen.
D NPN-Transistoren benötigen positive, PNP-Transistoren negative Kollektorspannungen.

TC606 Bei einem bipolaren Transistor in leitendem Zustand befindet sich die Emitter-Basis-Diode
A im Leerlauf.
B im Kurzschluss.
C in Durchlassrichtung.
D in Sperrrichtung.

TC607 Welche Transistortypen sind bipolare Transistoren?
A Dual-Gate-MOS-FETs
B NPN- und PNP-Transistoren
C Isolierschicht FETs
D Sperrschicht FETs

TC608 Wie lauten die Bezeichnungen der Anschlüsse eines bipolaren Transistors?
A Emitter, Basis, Kollektor
B Emitter, Drain, Source
C Drain, Source, Kollektor
D Drain, Gate, Source

TC609 Ein bipolarer Transistor ist
A spannungsgesteuert.
B thermisch gesteuert.
C ein Gleichspannungsverstärker.
D stromgesteuert.

TC610 Wenn die Basisspannung eines NPN-Transistors gleich der Emitterspannung ist,
- A fließt ein Kollektorstrom von etwa 0,6 A.
- B liegt der Kollektorstrom zwischen 10 mA und 2 A.
- C fließt kein Kollektorstrom.
- D fließt ein sehr hoher Kollektor-Kurzschlussstrom.

TC611 Wie erfolgt die Steuerung des Stroms im Feldeffekttransistor (FET)?
- A Die Gatespannung ist allein verantwortlich für den Drainstrom.
- B Die Gatespannung steuert den Widerstand des Kanals zwischen Source und Drain.
- C Der Gatestrom ist allein verantwortlich für den Drainstrom.
- D Der Gatestrom steuert den Widerstand des Kanals zwischen Source und Drain.

TC612 Wie bezeichnet man die Anschlüsse des nebenstehenden Transistors?

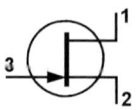

- A 1 ... Drain, 2 ... Source, 3 ... Gate.
- B 1 ... Source, 2 ... Drain, 3 ... Gate.
- C 1 ... Anode, 2 ... Katode, 3 ... Gate.
- D 1 ... Kollektor, 2 ... Emitter, 3 ... Basis.

Raum für Notizen:

1.4 Elektronische Schaltungen und deren Merkmale (TD)

1.4.1 Serien- und Parallelschaltung von Widerständen, Spulen und Kondensatoren (TD1)

TD101 Wie groß ist der Ersatzwiderstand der Gesamtschaltung? Gegeben:
$R_1 = 500\ \Omega$, $R_2 = 1000\ \Omega$ und $R_3 = 1\ k\Omega$

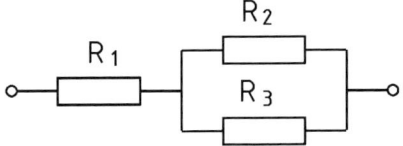

A 501 Ω
B 2,5 kΩ
C 5,1 kΩ
D 1 kΩ

TD102 Wie groß ist der Ersatzwiderstand der Gesamtschaltung? Gegeben:
$R_1 = 1\ k\Omega$, $R_2 = 2000\ \Omega$ und $R_3 = 2\ k\Omega$

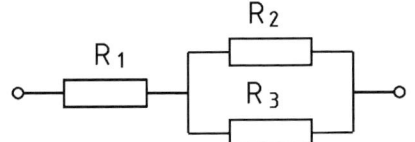

A 501 Ω
B 2 kΩ
C 2,5 kΩ
D 5,1 kΩ

TD103 Wie groß ist der Ersatzwiderstand der Gesamtschaltung? Gegeben:
$R_1 = 500\ \Omega$, $R_2 = 500\ \Omega$ und $R_3 = 1\ k\Omega$

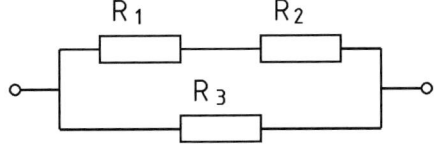

A 250 Ω
B 500 Ω
C 1 kΩ
D 2 kΩ

TD104 Wie groß ist der Ersatzwiderstand der Gesamtschaltung? Gegeben:
$R_1 = 500\ \Omega$, $R_2 = 1,5\ k\Omega$ und $R_3 = 2\ k\Omega$

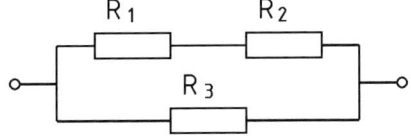

A 500 Ω
B 1 kΩ
C 2 kΩ
D 4 kΩ

TD105 Welche Gesamtkapazität hat die nebenstehende Schaltung? Gegeben:
$C_1 = 0,01\ \mu F$; $C_2 = 5\ nF$, $C_3 = 5000\ pF$

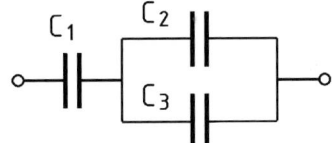

A 0,015 nF
B 5 nF
C 7,5 nF
D 10 nF

TD106 Welche Gesamtkapazität hat die folgende Schaltung? Gegeben:
$C_1 = 0,02\ \mu F$; $C_2 = 10\ nF$; $C_3 = 10000\ pF$

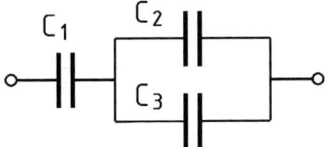

A 2,5 nF
B 5 nF
C 10 nF
D 40 nF

TD107 Welche Gesamtkapazität hat die nebenstehende Schaltung? Gegeben: $C_1 = 0{,}01\ \mu F$; $C_2 = 10\ nF$; $C_3 = 5000\ pF$

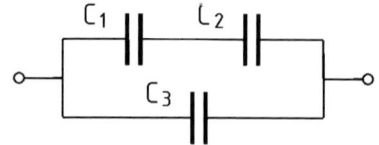

A 0,015 nF   B 2,5 nF
C 10 nF   D 5 nF

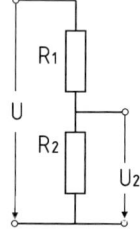

TD108 Die Gesamtspannung U an nebenstehendem Spannungsteiler beträgt 12,2 V. Die Widerstände haben die Werte $R_1 = 10\ k\Omega$ und $R_2 = 2{,}2\ k\Omega$.

Wie groß ist die Teilspannung U_2?
A 2,20 V   B 2,64 V
C 10.0 V   D 1,22 V

TD109 Zwei Widerstände mit $R_1 = 20\ \Omega$ und $R_2 = 30\ \Omega$ sind parallel geschaltet. Wie groß ist der Ersatzwiderstand?
A 15 Ω B 50 Ω
C 12 Ω D 3,5 Ω

TD110 Zwei Widerstände mit $R_1 = 100\ \Omega$ und $R_2 = 150\ \Omega$ sind parallel geschaltet. Wie groß ist der Ersatzwiderstand?
A 17,5 Ω B 250 Ω
C 75 Ω D 60 Ω

1.4.2 Schwingkreise und Filter (TD2)

TD201 Der Impedanzfrequenzgang in der Abbildung zeigt die Kennlinie

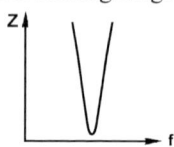

A eines Parallelschwingkreises.
B eines Serienschwingkreises.
C einer Induktivität.
D einer Kapazität.

TD202 Der im folgenden Bild dargestellte Impedanzfrequenzgang ist typisch für

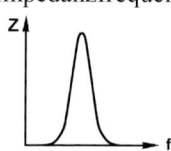

A einen Kondensator.
B eine Spule.
C einen Parallelschwingkreis.

D einen Serienschwingkreis.

TD203 Welcher Schwingkreis passt zu dem neben der jeweiligen Schaltung dargestellten Verlauf des Scheinwiderstandes?

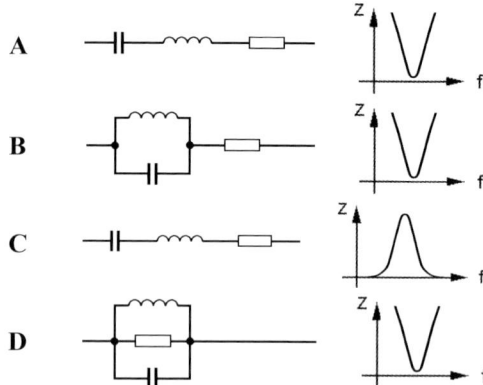

TD204 Wie ändert sich die Resonanzfrequenz eines Schwingkreises, wenn
1. die Spule weniger Windungen erhält,
2. die Länge der Spule durch Zusammenschieben der Drahtwicklung verringert wird,
3. ein Ferritkern in das Innere der Spule gebracht wird?
A Die Resonanzfrequenz wird bei 1. und 2. kleiner und bei 3. größer.
B Die Resonanzfrequenz wird bei 1. kleiner und bei 2. und 3. größer.
C Die Resonanzfrequenz wird bei 1. und 2. größer und bei 3. kleiner.
D Die Resonanzfrequenz wird bei 1. größer und bei 2. und 3. kleiner.

TD205 Wie verhält sich ein Parallelschwingkreis bei der Resonanzfrequenz?
A Wie ein hochohmiger Widerstand.
B Wie ein niederohmiger Widerstand.
C Wie ein Kondensator mit sehr kleiner Kapazität.
D Wie eine Spule mit sehr großer Induktivität.

TD206 Was stellt die nebenstehende Schaltung dar?

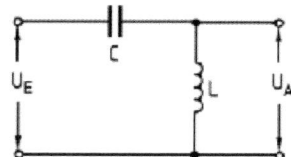

A Sperrkreis
B Hochpass
C Bandpass
D Tiefpass

TD207 Was stellt die nebenstehende Schaltung dar?

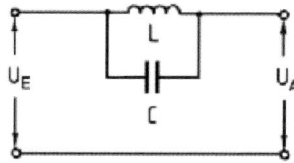

A Saugkreis
B Bandpass
C Sperrkreis
D Tiefpass

TD208 Was stellt die nebenstehende Schaltung dar?

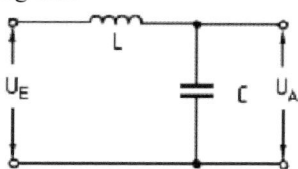

A Tiefpass
B Sperrkreis
C Bandpass
D Hochpass

TD209 Was stellt die nebenstehende Schaltung dar?

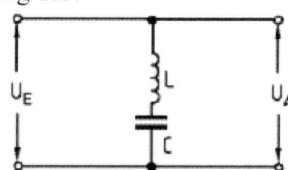

A Sperrkreis
B Saugkreis
C Bandpass
D Tiefpass

TD210 Welche der nachfolgenden Eigenschaften trifft auf einen Hochpass zu?
A Frequenzen unterhalb der Grenzfrequenz werden verstärkt.
B Frequenzen oberhalb der Grenzfrequenz werden stark bedämpft.
C Frequenzen oberhalb der Grenzfrequenz werden durchgelassen.
D Frequenzen unterhalb der Grenzfrequenz werden ungedämpft durchgelassen.

1.4.3 Stromversorgung (TD3)

TD301 Welche Eigenschaften sollten Strom- und Spannungsquellen aufweisen?
A Strom- und Spannungsquellen sollten einen möglichst niedrigen Innenwiderstand haben.
B Strom- und Spannungsquellen sollten einen möglichst hohen Innenwiderstand haben.
C Spannungsquellen sollten einen möglichst hohen Innenwiderstand und Stromquellen einen möglichst niedrigen Innenwiderstand haben.
D Spannungsquellen sollten einen möglichst niedrigen Innenwiderstand und Stromquellen einen möglichst hohen Innenwiderstand haben.

TD302 Die Leerlaufspannung einer Gleichspannungsquelle beträgt 13,5 V. Wenn die Spannungsquelle einen Strom von 1 A abgibt, sinkt die Klemmenspannung auf 12,4 V. Wie groß ist der Innenwiderstand der Spannungsquelle?
A 1,1 Ω
B 1,2 Ω
C 12,4 Ω
D 13,5 Ω

TD303 Die Leerlaufspannung einer Gleichspannungsquelle beträgt 13,5 V. Wenn die Spannungsquelle einen Strom von 2 A abgibt, sinkt die Klemmenspannung auf 13 V. Wie groß ist der Innenwiderstand der Spannungsquelle?
A 0,25 Ω
B 6,5 Ω
C 6,75 Ω
D 13 Ω

TD304 Berechnen Sie die Leerlaufausgangsspannung dieser Schaltung für ein Transformationsverhältnis von 5:1.

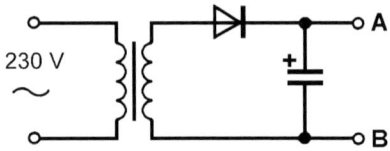

A Zirka 28 Volt
B Zirka 40 Volt
C Zirka 46 Volt
D Zirka 65 Volt

TD305 Berechnen Sie die Leerlaufausgangsspannung dieser Schaltung für ein Transformationsverhältnis von 8:1.

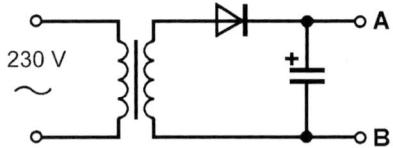

A Zirka 28 Volt
B Zirka 40 Volt
C Zirka 46 Volt
D Zirka 65 Volt

TD306 Welches ist der Hauptnachteil eines Schaltnetzteils gegenüber einem konventionellen Netzteil?
A Ein Schaltnetzteil benötigt einen größeren Transformator.
B Ein Schaltnetzteil kann keine so hohen Ströme abgeben.
C Ein Schaltnetzteil hat höhere Verluste.
D Ein Schaltnetzteil erzeugt Oberwellen, die beim Empfang zu Störungen führen können.

1.4.4 Verstärker (TD4)

TD401 In welcher der folgenden Zeilen werden nur Verstärker-Bauelemente genannt?
A Transistor, Halbleiterdiode, Operationsverstärker, Röhre
B Transistor, MOSFET, Operationsverstärker, Röhre
C Transistor, TTL-IC, Operationsverstärker, Röhre
D Transistor, MOSFET, Halbleiterdiode, Röhre

TD402 Was versteht man in der Elektronik unter Verstärkung? Man spricht von Verstärkung, wenn
A das Eingangssignal gegenüber dem Ausgangssignal in der Leistung größer ist.
B z.B. beim Transformator die Ausgangsspannung größer ist als die Eingangsspannung.
C das Ausgangssignal gegenüber dem Eingangssignal in der Leistung größer ist.
D das Eingangssignal gegenüber dem Ausgangssignal in der Spannung größer ist.

TD403 Was ist ein Operationsverstärker?
A Operationsverstärker sind Gleichstrom gekoppelte Verstärker mit sehr hohem Verstärkungsfaktor und großer Linearität.
B Operationsverstärker sind Wechselstrom gekoppelte Verstärker mit niedrigem Eingangswiderstand und großer Linearität.
C Operationsverstärker sind in Empfängerstufen eingebaute Analogverstärker mit sehr niedrigem Verstärkungsfaktor aber großer Linearität.
D Operationsverstärker sind digitale Schaltkreise mit hohem Verstärkungsfaktor.

TD404 Ein IC (integrated circuit) ist
A eine aus vielen einzelnen Bauteilen aufgebaute Schaltung auf einer Platine.
B eine miniaturisierte, aus SMD-Bauteilen aufgebaute Schaltung.
C eine Zusammenschaltung verschiedener Baugruppen zu einer Funktionseinheit.
D eine komplexe Schaltung auf einem Halbleiterkristallplättchen.

TD405 Worauf beruht die Verstärkerwirkung von Elektronenröhren?
A Die Anodenspannung steuert das magnetische Feld an der Anode und damit den Anodenstrom.
B Das von der Gitterspannung hervorgerufene elektrische Feld steuert den Anodenstrom.
C Die Heizspannung steuert das elektrische Feld an der Kathode und damit den Anodenstrom.
D Die Katodenvorspannung steuert das magnetische Feld an der Kathode und damit den Gitterstrom.

1.4.5 Modulator / Demodulator (TD5)

TD501 Durch Modulation
A werden Informationen auf einen oder mehrere Träger übertragen.
B werden einem oder mehreren Trägern Informationen entnommen.
C werden Sprach- und CW-Signale kombiniert.
D werden dem Signal NF-Komponenten entnommen.

TD502 Welche Aussage zum Frequenzmodulator ist richtig? Durch das Informationssignal
A wird die Amplitude des Trägers beeinflusst. Die Frequenz bleibt konstant.
B werden die Frequenz und die Amplitude des Trägers beeinflusst.
C findet keinerlei Beeinflussung von Trägerfrequenz oder Trägeramplitude statt. Die Information steuert nur die Kapazität des Oszillators.
D wird die Frequenz des Trägers beeinflusst. Die Amplitude bleibt konstant.

TD503 Welche Aussage zum SSB-Modulator ist richtig?
A Zur Aufbereitung des SSB-Signals müssen der Träger hinzugesetzt und ein Seitenband ausgefiltert werden.
B Zur Aufbereitung des SSB-Signals müssen der Träger unterdrückt und ein Seitenband ausgefiltert werden.
C Zur Aufbereitung des SSB-Signals müssen der Träger unterdrückt und ein Seitenband hinzugesetzt werden.
D Zur Aufbereitung des SSB-Signals müssen der Träger unterdrückt und beide Seitenbänder ausgefiltert werden.

TD504 Wie kann ein SSB-Signal erzeugt werden?
A Im Balancemodulator wird ein Zweiseitenband-Signal erzeugt. Ein auf die Trägerfrequenz abgestimmter Saugkreis filtert den Träger aus.
B Im Balancemodulator wird ein Zweiseitenband-Signal erzeugt. Ein auf die Trägerfrequenz abgestimmter Sperrkreis filtert den Träger aus.
C Im Balancemodulator wird ein Zweiseitenband-Signal erzeugt. Das Seitenbandfilter selektiert ein Seitenband heraus.
D Im Balancemodulator wird ein Zweiseitenband-Signal erzeugt. In einem Frequenzteiler wird ein Seitenband abgespalten.

Raum für Notizen:

....
....
....
....
....
....
....
....

1.4.6 Oszillator (TD6)

TD601 Was verstehen Sie unter einem „Oszillator"?
A Es ist ein sehr schmales Filter.
B Es ist ein Messgerät zur Anzeige von Schwingungen.
C Es ist ein FM-Modulator.
D Es ist ein Schwingungserzeuger.

TD602 Was ist ein LC-Oszillator? Es ist ein Schwingungserzeuger, wobei die Frequenz
A durch einen hochstabilen Quarz bestimmt wird.
B mittels LC-Tiefpass gefiltert wird.
C von einer Spule und einem Kondensator (LC-Schwingkreis) bestimmt wird.
D mittels LC-Hochpass gefiltert wird.

TD603 Was ist ein Quarz-Oszillator? Es ist ein Schwingungserzeuger, wobei die Frequenz
A durch einen hochstabilen Quarz bestimmt wird.
B allein durch einen Quarz erzeugt wird.
C mittels Quarz-Tiefpass gefiltert wird.
D mittels Quarz-Hochpass gefiltert wird.

Raum für Notizen:

TD604 Wie verhält sich die Frequenz eines LC-Oszillators bei Temperaturanstieg, wenn die Kapazität des Schwingkreiskondensators mit dem Temperaturanstieg geringer wird?
A Die Schwingungen reißen ab (Aussetzer).
B Die Frequenz wird erhöht.
C Die Frequenz wird niedriger.
D Die Frequenz bleibt stabil.

TD605 Im VFO eines Senders steigt die Induktivität der Oszillatorspule mit der Temperatur. Der Kondensator bleibt sehr stabil. Welche Auswirkungen hat dies bei steigender Temperatur?
A Die VFO-Frequenz wandert nach oben.
B Die VFO-Frequenz wandert nach unten.
C Die VFO-Ausgangsspannung nimmt zu.
D Die VFO-Ausgangsspannung nimmt ab.

TD606 Der Vorteil von Quarzoszillatoren gegenüber LC-Oszillatoren liegt darin, dass sie
A eine breitere Resonanzkurve haben.
B einen geringeren Anteil an Oberwellen erzeugen.
C ein sehr viel geringes Seitenbandrauschen erzeugen.
D eine bessere Frequenzstabilität aufweisen.

Anhang 1: Prüfungsfragen

1.5 Analoge und digitale Modulationsverfahren (TE)
1.5.1 Amplitudenmodulation AM, SSB (TE1)

TE101 Wie unterscheidet sich SSB (J3E) von normaler AM (A3E) in Bezug auf die Bandbreite?
A Die Sendeart J3E beansprucht etwas mehr als die halbe Bandbreite der Sendeart A3E.
B Die Sendeart J3E beansprucht etwa 1/4 Bandbreite der Sendeart A3E.
C Die unterschiedlichen Modulationsarten lassen keinen Vergleich zu, da sie grundverschieden erzeugt werden.
D Die Sendeart J3E beansprucht weniger als die halbe Bandbreite der Sendeart A3E.

TE102 Welches der nachfolgenden Modulationsverfahren hat die geringste Störanfälligkeit bei Funkanlagen in Kraftfahrzeugen?
A SSB
B DSB
C AM
D FM

TE103 Das folgende Oszillogramm zeigt ein AM-Signal. Der Modulationsgrad beträgt hier zirka

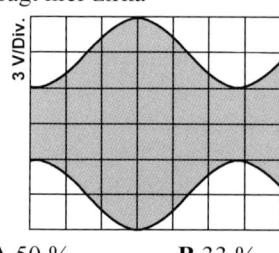

A 50 %.   B 33 %.
C 67 %.   D 75 %.

TE104 Das folgende Oszillogramm zeigt ein AM-Signal. Der Modulationsgrad beträgt hier zirka

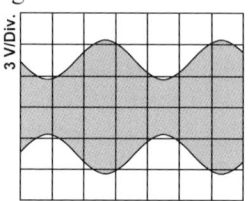

A 30 %.   B 55 %.
C 45 %.   D 75 %.

TE105 Das Oszillogramm zeigt

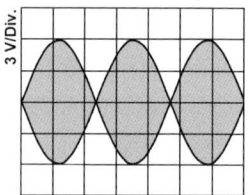

A ein typisches Einton-FM-Testsignal.
B ein typisches 100%-AM-Signal.
C ein typisches Zweiton-SSB-Testsignal.
D ein typisches CW-Signal.

TE106 Das Oszillogramm zeigt ein typisches Zweiton-SSB-Testsignal. Bestimmen Sie den Modulationsgrad!

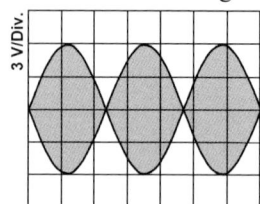

A Er beträgt 100 %.
B Er beträgt 0 %.
C Er beträgt ca. 50 %.
D Man kann keinen Modulationsgrad bestimmen, da es keinen Träger gibt.

1.5.2 Frequenzmodulation (TE2)

TE201 Wodurch wird bei Frequenzmodulation die Lautstärke-Information übertragen?
A Durch die Geschwindigkeit der Trägerfrequenzänderung.
B Durch die Änderung der Geschwindigkeit des Frequenzhubes.
C Durch die Größe der Amplitude des HF-Signals.
D Durch die Größe der Trägerfrequenzauslenkung.

TE202 FM hat gegenüber SSB den Vorteil der
A geringen Anforderungen an die Bandbreite.
B größeren Entfernungsüberbrückung.
C geringeren Beeinflussung durch Störquellen.
D besseren Kreisgüte.

TE203 Ein zu großer Hub eines FM-Senders führt dazu,
A dass die HF-Bandbreite zu groß wird.
B dass die Sendeendstufe übersteuert wird.
C dass Verzerrungen auf Grund unerwünschter Unterdrückung der Trägerfrequenz auftreten.
D dass Verzerrungen auf Grund gegenseitiger Auslöschung der Seitenbänder auftreten.

TE204 Größerer Frequenzhub führt bei einem FM-Sender zu
A einer Erhöhung der Senderausgangsleistung.
B einer größeren HF-Bandbreite.
C einer Erhöhung der Amplitude der Trägerfrequenz.
D einer Reduktion der Amplituden der Seitenbänder.

1.5.3 Text-, Daten- und Bildübertragung (TE3)

~~**TE301**~~ *) Welche HF-Bandbreite beansprucht ein 1200-Baud-Packet-Radio-AFSK-Signal?
A 25 kHz
B 12 kHz
C ca. 6,6 kHz
D ca. 3 kHz

~~**TE302**~~ *) Welche HF-Bandbreite beansprucht ein 9600-Baud-FM-Packet-Radio-Signal?
A 12,5 kHz
B 20 kHz
C ca. 6,6 kHz
D ca. 3 kHz

~~**TE303**~~ *) Welche NF-Zwischenträgerfrequenzen werden in der Regel in Packet Radio bei 1200 Baud benutzt?
A 1200 / 2200 Hz
B 850 / 1200 kHz
C 500 / 1750 Hz
D 300 / 2700 Hz

TE304 Was versteht man bei Packet Radio unter einem TNC (Terminal Network Controller)? Ein TNC
A ist ein Modem (Modulator und Demodulator) für digitale Signale.
B wandelt nur die Töne in digitale Daten und schickt diese an den PC.
C wandelt nur die Töne in digitale Daten und schickt diese an den Sender.
D besteht aus einem Modem und dem Controller für die digitale Aufbereitung der Daten.

*) keine aktuelle Prüfungsfrage mehr

TE305 Was bedeutet im Prinzip „Packet Radio"?
A   Die Daten werden paketweise (stoßweise) gesendet.
B   Die Daten werden in der Mailbox in Paketen aufbewahrt.
C   8-Bit-weise parallel gepackt gesendet.
D   zu 8 Bit gepackt und dann gesendet.

TE306 *)Was versteht man unter 1k2-Packet-Radio?
A   Man arbeitet mit einem einzelnen Ton von 1200 Hz.
B   Die Frequenz am Packet-Radio-Eingang beträgt 1200 Hertz.
C   Die Übertragung erfolgt mit 1200 Baud.
D   Die Daten werden in Paketen von 1200 Bits übertragen.

TE307 *)Welches ist eine gängige Übertragungsrate in Packet Radio?
A   6400 Baud
B   9600 Baud
C   12000 Baud
D   2700 Baud

TE308 Eine Packet-Radio-Mailbox ist
A   die Softwaresteuerung einer automatischen Funkstelle.
B   eine fernbedient oder automatisch arbeitende Funkstelle die Internetnachrichten zwischenspeichert.
C   eine Zusatzeinrichtung die E-Mails umwandelt und anschließend zwischenspeichert.
D   ein Rechnersystem bei dem Texte und Daten über Funk eingespeichert und abgerufen werden können.

TE309 Um RTTY-Betrieb durchzuführen benötigt man außer einem Transceiver beispielsweise
A   einen Fernschreiber.
B   einen RTTY-Controller.
C   eine Zusatzeinrichtung, die RTTY-Signale umwandelt und anschließend zwischenspeichert.
D   einen PC mit Soundkarte und entsprechender Software.

TE310 Welcher Unterschied zwischen den Betriebsarten ATV und SSTV ist richtig?
A   SSTV überträgt Standbilder, ATV bewegte Bilder.
B   SSTV wird nur auf Kurzwelle, ATV auf UKW verwendet.
C   SSTV belegt eine größere Bandbreite als ATV.
D   SSTV ist schwarzweiß, ATV in Farbe.

TE311 Welches der folgenden digitalen Übertragungsverfahren hat die geringste Bandbreite?
A   RTTY
B   Pactor
C   PSK31
D   Packet Radio

TE312 Wie heißt die Übertragungsart mit einem Übertragungskanal, bei der durch Umschaltung abwechselnd in beide Richtungen gesendet werden kann?
A   Simplex
B   Duplex
C   Halbduplex
D   Vollduplex

*) keine aktuelle Prüfungsfrage mehr

1.6 Funk-Empfänger (TF)
1.6.1 Einfach- und Doppelsuperhet-Empfänger (TF1)

TF101 Eine hohe erste ZF vereinfacht die Filterung zur Vermeidung von
A Beeinflussung des lokalen Oszillators.
B Nebenaussendungen.
C Störungen der zweiten ZF.
D Spiegelfrequenzstörungen.

TF102 Eine hohe erste Zwischenfrequenz
A ermöglicht eine gute Vorselektion und damit eine hohe Spiegelfrequenzunterdrückung bei der ersten Umsetzung.
B trägt dazu bei, mögliche Beeinflussungen des lokalen Oszillators durch Empfangssignale zu reduzieren.
C hat eine schlechte Spiegelfrequenzunterdrückung zur Folge, da der Frequenzabstand zwischen Empfangs- und Spiegelfrequenz klein ist.
D verhindert auf Grund ihrer Höhe, dass durch die Umsetzung auf die zweite Zwischenfrequenz Spiegelfrequenzen auftreten.

TF103 Welche Aussage ist für einen Doppelsuper richtig?
A Das von der Antenne aufgenommene Signal bleibt bis zum Demodulator in seiner Frequenz erhalten.
B Mit einer niedrigen zweiten ZF erreicht man leicht eine gute Trennschärfe.
C Durch eine hohe erste ZF erreicht man leicht eine gute Trennschärfe.
D Durch eine niedrige zweite ZF erreicht man leicht eine gute Spiegelselektion.

TF104 Ein Empfänger hat eine ZF von 10,7 MHz und ist auf 28,5 MHz abgestimmt. Der Oszillator des Empfängers schwingt oberhalb der Empfangsfrequenz. Welche Frequenz hat die Spiegelfrequenz?
A 17,8 MHz B 48,9 MHz
C 39,2 MHz D 49,9 MHz

TF105 Wodurch wird beim Überlagerungsempfänger die Spiegelfrequenzdämpfung bestimmt? Sie wird vor allem bestimmt
A durch die Höhe der zweiten ZF bei einem Doppelsuper.
B durch die Bandbreite der ZF-Stufen.
C durch die Höhe der ersten ZF.
D durch die NF-Bandbreite.

TF106 Einem Mischer werden die Frequenzen 136 MHz und 145 MHz zugeführt. Welche Frequenzen werden beim Mischvorgang erzeugt?
A 9 MHz und 281 MHz
B 127 MHz und 154 MHz
C 272 MHz und 290 MHz
D 140,5 MHz und 281 MHz

TF107 Einem Mischer werden die Frequenzen 28 MHz und 38,7 MHz zugeführt. Welche Frequenzen werden beim Mischvorgang erzeugt?
A 10,7 MHz und 56 MHz
B 10,7 MHz
C 56 MHz und 66,7 MHz
D 10,7 MHz und 66,7 MHz

TF108 Eine schmale Empfängerbandbreite führt im Allgemeinen zu einer
A fehlenden Trennschärfe.
B unzulänglichen Trennschärfe.
C hohen Trennschärfe.
D schlechten Demodulation.

TF109 Die Frequenzdifferenz zwischen dem HF-Nutzsignal und dem Spiegelfrequenzsignal entspricht
A dem Zweifachen der ersten ZF.
B der Frequenz des lokalen Oszillators.
C der HF-Eingangsfrequenz.
D der Frequenz des Preselektors.

TF110 Durch welchen Vorgang setzt ein Konverter einen Frequenzbereich für einen vorhandenen Empfänger um?

A Durch Mischung.
B Durch Vervielfachung.
C Durch Frequenzteilung.
D Durch Rückkopplung.

1.6.2 Blockschaltbilder (TF2)

TF201 Um Schwankungen des NF-Ausgangssignals durch Schwankungen des HF-Eingangssignals zu verringern, wird ein Empfänger mit
A einer NF-Pegelbegrenzung ausgestattet.
B NF-Filtern ausgestattet.
C einer automatischen Verstärkungsregelung ausgestattet.
D einer NF-Vorspannungsregelung ausgestattet.

TF202 Bei Empfang eines sehr starken Signals verringert die AGC (automatic gain control)
A die Versorgungsspannung des VFO.
B eine Verstärkung der NF-Stufen.
C eine Filterreaktion.
D die Verstärkung der HF- und ZF-Stufen.

TF203 Was bewirkt die AGC (automatic gain control) bei einem starken Eingangssignal?
A Sie reduziert die Amplitude des VFO.
B Sie reduziert die Verstärkung der HF- und ZF-Stufen.
C Sie reduziert die Amplitude des BFO.
D Sie reduziert die Höhe der Versorgungsspannungen.

TF204 Ein Doppelsuper hat eine erste ZF von 10,7 MHz und eine zweite ZF von 460 kHz. Die Empfangsfrequenz soll 28 MHz sein. Welche Frequenzen sind für den VFO und den CO erforderlich, wenn die Oszillatoren oberhalb der Mischer-Eingangssignale schwingen sollen?

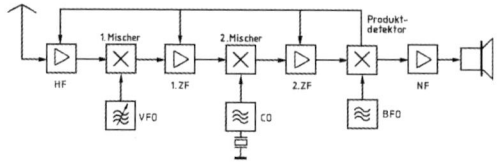

A Der VFO muss bei 38,70 MHz und der CO bei 11,16 MHz schwingen.
B Der VFO muss bei 10,26 MHz und der CO bei 17,30 MHz schwingen.
C Der VFO muss bei 11,16 MHz und der CO bei 38,70 MHz schwingen.
D Der VFO muss bei 28,460 MHz und der CO bei 38,26 MHz schwingen.

TF205 Ein Doppelsuper hat eine erste ZF von 9 MHz und eine zweite ZF von 460 kHz. Die Empfangsfrequenz soll 21,1 MHz sein. Welche Frequenzen sind für den VFO und den CO erforderlich, wenn die Oszillatoren oberhalb der Mischer-Eingangssignale schwingen sollen?

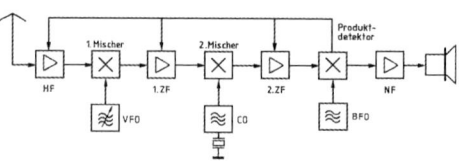

A Der VFO muss bei 30,1 MHz und der CO bei 9,46 MHz schwingen.
B Der VFO muss bei 9,46 MHz und der CO bei 8,54 MHz schwingen.
C Der VFO muss bei 30,1 MHz und der CO bei 8,54 MHz schwingen.
D Der VFO muss bei 21,56 MHz und der CO bei 12,1 MHz schwingen.

1.6.3 Betrieb und Funktionsweise einzelner Stufen (TF3)

TF301 In der folgenden Schaltung können bei einer Empfangsfrequenz von 28,3 MHz und einer Oszillatorfrequenz von 39 MHz Spiegelfrequenzstörungen bei

A 17,6 MHz auftreten.
B 39 MHz auftreten.
C 49,7 MHz auftreten.
D 67,3 MHz auftreten.

TF302 Der Begrenzerverstärker eines FM-Empfängers ist ein Verstärker,
A der das Ausgangssignal ab einem bestimmten Eingangspegel begrenzt.
B der zur Verringerung des Vorstufenrauschens dient.
C der zur Begrenzung des Hubes für den FM-Demodulator dient.
D der den ZF-Träger unabhängig vom Eingangssignal auf niedrigem Pegel konstant hält.

TF303 Welcher der folgenden als Bandpass einsetzbaren Bauteile verfügt am ehesten über die geringste Bandbreite?
A Ein LC-Bandpass
B Ein Keramikresonator
C Ein RC-Bandpass
D Ein Quarzkristall

1.6.4 Empfängermerkmale (TF4)

TF401 Die Empfindlichkeit eines Empfängers bezieht sich auf die
A Stabilität des VFO.
B Bandbreite des HF-Vorverstärkers.
C Fähigkeit des Empfängers, schwache Signale zu empfangen.
D Fähigkeit des Empfängers, starke Signale zu unterdrücken.

TF402 Welchen Vorteil bietet ein Überlagerungsempfänger gegenüber einem Geradeaus-Empfänger?
A Bessere Trennschärfe
B Höhere Bandbreiten
C Geringere Anforderungen an die VFO-Stabilität
D Wesentlich einfachere Konstruktion

TF403 Um wie viel S-Stufen müsste die S-Meter-Anzeige Ihres Empfängers steigen, wenn Ihr Partner die Sendeleistung von 10 Watt auf 40 Watt erhöht?
A Um eine S-Stufe
B Um zwei S-Stufen
C Um vier S-Stufen
D Um acht S-Stufen

TF404 Ein Funkamateur kommt laut S-Meter mit S7 an. Dann schaltet er seine Endstufe ein und bittet um einen erneuten Rapport. Das S-Meter zeigt S9+8dB. Um welchen Faktor müsste der Funkamateur seine Leistung erhöht haben?
A 120-fach   B 20-fach
C 100-fach   D 10-fach

TF405 Ein Funkamateur hat eine Endstufe, welche die Leistung verzehnfacht (von 10 auf 100 Watt). Ohne seine Endstufe zeigt Ihr S-Meter genau S8. Auf welchen Wert müsste die Anzeige Ihres S-Meters ansteigen, wenn er die Endstufe dazuschaltet?
A S9+4 dB   B S18
C S10+10 dB   D S9+9 dB

TF406 Wie groß ist der Unterschied von S4 nach S7 in dB?
A 3 dB   B 9 dB
C 18 dB   D 24 dB

TF407 Welche Baugruppe könnte in einem Empfänger gegebenenfalls dazu verwendet werden, um einen schmalen Frequenzbereich zu unterdrücken, in dem Störungen empfangen werden?
A Die AGC   B Noise Filter
C Störaustaster   D Notchfilter

TF408 Was bedeutet an einem Abstimmelement eines Empfängers die Abkürzung AGC?
A Automatische Frequenzregelung
B Automatische Verstärkungsregelung
C Automatische Gleichlaufsteuerung
D Automatische Antennenabstimmung

TF409 Welche Baugruppe könnte in einem Empfänger gegebenenfalls dazu verwendet werden, impulsförmige Störungen auszublenden?
A Notchfilter   B Noise Blanker
C Passband-Tuning   D Die AGC

1.7 Funksender (TG)

1.7.1 Blockschaltbilder (TG1)

TG101 Wie kann die hochfrequente Ausgangsleistung eines SSB-Senders vermindert werden?
A Durch die Veränderung des Arbeitspunktes der Endstufe.
B Durch die Verringerung des Hubes und/oder durch Einfügung eines Dämpfungsgliedes zwischen Steuersender und Endstufe.
C Nur durch Verringerung des Hubes allein.
D Durch die Verringerung der NF-Ansteuerung und/oder durch Einfügung eines Dämpfungsgliedes zwischen Steuersender und Endstufe.

TG102 Welche der nachfolgenden Antworten trifft für die Wirkungsweise eines Transverters zu?
A Ein Transverter setzt beim Senden als auch beim Empfangen z.B. ein 70-cm-Signal in das 10-m-Band um.
B Ein Transverter setzt beim Senden als auch beim Empfangen z.B. ein frequenzmoduliertes Signal in ein amplitudenmoduliertes Signal um.
C Ein Transverter setzt beim Empfangen z.B. ein 70-cm-Signal in das 10-m-Band und beim Senden das 10-m-Sendesignal auf das 70-cm-Band um.
D Ein Transverter setzt nur den zu empfangenden Frequenzbereich in einen anderen Frequenzbereich um, z.B. das 70-cm-Band in das 10-m-Band.

TG103 Was kann man tun, wenn der Hub bei einem Handfunkgerät oder Mobil-Transceiver zu groß ist?
A Weniger Leistung verwenden.
B Leiser ins Mikrofon sprechen.
C Lauter ins Mikrofon sprechen.
D Mehr Leistung verwenden.

TG104 Was bewirkt in der Regel eine zu hohe Mikrofonverstärkung bei einem SSB-Transceiver?
A Störungen von Stationen, die auf einem anderen Frequenzband arbeiten.
B Störungen der Stromversorgung des Transceivers.
C Störungen von Computern.
D Splatter bei Stationen, die auf dem Nachbarkanal arbeiten.

TG105 Was bewirkt eine zu geringe Mikrofonverstärkung bei einem SSB-Transceiver?
A Verringerung der Modulationsqualität
B geringe Ausgangsleistung
C Störungen von Stationen, die auf einem anderen Frequenzband arbeiten
D Splatter bei Stationen, die auf dem Nachbarkanal arbeiten

Raum für Notizen:

1.7.2 Betrieb und Funktionsweise einzelner Stufen (TG2)

TG201 Wie heißt die Stufe in einem Sender, welche die Eigenschaft hat, leise Sprachsignale gegenüber den lauten etwas anzuheben?
- A Speech Processor
- B Noise Blanker
- C Clarifier
- D Notchfilter

TG202 Welche Schaltung in einem Sender bewirkt, dass der Transceiver allein durch die Stimme auf Sendung geschaltet werden kann?
- A PTT
- B VOX
- C RIT
- D PSK

~~**TG203**~~ (Frage kommt in Prüfungen nicht mehr vor)
Welche Anforderungen muss ein FM-Funkgerät erfüllen, damit es für die Übertragung von Packet Radio mit 9600 Baud geeignet ist?
- A Es muss den Frequenzbereich von 300 Hz bis 10 kHz linear übertragen können und ein TX-Delay von kleiner 1 ms haben.
- B Es muss sende- und empfangsseitig den Frequenzbereich von 20 Hz bis 6 kHz möglichst linear übertragen können und die Zeit für die Sende-Empfangsumschaltung muss so kurz wie möglich sein z.B. < 10...100 ms.
- C Es muss sende- und empfangsseitig den Frequenzbereich von 300 Hz bis 3,4 kHz möglichst linear übertragen können und die Zeit für die Sende-Empfangsumschaltung muss zwischen 100...300 ms liegen.
- D Es muss über einen Anschluss für Mikrofon und Lautsprecher verfügen, an dem ein TNC oder Modem angeschlossen werden kann.

Raum für Notizen:

1.7.3 Betrieb und Funktionsweise von HF-Leistungsverstärkern (TG3)

TG301 Ein Sender mit 1 Watt Ausgangsleistung ist an eine Endstufe mit einer Verstärkung von 10 dB angeschlossen. Wie groß ist der Ausgangspegel der Endstufe?
A 1 dBW
B 3 dBW
C 10 dBW
D 20 dBW

TG302 Ein HF-Leistungsverstärker hat einen Gewinn von 16 dB. Welchen Pegel hat der HF-Ausgang bei einem HF-Eingangspegel von 1 W?
A 4 W
B 16 W
C 40 W
D 20 W

TG303 Die Ausgangsleistung eines Senders ist
A die unmittelbar nach dem Senderausgang messbare Leistung, bevor sie Zusatzgeräte (z.B. Anpassgeräte) durchläuft.
B die unmittelbar nach dem Senderausgang gemessene Differenz aus vorlaufender und rücklaufender Leistung.
C die unmittelbar nach den erforderlichen Zusatzgeräten (z.B. Anpassgeräte) messbare Leistung.
D die unmittelbar nach dem Senderausgang gemessene Summe aus vorlaufender und rücklaufender Leistung.

TG304 Die Spitzenleistung (PEP) ist definiert als die
A Durchschnittsleistung einer SSB-Übertragung.
B Leistung bei der Spitze der Hüllkurve.
C Spitzen-Spitzen-Leistung bei den höchsten Spitzen der Modulationshüllkurve.
D Mindestleistung bei der Modulationsspitze.

TG305 Eine Verdopplung der Leistung entspricht wie viel dB?
A 1,5 dB
B 3 dB
C 6 dB
D 12 dB

TG306 Die Ausgangsleistung eines FM-Senders
A ändert sich durch die Modulation.
B beträgt bei fehlender Modulation Null.
C verringert sich durch Modulation auf 70 %.
D wird nicht durch die Modulation beeinflusst.

TG307 Wie wird in der Regel die hochfrequente Ausgangsleistung eines SSB-Senders vermindert?
A Durch die Veränderung des Arbeitspunktes der Endstufe.
B Durch die Verringerung des Hubes und/oder durch Einfügung eines Dämpfungsgliedes zwischen Steuersender und Endstufe.
C Durch die Verringerung der NF- Ansteuerung und/oder durch Einfügung eines Dämpfungsgliedes zwischen Steuersender und Endstufe.
D Nur durch Verringerung des Hubes allein.

1.7.4 Betrieb und Funktionsweise von HF-Transceivern (TG4)

TG401 Was kann man tun, wenn der Hub bei einem Handfunkgerät oder Mobiltransceiver zu groß ist?
A Weniger Leistung verwenden
B Leiser ins Mikrofon sprechen
C Mehr Leistung verwenden
D Lauter ins Mikrofon sprechen

TG402 In welcher der folgenden Antworten sind Betriebsarten üblicher Kurzwellen-Transceiver aufgezählt?
A USB, LSB, FM, AM, CW
B USB, PSK31, FM, SSTV, CW
C USB, LSB, FM, SSTV, CW
D USB, LSB, SSTV, Pactor, CW

TG403 Wenn man beim Funkbetrieb mit einem Transceiver die Empfangsfrequenz gegenüber der Senderfrequenz geringfügig verstellen möchte, muss man
A das Notchfilter einschalten.
B die Passband-Tuning verstellen.
C die PTT einschalten.
D die RIT bedienen.

TG404 Wie wird die Taste am Mikrofon bezeichnet, mit der man einen Transceiver auf Sendung schalten kann?
A VOX
B PTT
C RIT
D SSB

TG405 Wie wird der Funkbetrieb bezeichnet, mit dem man einen Transceiver allein durch die Stimme auf Sendung schalten kann?
A PTT-Betrieb
B RIT-Betrieb
C VOX-Betrieb
D SSB-Betrieb

1.7.5 Unerwünschte Ausstrahlungen (TG5)

TG501 Wodurch werden Tastklicks bei einem CW-Sender hervorgerufen?
A Durch zu steile Flanken der Tastimpulse
B Durch prellende Kontakte der verwendeten Taste
C Durch direkte Tastung der Oszillatorstufe
D Durch ein unterdimensioniertes Netzteil, dessen Spannung beim Auftasten kurzzeitig zusammenbricht

TG502 Was für ein Filter muss man zwischen Senderausgang und Antenne einschleifen, um die Abstrahlung von Oberwellen zu reduzieren?
A Ein Hochpassfilter
B Ein Antennenfilter
C Ein Sperrkreisfilter
D Ein Tiefpassfilter

TG503 Um Nachbarkanalstörungen zu minimieren, sollte die Übertragungsbandbreite bei SSB
A höchstens 3 kHz betragen.
B höchstens 5 kHz betragen.
C höchstens 10 kHz betragen.
D höchstens 15 kHz betragen.

TG504 Welche Schaltung kann am Ausgang eines HF-Senders zur Verringerung der Oberwellenausstrahlungen verwendet werden?

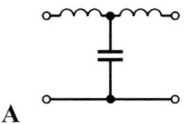
A

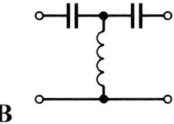
B

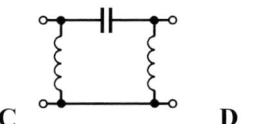
C

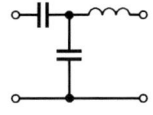
D

TG505 Bei der erstmaligen Prüfung eines Senders sollten die Signale zunächst
A in eine Antenne eingespeist werden.
B in einen Kondensator mit einem Blindwiderstand von 50 Ω eingespeist werden.
C in einen 50-Ω-Drahtwiderstand eingespeist werden.
D in eine künstliche 50-Ω-Antenne eingespeist werden.

TG506 Welche Filtercharakteristik würde sich am besten für einen KW-Mehrband-Sender eignen?

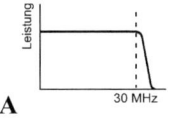
A

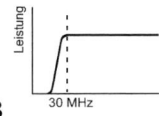
B

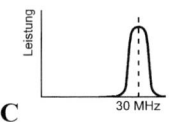
C

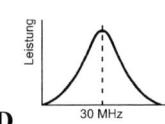
D

Raum für Notizen:

1.8 Antennen und Übertragungsleitungen (TH)
1.8.1 Antennen (TH1)

TH101 Was sind typische Kurzwellen-Amateurfunksendeantennen?
- A Langdraht-Antenne, Groundplane-Antenne, Gestockte Yagiantenne, Dipolantenne, Windom-Antenne, Delta-Loop-Antenne
- B Langdraht-Antenne, Groundplane-Antenne, Gruppenantenne, Dipolantenne, Windom-Antenne, Delta-Loop-Antenne
- C Langdraht-Antenne, Groundplane-Antenne, Kreuzyagiantenne, Dipolantenne, Windom-Antenne, Delta-Loop-Antenne
- D Langdraht-Antenne, Groundplane-Antenne, Yagiantenne, Dipolantenne, Windom-Antenne, Delta-Loop-Antenne

TH102 Welche Antennenformen werden im VHF-UHF-Bereich bei den Funkamateuren in der Regel nicht verwendet?
- A Yagi-Antennen
- B Quad-Antennen
- C Langdraht-Antennen
- D Groundplane-Antennen

TH103 Welche magnetischen Antennen eignen sich für Sendebetrieb und strahlen dabei im Nahfeld ein starkes magnetisches Feld ab?
- A Magnetische Ringantennen mit einem Umfang von etwa $\lambda/10$
- B Ferritantennen und magnetische Ringantennen
- C Rahmenantennen mit mehreren Drahtwindungen
- D Ferritantennen und Rahmenantennen mit mehreren Drahtwindungen

TH104 Berechnen Sie die Länge eines $5/8$-λ langen Vertikalstrahlers für das 10-m-Band (28,5 MHz).
- A 6,58 m
- B 3,29 m
- C 2,08 m
- D 5,26 m

TH105 Sie wollen verschiedene Antennen testen, ob sie für den Funkbetrieb auf Kurzwelle für das 80-m-Band geeignet sind. Man stellt Ihnen jeweils drei Antennen zur Verfügung. Welches Angebot wählen sie, um nur die drei besonders geeigneten Antennen testen zu müssen?
- A Beam, Groundplane-Antenne, Dipol
- B Dipol, W3DZZ-Antenne, Beam
- C Dipol, Delta-Loop, W3DZZ-Antenne
- D Dipol, Delta-Loop, Langyagi

TH106 Welche Antenne gehört nicht zu den symmetrischen Antennen?
- A Faltdipol
- B Yagi
- C Groundplane-Antenne
- D $\lambda/2$-Dipol

TH107 Wie nennt man eine Schleifenantenne, die aus drei gleich langen Drahtstücken besteht?
- A Delta Loop Antenne
- B 3-Element Quad Loop Antenne
- C W3DZZ Antenne
- D 3-Element-Beam

TH108 Bei welcher Länge hat eine Vertikalantenne die günstigsten Strahlungseigenschaften?
- A $3\lambda/4$ $= ¾\lambda$
- B $\lambda/4$
- C $\lambda/2$
- D $5\lambda/8$ $= ⅝\lambda$

TH109 Eine Vertikalantenne erzeugt
- A zirkulare Polarisation.
- B einen hohen Abstrahlwinkel.
- C einen flachen Abstrahlwinkel.
- D elliptische Polarisation.

TH110 Sie wollen eine Zweibandantenne für 160 m und 80 m selbst bauen. Welche der folgenden Antworten enthält die richtige Drahtlänge l zwischen den Schwingkreisen und die richtige Resonanzfrequenz f_{res} der Kreise?

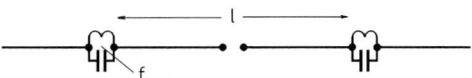

A l beträgt zirka 80 m und f_{res} liegt bei zirka 3,65 MHz.
B l beträgt zirka 40 m und f_{res} liegt bei zirka 1,85 MHz.
C l beträgt zirka 40 m und f_{res} liegt bei zirka 3,65 MHz.
D l beträgt zirka 80 m und f_{res} liegt bei zirka 1,85 MHz.

TH111 Die elektrischen Gegengewichte einer Groundplane-Antenne bezeichnet man auch als
A Reflektoren.
B Parasitärstrahler.
C Erdelemente.
D Radiale.

TH112 Das folgende Bild enthält eine einfache Richtantenne. Die Bezeichnungen der Elemente in numerischer Reihenfolge lauten

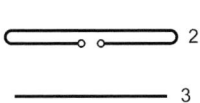

A 1 Strahler, 2 Direktor und 3 Reflektor.
B 1 Reflektor, 2 Strahler und 3 Direktor.
C 1 Direktor, 2 Strahler und 3 Reflektor.
D 1 Direktor, 2 Reflektor und 3 Strahler.

TH113 An welchem Element einer Yagi-Antenne erfolgt die Energieeinspeisung?
A Am Strahler
B Am Direktor
C Am Reflektor
D Am Strahler und am Reflektor gleichzeitig

1.8.2 Antennenmerkmale (TH2)

TH201 Welche elektrische Länge muss eine Dipolantenne haben, damit sie in Resonanz ist?
A Sie muss ein ungeradzahliges Vielfaches von $\lambda/4$ betragen. $(n \cdot \lambda/4, n=1,3,5...)$
B Sie muss $5/8\lambda$, $\lambda/4$ oder deren geradzahlige Vielfache betragen.
C Sie darf kein ganzzahliges Vielfaches von λ betragen.
D Sie muss ein ganzzahliges Vielfaches von $\lambda/2$ betragen. $(n \cdot \lambda/2, n=1,2,3...)$

TH202 Welches Strahlungsdiagramm ist der Antenne richtig zugeordnet?

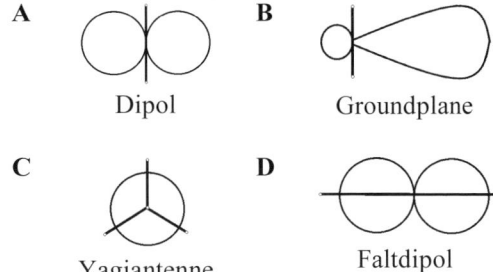

Anhang 1: Prüfungsfragen

TH203 Welchen Eingangs- bzw. Fußpunktwiderstand hat die Groundplane?

A ca. 30 ... 50 Ω
B ca. 60 ... 120 Ω
C ca. 600 Ω
D ca. 240 Ω

TH204 Die Impedanz in der Mitte eines Halbwellendipols beträgt je nach Aufbauhöhe ungefähr

A 60 bis 120 Ω
B 120 bis 240 Ω
C 40 bis 80 Ω
D 240 bis 600 Ω

TH205 Ein Faltdipol hat einen Eingangswiderstand von ungefähr

A 600 Ω.   B 240 Ω.
C 50 Ω.   D 30-60 Ω.

TH206 Ein Halbwellendipol wird auf der Grundfrequenz in der Mitte

A spannungsgespeist.
B stromgespeist.
C endgespeist.
D parallel gespeist.

TH207 Welcher Prozentsatz entspricht dem Korrekturfaktor, der üblicherweise für die Berechnung der Länge einer Drahtantenne verwendet wird?

A 75 %   B 95 %
C 66 %   D 100 %

TH208 Folgendes Bild enthält verschiedene UKW-Vertikalantennen. In welcher der folgenden Zeilen ist die Bezeichnung der Antenne richtig zugeordnet?

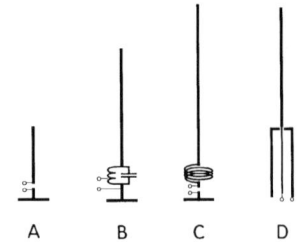

A Bild A zeigt einen λ/4-Vertikalstrahler (Viertelwellenstab).
B Bild B zeigt eine Sperrtopf-Antenne.
C Bild C zeigt eine λ/2-Antenne mit Fuchskreis.
D Bild D zeigt eine 5/8-λ-Antenne.

TH209 Folgendes Bild enthält verschiedene UKW-Antennen. Welche der folgenden Antworten ist richtig?

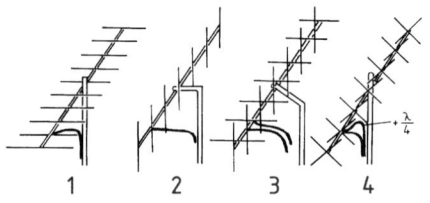

A Bild 1 zeigt eine horizontal polarisierte Yagi-Antenne.
B Bild 2 zeigt eine Kreuz-Yagi-Antenne.
C Bild 3 zeigt eine gestockte X-Yagi-Antenne.
D Bild 4 zeigt eine vertikal polarisierte Yagi-Antenne.

TH210 Eine Drahtantenne für den Amateurfunk im KW-Bereich

A kann eine beliebige Länge haben.
B muss unbedingt lambda-halbe lang sein.
C muss genau lambda-viertel lang sein.
D muss eine Länge von dreiviertel Lambda haben.

1.8.3 Übertragungsleitungen (TH3)

TH301 Am Ende einer Leitung ist nur noch ein Viertel der Leistung vorhanden. Wie groß ist das Dämpfungsmaß des Kabels?
A 3 dB B 6 dB
C 10 dB D 16 dB

TH302 Am Ende einer Leitung ist nur noch ein Zehntel der Leistung vorhanden. Wie groß ist das Dämpfungsmaß des Kabels?
A 16 dB B 3 dB
C 6 dB D 10 dB

TH303 Eine HF-Ausgangleistung von 100 W wird in eine angepasste Übertragungsleitung eingespeist. Am antennenseitigen Ende der Leitung beträgt die Leistung 50 W bei einem Stehwellenverhältnis von 1:1. Wie hoch ist die Leitungsdämpfung?
A -3 dB B -6 dB
C 3 dB D 6 dBm

TH304 Welcher der nachfolgenden Zusammenhänge ist richtig?
A 0 dBm entspricht 1 mW;
   3 dBm entspricht 1,4 mW;
   20 dBm entspricht 10 mW
B 0 dBm entspricht 0 mW;
   3 dBm entspricht 30 mW;
   20 dBm entspricht 200 mW
C 1 dBm entspricht 0 mW;
   2 dBm entspricht 3 mW;
   100 dBm entspricht 20 mW
D 0 dBm entspricht 1 mW;
   3 dBm entspricht 2 mW;
   20 dBm entspricht 100 mW

TH305 Welche Dämpfung hat ein 25 m langes Koaxkabel vom Typ Aircell 7 bei 145 MHz? (siehe hierzu Diagramm)
A 1,9 dB B 7,5 dB
C 3,75 dB D 1,5 dB

TH306 Welche Dämpfung hat ein 20 m langes Koaxkabel vom Typ RG 58 bei 29 MHz? (siehe hierzu Diagramm)
A 4,5 dB B 1,8 dB
C 9 dB D 1,2 dB

TH307 Der Wellenwiderstand einer Leitung
A ist völlig frequenzunabhängig.
B hängt von der Beschaltung am Leitungsende ab.
C hängt von der Leitungslänge und der Beschaltung am Leitungsende ab.
D ist im HF-Bereich in etwa konstant und unabhängig vom Leitungsabschluss.

TH308 Koaxialkabel weisen typischerweise Wellenwiderstände von
A 50, 300 und 600 Ω auf.
B 60, 120 und 240 Ω auf.
C 50, 60 und 75 Ω auf.
D 50, 75 und 240 Ω auf.

TH309 Welche Vorteile hat eine Paralleldraht-Speiseleitung gegenüber der Speisung über ein Koaxialkabel?
A Sie vermeidet Mantelwellen durch Wegfall der Abschirmung.
B Sie erlaubt leichtere Kontrolle des Wellenwiderstandes durch Verschieben der Spreizer.
C Sie bietet guten Blitzschutz durch niederohmige Drähte.
D Sie hat geringere Dämpfung und hohe Spannungsfestigkeit.

TH310 Wann ist eine Speiseleitung unsymmetrisch?
A Wenn die hin- und zurücklaufende Leistung verschieden sind.
B Wenn sie außerhalb ihrer Resonanzfrequenz betrieben wird.
C Wenn die beiden Leiter unterschiedlich geformt sind, z.B. Koaxialkabel.
D Wenn die Koaxial-Leitung Spannung gegen Erde führt.

TH311 Welche Leitungen sollten für die HF-Verbindungen zwischen Amateurfunk-Einrichtungen verwendet werden, um unerwünschte Abstrahlungen zu vermeiden?
A Hochwertige abgeschirmte Netzanschlusskabel.
B Hochwertige Koaxialkabel
C Symmetrische Feederleitungen
D Unabgestimmte Speiseleitungen

TH312 Welches der folgenden Koaxsteckverbindersysteme ist für sehr hohe Frequenzen (70-cm-Band) und hohe Leistungen am besten geeignet?
A N   B SMA
C UHF D BNC

1.8.4 Anpassung, Transformation und Symmetrierung (TH4)

TH401 Bei welchem SWR ist eine Antenne am besten an die Leitung angepasst? Sie ist am besten angepasst bei einem SWR von
A 1.   B 0.
C 3.   D unendlich.

TH402 Fehlanpassungen oder Beschädigungen von HF-Übertragungsleitungen
A führen zu Reflektionen des übertragenen HF-Signals und einem erhöhten VSWR.
B führen zu einer Überbeanspruchung der angeschlossenen Antenne.
C führen zu einem VSWR von kleiner oder gleich 1.
D führen zur Erzeugung unerwünschter Aussendungen, da innerhalb der erforderlichen Bandbreite keine Anpassung gegeben ist.

TH403 Welche Auswirkungen hat es, wenn eine symmetrische Antenne (Dipol) mit einem Koaxkabel gleicher Impedanz gespeist wird?
A Es treten keine nennenswerten Auswirkungen auf, da die Antenne angepasst ist und die Speisung über ein Koaxkabel erfolgt, dessen Außenleiter Erdpotential hat.
B Die Richtcharakteristik der Antenne wird verformt und es können Mantelwellen auftreten.
C Am Speisepunkt der Antenne treten gegenphasige Spannungen und Ströme gleicher Größe auf, die eine Fehlanpassung hervorrufen.
D Es treten Polarisationsdrehungen auf, die von der Kabellänge abhängig sind.

TH404 Ein symmetrischer Halbwellendipol wird direkt über ein Koaxialkabel von einem Sender gespeist. Das Kabel ist senkrecht am Haus entlang verlegt und verursacht geringe Störungen. Um das Problem weiter zu verringern, empfiehlt es sich
A das Koaxialkabel durch eine Eindrahtspeiseleitung zu ersetzen.
B beim Koaxialkabel alle 5 m eine Schleife mit 3 Windungen einzulegen.
C das Koaxialkabel in einem Kunststoffrohr zur mechanischen Schirmung unterzubringen.
D den Dipol über ein Symmetrierglied zu speisen.

TH405 Auf einem Ferritkern sind etliche Windungen Koaxialkabel aufgewickelt. Diese Anordnung kann dazu dienen,

A statische Aufladungen zu verhindern.
B eine Antennenleitung abzustimmen.
C Mantelwellen zu dämpfen.
D Oberwellen zu unterdrücken.

TH406 Am Eingang einer Antennenleitung misst man ein VSWR von 3. Wie groß ist in etwa die rücklaufende Leistung am Messpunkt, wenn die vorlaufende Leistung dort 100 Watt beträgt?

A 12,5 W B 25 W
C 50 W   D 75 W

1.9 Wellenausbreitung und Ionosphäre (TI)
1.9.1 Ionosphäre (TI1)

TI101 Welche ionosphärischen Schichten bestimmen die Wellenausbreitung am Tage?
A Die F1- und F2-Schicht
B Die D-, E-, F1- und F2-Schicht
C Die E- und F-Schicht
D Die E- und D-Schicht

TI102 Welche ionosphärischen Schichten bestimmen die Fernausbreitung in der Nacht?
A Die D-, E- und F2-Schicht
B Die F2-Schicht
C Die F1- und F2-Schicht
D Die D- und E-Schicht

TI103 In welcher Höhe befinden sich die für die Fernausbreitung (DX) wichtigen ionosphärischen Schichten? Sie befinden sich in ungefähr
A 2 bis 5 km Höhe.
B 20 bis 50 km Höhe.
C 200 bis 500 km Höhe.
D 2000 bis 5000 km Höhe.

TI104 Welchen Einfluss hat die D-Schicht auf die Fernausbreitung?
A Die D-Schicht führt tagsüber zu starker Dämpfung im 80- und 160-m-Band.
B Die D-Schicht reflektiert tagsüber die Wellen im 80- und 160-m-Band.
C Die D-Schicht absorbiert tagsüber die Wellen im 10-m-Band.
D Die D-Schicht ist im Sonnenfleckenmaximum am wenigsten ausgeprägt.

TI105 Wie kommt die Fernausbreitung einer Funkwelle auf den Kurzwellenbändern zustande? Sie kommt zustande durch die Reflexion an
A Hoch- und Tiefdruckgebieten der hohen Atmosphäre.
B den Wolken in der niedrigen Atmosphäre.
C den parasitären Elementen einer Richtantenne.
D elektrisch aufgeladenen Luftschichten in der Ionosphäre.

TI106 Welche Schicht ist für die gute Ausbreitung im 10-m-Band in den Sommermonaten verantwortlich?
A Die D-Schicht
B Die F1-Schicht
C Die F2-Schicht
D Die E-Schicht

TI107 Die Sonnenfleckenzahl ist einem regelmäßigen Zyklus unterworfen. Welchen Zeitraum hat dieser Zyklus zirka?
A 6 Monate
B 12 Monate
C 100 Jahre
D 11 Jahre

Raum für Notizen:

1.9.2 Kurzwellenausbreitung (TI2)

TI201 Die Ausbreitungsgeschwindigkeit freier elektromagnetischer Wellen beträgt etwa
A 3 000 000 km/s.
B 30 000 km/s.
C 300 000 km/s.
D 3 000 km/s.

TI202 Unter der "Toten Zone" wird der Bereich verstanden,
A der durch die Bodenwelle überdeckt wird, so dass schwächere DX-Stationen zugedeckt werden.
B der durch die Bodenwelle erreicht wird und für die Raumwelle nicht zugänglich ist.
C der durch die Bodenwelle nicht mehr erreicht wird und durch die reflektierte Raumwelle noch nicht erreicht wird.
D der durch die Interferenz der Bodenwelle mit der Raumwelle in einer Zone der gegenseitigen Auslöschung liegt.

TI203 Welche der folgenden Aussagen trifft für KW-Funkverbindungen zu, die über Bodenwellen erfolgen? Die Bodenwelle folgt der Erdkrümmung und
A geht nicht über den geografischen Horizont hinaus. Sie wird in höheren Frequenzbereichen stärker gedämpft als in niedrigeren Frequenzbereichen.
B geht über den geografischen Horizont hinaus. Sie wird in niedrigeren Frequenzbereichen stärker gedämpft als in höheren Frequenzbereichen.
C geht über den geografischen Horizont hinaus. Sie wird in höheren Frequenzbereichen stärker gedämpft als in niedrigeren Frequenzbereichen.
D geht nicht über den geografischen Horizont hinaus. Sie wird in niedrigeren Frequenzbereichen stärker gedämpft als in höheren Frequenzbereichen.

TI204 Wie groß ist in etwa die maximale Entfernung, die ein KW-Signal bei Reflexion an der E-Schicht auf der Erdoberfläche mit einem Sprung (Hop) überbrücken kann?
A Etwa 1100 km
B Etwa 2200 km
C Etwa 4500 km
D Etwa 9000 km

TI205 Von welchem der genannten Parameter ist die Sprungdistanz abhängig, die ein KW-Signal auf der Erdoberfläche überbrücken kann?
A Von der Polarisation der Antenne.
B Von der Sendeleistung.
C Vom Antennengewinn.
D Vom Abstrahlwinkel der Antenne.

TI206 Bei der Ausbreitung auf Kurzwelle spielt die so genannte "Grey Line" eine besondere Rolle. Was ist die "Grey Line"?
A Die instabilen Ausbreitungsbedingungen in der Äquatorialzone.
B Die Zeit mit den besten Möglichkeiten für "Short Skip" Ausbreitung.
C Die Übergangszeit vor und nach dem Winter, in der sich die D-Schicht ab- und wieder aufbaut.
D Der Streifen der Dämmerungsphase vor Sonnenaufgang oder nach Sonnenuntergang.

TI207 Was versteht man unter dem Begriff "Mögel-Dellinger-Effekt"?
A Den totalen, zeitlich begrenzten Ausfall der Reflexion in der Ionosphäre.
B Den zeitlich begrenzten Schwund durch Mehrwegeausbreitung in der Ionosphäre.
C Die zeitlich begrenzt auftretende Verzerrung der Modulation.
D Das Übersprechen der Modulation eines starken Senders auf andere, über die Ionosphäre übertragene HF-Signale.

TI208 Ein plötzlicher Anstieg der Intensitäten von UV- und Röntgenstrahlung nach einem Flare (Energieausbruch auf der Sonne) führt zu erhöhter Ionisierung der D-Schicht und damit zu kurzzeitigem Totalausfall der ionosphärischen Kurzwellenausbreitung. Diese Erscheinung wird auch bezeichnet als
A sporadische E-Ausbreitung.
B Mögel-Dellinger-Effekt.
C kritischer Schwund.
D Aurora-Effekt.

TI209 Unter dem Begriff "Short Skip" versteht man Funkverbindungen besonders im 10-m-Band mit Sprungentfernungen unter 1000 km, die
A bei entsprechendem Abstrahlwinkel durch Reflexion an der F1-Schicht ermöglicht werden.
B durch Reflexion an sporadischen E-Schichten ermöglicht werden.
C bei entsprechendem Abstrahlwinkel durch Reflexion an der F2-Schicht ermöglicht werden.
D durch Reflexion an hochionisierten D-Schichten ermöglicht werden.

TI210 Warum sind Signale im 160- und 80-Meter-Band tagsüber nur schwach und nicht für den weltweiten Funkverkehr geeignet? Sie sind ungeeignet wegen der Tagesdämpfung in der
A A-Schicht
B D-Schicht
C F1-Schicht
D F2-Schicht

TI211 In welcher ionosphärischen Schicht treten gelegentlich Aurora-Erscheinungen auf?
A In der F-Schicht
B In der E-Schicht Nähe des Äquators
C In der E-Schicht
D In der D-Schicht

TI212 Was bedeutet die „MUF" bei der Kurzwellenausbreitung?
A Mittlere Nutzfrequenz
B Höchste brauchbare Frequenz
C Niedrigste brauchbare Frequenz
D Kritische Grenzfrequenz

TI213 Wie nennt man den ionosphärischen Feldstärkeschwund durch Überlagerung von Boden- und Raumwelle, der sich bei der Kurzwellenausbreitung besonders bei AM-Sendungen bemerkbar macht?
A Fading
B Flatterfading
C MUF
D Mögel-Dellinger-Effekt

1.9.3 Wellenausbreitung oberhalb 30 MHz (TI3)

TI301 Wie weit etwa reicht der Funkhorizont im UKW-Bereich über den geografischen Horizont hinaus? Er reicht etwa
A doppelt so weit.
B bis zur Hälfte der Entfernung bis zum geografischen Horizont.
C bis zum Vierfachen der Entfernung bis zum geografischen Horizont.
D 15 % weiter als der geografische Horizont.

TI302 Überhorizontverbindungen im UHF-/VHF-Bereich kommen u.a. zustande durch
A Reflexion der Wellen in der Troposphäre durch das Auftreten sporadischer D-Schichten.
B Streuung der Wellen an troposphärischen Bereichen unterschiedlicher Beschaffenheit.
C Polarisationsdrehungen in der Troposphäre bei hoch liegender Bewölkung.
D Polarisationsdrehungen in der Troposphäre an Gewitterfronten.

215

TI303 Für VHF-Weitverkehrsverbindungen wird hauptsächlich die
A ionosphärische Ausbreitung genutzt.
B troposphärische Ausbreitung genutzt.
C Bodenwellenausbreitung genutzt.
D Oberflächenwellenausbreitung genutzt.

TI304 Was ist die "Troposphäre"? Die Troposphäre ist der
A untere Teil der Atmosphäre, der sich nördlich und südlich des Äquators über die Tropen erstreckt.
B obere Teil der Atmosphäre, in der es zur Bildung sporadischer E-Schichten kommen kann.
C untere Teil der Atmosphäre, in der die Erscheinungen des Wetters stattfinden.
D obere Teil der Atmosphäre, in welcher Aurora-Erscheinungen auftreten können.

TI305 Wie wirkt die Antennenhöhe auf die Reichweite einer UKW-Verbindung aus? Die Reichweite steigt mit zunehmender Antennenhöhe, weil
A die dämpfende Wirkung der Erdoberfläche abnimmt.
B die Entfernung zu den reflektierenden Schichten der Troposphäre abnimmt.
C in höheren Luftschichten die Temperatur sinkt.
D die optische Sichtweite zunimmt.

TI306 Was ist die Ursache für Aurora-Erscheinungen? Die Ursache ist
A das Eindringen geladener Teilchen von der Sonne in die Atmosphäre.
B eine hohe Sonnenfleckenzahl.
C eine niedrige Sonnenfleckenzahl.
D das Auftreten von Meteoritenschauern in den polaren Regionen.

TI307 Wie wirkt sich "Aurora" auf die Signalqualität eines Funksignals aus?

A CW-Signale haben einen flatternden und verbrummten Ton.
B CW-Signale haben einen besseren Ton.
C C Die Lesbarkeit der SSB-Signale verbessert sich.
D Die Lesbarkeit der FM-Signale verbessert sich.

TI308 Welche Betriebsart eignet sich am besten für Auroraverbindungen?
A CW   B SSB   C FM   D PSK31

TI309 Was verstehen Sie unter dem Begriff "Sporadic E"? Ich verstehe darunter
A kurzfristige plötzliche Inversionsänderungen in der E-Schicht, die Fernausbreitung im VHF-Bereich ermöglichen.
B kurzzeitig auftretende starke Reflexion von VHF-Signalen an Meteorbahnen innerhalb der E-Schicht.
C lokal begrenzten kurzzeitigen Ausfall der Reflexion durch ungewöhnlich hohe Ionisation innerhalb der E-Schicht.
D die Reflexion an lokal begrenzten Bereichen mit ungewöhnlich hoher Ionisation innerhalb der E-Schicht.

TI310 In dem folgenden Geländeprofil sei S ein Sender im 2-m-Band, E1 bis E4 vier Empfangsstationen. Welche Funkstrecke geht wahrscheinlich am besten, welche am schlechtesten?

A Am besten S-E3, am schlechtesten S-E1
B Am besten S-E1, am schlechtesten S-E4
C Am besten S-E3, am schlechtesten S-E4
D Am besten S-E4, am schlechtesten S-E1

1.10 Messungen und Messinstrumente (TJ)

1.10.1 Messinstrumente (TJ1)

TJ101 Das Prinzip eines Drehspulmessgeräts beruht auf
A der Wechselwirkung der Kräfte zwischen einem magnetischen und einem elektrischen Feld.
B der Wechselwirkung der Kräfte zwischen einem permanent magnetischen und einem elektromagnetischen Feld.
C der Wechselwirkung der Kräfte zwischen zwei permanent magnetischen Feldern.
D dem erdmagnetischen Feld.

TJ102 Die Auflösung eines Messinstrumentes entspricht
A der Genauigkeit des Instrumentes in Bezug auf den tatsächlichen Wert.
B der kleinsten Einteilung der Anzeige.
C der Genauigkeit des Instrumentes.
D dem Vollausschlag der Instrumentenanzeige.

TJ103 Was ist ein Dipmeter? Ein Dipmeter ist
A ein selektiver Feldstärkemesser, der den Maximalwert der elektrischen Feldstärke anzeigt und der zur Überprüfung der Nutzsignal- und Nebenwellenabstrahlungen eingesetzt werden kann.
B eine abgleichbare Stehwellenmessbrücke, mit der der Reflexionsfaktor und der Impedanzverlauf einer angeschlossenen Antenne oder einer LC-Kombination gemessen werden kann.
C ein abstimmbarer Oszillator mit einem Indikator, der anzeigt, wenn von einem ankoppelten Resonanzkreis bei einer Frequenz HF-Energie aufgenommen oder abgegeben wird.
D ein auf eine feste Frequenz eingestellter RC-Schwingkreis mit einem Indikator, der anzeigt, wie stark die Abstrahlung unerwünschter Oberwellen ist.

TJ104 Wozu wird ein Dipmeter beispielsweise verwendet? Ein Dipmeter wird verwendet zur
A ungefähren Bestimmung der Leistung eines Senders.
B genauen Bestimmung der Dämpfung eines Schwingkreises.
C ungefähren Bestimmung der Resonanzfrequenz eines Schwingkreises.
D genauen Bestimmung der Güte eines Schwingkreises.

TJ105 Welches dieser Messgeräte ist für die Ermittlung der Resonanzfrequenz eines Traps, das für einen Dipol genutzt werden soll, am besten geeignet?
A Eine SWR-Messbrücke
B Ein Frequenzmessgerät
C Ein Resonanzwellenmesser
D Ein Dipmeter

TJ106 Wie ermittelt man die Resonanzfrequenz eines Antennen-Schwingkreises? Man ermittelt sie
A mit einem Frequenzmesser oder einem Oszilloskop.
B mit einem Digital-Multimeter in der Stellung Frequenzmessung.
C mit Hilfe der S-Meter Anzeige bei Anschluss des Schwingkreises an den Empfängereingang.
D durch Messung von L und C und Berechnung oder z.B. mit einem Dipmeter.

TJ107 Für welche Messungen verwendet man ein Oszilloskop? Ein Oszilloskop verwendet man, um
A Signalverläufe sichtbar zu machen, um Verzerrungen zu erkennen.
B Frequenzen genau zu messen.
C den Temperaturverlauf bei Messungen sichtbar zu machen.
D die Anpassung bei Antennen zu überprüfen.

TJ108 Welches dieser Geräte wird für die Anzeige von NF-Verzerrungen verwendet?
A Ein Frequenzzähler
B Ein Oszilloskop
C Ein Transistorvoltmeter
D Ein Vielfachmessgerät

TJ109 Eine künstliche Antenne für den VHF-Bereich könnte beispielsweise aus
A hochbelastbaren Drahtwiderständen zusammengebaut sein.
B Glühbirnen zusammengebaut sein.
C ungewendelten Kohleschichtwiderständen zusammengebaut sein.
D temperaturfesten Blindwiderständen bestehen.

TJ110 Welche der folgenden Bauteile könnten für eine genaue künstliche Antenne, die bei 28 MHz eingesetzt werden soll, verwendet werden?
A ein 50-Ω-Drahtwiderstand
B 2 parallel geschaltete Drahtwiderstände von 100 Ω
C ein Spulenanpassfilter im Ölbad
D 10 Kohleschichtwiderstände von 500 Ω

1.10.2 Durchführung von Messungen (TJ2)

TJ201 Welche Schaltung könnte dazu verwendet werden, den Wert eines Widerstandes anhand des ohmschen Gesetzes zu ermitteln?

A 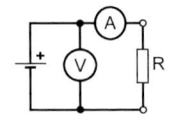   B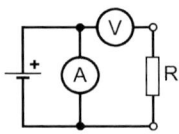

C 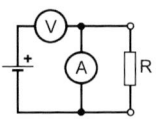   D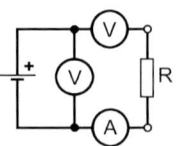

TJ202 Wie werden elektrische Spannungsmesser an Messobjekte angeschlossen und welche Anforderungen muss das Messgerät erfüllen, damit der Messfehler möglichst gering bleibt?
A Der Spannungsmesser ist in den Stromkreis einzuschleifen und sollte niederohmig sein.
B Der Spannungsmesser ist parallel zum Messobjekt anzuschließen und sollte niederohmig sein.
C Der Spannungsmesser ist in den Stromkreis einzuschleifen und sollte hochohmig sein.
D Der Spannungsmesser ist parallel zum Messobjekt anzuschließen und sollte hochohmig sein.

TJ203 Die Zeitbasis eines Oszilloskops ist so eingestellt, dass ein Skalenteil 0,5 ms entspricht. Welche Frequenz hat die angelegte Spannung?

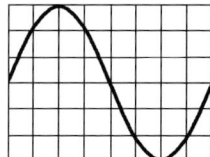

A 250 Hz   B 500 Hz
C 667 Hz   D 333 Hz

TJ204 Für welchen Zweck wird eine Stehwellenmessbrücke verwendet?
A Zur Frequenzkontrolle.
B Zur Überprüfung der Anpassung des Senders an die Antenne.
C Zur Modulationskontrolle.
D Als Abschluss des Senders.

TJ205 Welche Spannung wird bei dem folgenden Messinstrument angezeigt, wenn dessen Messbereich auf 10 V eingestellt ist?

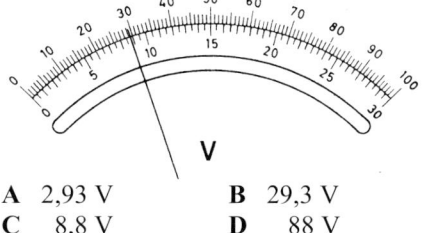

A 2,93 V   B 29,3 V
C 8,8 V   D 88 V

TJ206 An welcher Stelle einer Antennenanlage muss ein SWR-Meter eingeschleift werden, um Aussagen über die Antenne selbst machen zu können? Das SWR-Meter muss eingeschleift werden zwischen
A Senderausgang und Antennenkabel.
B Antennenkabel und Dummy Load.
C Antennenkabel und Antenne.
D Senderausgang und Antennenanpassgerät.

TJ207 Ein Stehwellenmessgerät wird in ein ideal angepasstes Sender-/Antennensystem eingeschleift. Das Messgerät sollte
A einen Rücklauf von 100% anzeigen.
B ein Stehwellenverhältnis von 0 anzeigen.
C ein Stehwellenverhältnis von 1 anzeigen.
D ein Stehwellenverhältnis von unendlich anzeigen.

TJ208 Welches dieser Messgeräte ist für genaue Frequenzmessungen am besten geeignet?
A Ein Resonanzwellenmesser
B Ein Oszilloskop
C Ein Universalmessgerät
D Ein Frequenzzähler

TJ209 Wie misst man das Stehwellenverhältnis? Man misst es
A mit einem Absorptionswellenmesser oder einem Dipmeter.
B durch Strommessung am Anfang und am Ende der Speiseleitung.
C durch Spannungsmessung am Anfang und am Ende der Speiseleitung.
D mit einer SWR-Messbrücke.

TJ210 Ein Stehwellenmessgerät wird bei Sendern eingesetzt zur Messung
A der Oberwellenausgangsleistung.
B der Bandbreite.
C der Antennenanpassung.
D des Wirkungsgrades.

TJ211 An welchem Punkt sollte das Stehwellenmessgerät eingeschleift werden, um zu prüfen, ob der Sender gut an die Antennenanlage angepasst ist?

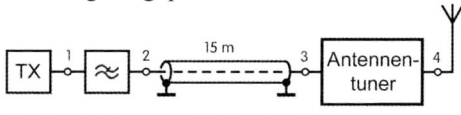

A Punkt 1   B Punkt 2
C Punkt 3   D Punkt 4

1.11 Störemissionen, -festigkeit, Schutzanforderungen, Ursachen, Abhilfe (TK)

1.11.1 Störungen elektronischer Geräte (TK1)

TK101 Wie äußert sich Zustopfen bzw. Blockierung eines Empfängers?
A Durch Empfindlichkeitssteigerung.
B Durch das Auftreten von Pfeifstellen im gesamten Abstimmungsbereich.
C Durch den Rückgang der Empfindlichkeit und ggf. das Auftreten von Brodelgeräuschen.
D Durch eine zeitweilige Blockierung der Frequenzeinstellung.

TK102 Welche Effekte werden durch Intermodulation hervorgerufen?
A Das Nutzsignal wird mit einem anderen Signal moduliert und dadurch unverständlich.
B Es treten Pfeifstellen gleichen Abstands im gesamten Empfangsbereich auf.
C Es treten Phantomsignale auf, die bei Einschalten eines Abschwächers verschwinden.
D Dem Empfangssignal ist ein pulsierendes Rauschen überlagert, das die Verständlichkeit beeinträchtigt.

TK103 Welche sofortige Reaktion ist angebracht, wenn der Nachbar sich über HF-Einströmungen beklagt?
A Er sollte höflich darauf hingewiesen werden, dass es an seiner eigenen Einrichtung liegt.
B Sie bieten höflich an, die erforderlichen Prüfungen in die Wege zu leiten.
C Er sollte darauf hingewiesen werden, dass Sie hierfür nicht zuständig sind.
D Sie benachrichtigen die Bundesnetzagentur.

TK104 Bei der Überprüfung des Ausgangssignals eines 100-Watt-Kurzwellen-Senders sollte die Dämpfung der Oberwellen in Bezug auf die Leistung der Betriebsfrequenz mindestens
A 20 dB betragen.
B 40 dB betragen.
C 60 dB betragen.
D 100 dB betragen.

TK105 In welchem Fall spricht man von Einströmungen bei EMV? Einströmungen liegen dann vor, wenn die HF
A über das ungenügend abgeschirmte Gehäuse in die Elektronik gelangt.
B über nicht genügend geschirmte Kabel zum Anpassgerät geführt wird.
C wegen eines schlechten Stehwellenverhältnisses wieder zum Sender zurück strömt.
D über Leitungen oder Kabel in das zu überprüfende Gerät gelangt.

TK106 In welchem Fall spricht man von Einstrahlungen bei EMV? Einstrahlungen liegen dann vor, wenn die HF
A über Leitungen oder Kabel in das gestörte Gerät gelangt.
B über nicht genügend geschirmte Kabel zum gestörten Empfänger gelangt.
C über das ungenügend abgeschirmte Gehäuse in die Elektronik gelangt.
D wegen eines schlechten Stehwellenverhältnisses wieder zum Sender zurück strahlt.

TK107 Wie nennt man die elektromagnetische Störung, die durch die Aussendung des reinen Nutzsignals beim Empfang anderer Frequenzen in benachbarten Empfängern auftreten kann?
A Blockierung oder störende Beeinflussung
B Störung durch unerwünschte Aussendungen
C Störung durch Nebenaussendungen
D Hinzunehmende Störung

1.11.2 Ursachen für Störungen und störende Beeinflussungen (TK2)

TK201 Wie kommen Geräusche aus den Lautsprechern einer abgeschalteten Stereoanlage möglicherweise zustande?
A Durch eine Übersteuerung des Tuners mit dem über die Antennenzuleitung aufgenommenen HF-Signal.
B Durch Gleichrichtung starker HF-Signale in der NF-Endstufe der Stereoanlage.
C Durch Gleichrichtung der ins Stromnetz eingestrahlten HF-Signale an den Dioden des Netzteils.
D Durch Gleichrichtung abgestrahlter HF-Signale an PN-Übergängen in der NF-Vorstufe.

TK202 Ein Fernsehgerät wird durch das Nutzsignal einer KW-Amateurfunkstelle gestört. Wie dringt das Signal mit größter Wahrscheinlichkeit in das Fernsehgerät ein?
A Über jeden beliebigen Leitungsanschluss und/oder über die ZF-Stufen.
B Über die Antennenleitung und über alle größeren ungeschirmten Spulen im Fernsehgerät (z.B. Entmagnetisierungsschleife).
C Über die Stromversorgung des Senders und die Stromversorgung des Fernsehgeräts.
D Über die Fernsehantenne bzw. das Antennenkabel sowie über die Bildröhre.

TK203 Die Übersteuerung eines Leistungsverstärkers führt zu
A lediglich geringen Verzerrungen beim Empfang.
B einer besseren Verständlichkeit am Empfangsort.
C einer Verringerung der Ausgangsleistung.
D einem hohen Nebenwellenanteil.

TK204 Die gesamte Bandbreite einer FM-Übertragung beträgt 15 kHz. Wie nah an der Bandgrenze kann ein Träger übertragen werden, ohne dass Außerbandaussendungen erzeugt werden?
A 7,5 kHz.
B 0 kHz.
C 15 kHz.
D 2,7 kHz.

1.11.3 Maßnahmen gegen Störungen und störende Beeinflussungen (TK3)

TK301 Durch welche Maßnahme kann die übermäßige Bandbreite einer 2-m-FM-Übertragung verringert werden? Sie kann verringert werden durch die Änderung der
A HF-Begrenzereigenschaften
B Vorspannungsreglereinstellung
C Trägerfrequenz
D Hubeinstellung

TK302 Ein Sender sollte so betrieben werden, dass
A die Selbsterregung maximiert wird.
B parasitäre Schwingungen vorhanden sind.
C die Oberwellenabschirmung minimiert wird.
D er keine unerwünschten Aussendungen hervorruft.

TK303 Durch eine Mantelwellendrossel in einem Fernseh-Antennenzuführungskabel
A werden Gleichtakt-HF-Störsignale unterdrückt.
B werden niederfrequente Störsignale unterdrückt.
C werden alle Wechselstromsignale unterdrückt.
D wird Netzbrummen unterdrückt.

TK304 Ein Funkamateur wohnt in einem Reihenhaus. An welcher Stelle sollte die KW-Drahtantenne angebracht werden, um störende Beeinflussungen auf ein Mindestmaß zu begrenzen?
A Rechtwinklig zur Häuserzeile mit abgewandter Strahlungsrichtung
B Am gemeinsamen Schornstein neben der Fernsehantenne
C Entlang der Häuserzeile auf der Höhe der Dachrinne
D Möglichst innerhalb des Dachbereichs

TK305 Beim Betrieb Ihres 2-m-Senders wird bei einem Ihrer Nachbarn ein Fernsehempfänger gestört, der mit einer Zimmerantenne betrieben wird. Zur Behebung des Problems schlagen Sie dem Nachbarn vor,
A ein doppelt geschirmtes Koaxialkabel für die Antennenleitung zu verwenden.
B eine außen angebrachte Fernsehantenne zu installieren.
C einen Vorverstärker in die Antennenleitung einzuschleifen.
D den Fernsehrundfunkempfänger zu wechseln.

TK306 Die Bemühungen, die durch eine in der Nähe befindliche Amateurfunkstelle hervorgerufenen Fernsehstörungen zu verringern, sind fehlgeschlagen. Als nächster Schritt ist,
A den Sender an die BNetzA zu senden.
B die zuständige Außenstelle der Bundesnetzagentur um Prüfung der Gegebenheiten zu bitten.
C die Rückseite des Fernsehgerätes zu entfernen und das Gehäuse zu erden.
D einen Fernsehtechniker um Prüfung des Gerätes zu bitten.

TK307 Um die Störwahrscheinlichkeit zu verringern, sollte die benutzte Sendeleistung
A nur auf den zulässigen Pegel eingestellt werden.
B auf die für eine zufrieden stellende Kommunikation erforderlichen 750 W eingestellt werden.
C auf das für eine zufrieden stellende Kommunikation erforderliche Minimum eingestellt werden.
D die Hälfte des maximal zulässigen Pegels betragen.

TK308 Welches Filter sollte im Störungsfall für die Dämpfung von Kurzwellensignalen in ein Fernsehantennenkabel eingeschleift werden?
A   Ein Hochpassfilter.
B   Ein Tiefpassfilter.
C   Eine Bandsperre für die Fernsehbereiche.
D   Ein regelbares Dämpfungsglied.

TK309 Was sollte zur Herabsetzung starker Signale eines 28-MHz-Senders in das Fernseh-Antennenzuführungskabel eingeschleift werden?
A   Ein Tiefpassfilter.
B   Ein Hochpassfilter.
C   Ein UHF-Abschwächer.
D   Eine UHF-Bandsperre.

TK310 Welches Filter sollte im Störungsfall vor die einzelnen Leitungsanschlüsse eines UKW- oder Fernsehrundfunkgeräts oder angeschlossener Geräte eingeschleift werden, um Kurzwellensignale zu dämpfen?
A   Ein Hochpassfilter vor dem Antennenanschluss und zusätzlich je eine hochpermeable Ferritdrossel vor alle Leitungsanschlüsse der gestörten Geräte.
B   Je ein Tiefpassfilter unmittelbar vor dem Antennennanschluss und in das Netzkabel der gestörten Geräte.
C   Eine Bandsperre für die Fernsehbereiche unmittelbar vor dem Antennennanschluss und ein Tiefpassfilter in das Netzkabel der gestörten Geräte.
D   Ein Bandpassfilter bei 30 MHz unmittelbar vor dem Antennennanschluss und ein Tiefpassfilter in das Netzkabel der gestörten Geräte.

TK311 Die Signale eines 144-MHz-Senders werden in das Abschirmgeflecht des Antennenkabels eines FM-Rundfunkempfängers induziert und verursachen Störungen. Eine Möglichkeit zur Verringerung der Störungen besteht darin,
A   die Erdverbindung des Senders abzuklemmen.
B   das Abschirmgeflecht am Antennenstecker des Empfängers abzuklemmen.
C   eine Mantelwellendrossel einzubauen.
D   den 144-MHz-Sender mit einem Tiefpassfilter auszustatten.

TK312 Um die Störwahrscheinlichkeit im eigenen Haus zu verringern, empfiehlt es sich vorzugsweise
A   Antennen auf dem Dachboden zu errichten.
B   die Amateurfunkgeräte mit einem Wasserrohr zu verbinden.
C   eine getrennte HF-Erdleitung zu verwenden.
D   die Amateurfunkgeräte mittels des Schutzleiters zu erden.

TK313 Bei der Hi-Fi-Anlage des Nachbarn wird Einströmung in die NF festgestellt. Eine mögliche Abhilfe wäre
A   ein NF-Filter in das Koaxialkabel einzuschleifen.
B   geschirmte Lautsprecherleitungen zu verwenden.
C   einen Serienkondensator in die Lautsprecherleitung einzubauen.
D   ein geschirmtes Netzkabel für den Receiver zu verwenden.

TK314 Eine KW-Amateurfunkstelle verursacht im Sendebetrieb in einem in der Nähe betriebenen Fernsehempfänger Störungen. Welches Filter schleifen Sie in das Fernsehantennenkabel ein, um die Störwahrscheinlichkeit zu verringern?

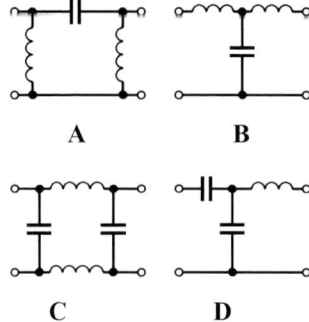

TK315 Bei einem Wohnort in einem Ballungsgebiet empfiehlt es sich, während der abendlichen Fernsehstunden
A nur mit effektiver Leistung zu senden.
B mit keiner höheren Leistung zu senden als für eine sichere Kommunikation erforderlich ist.
C nur mit einer Hochgewinn-Richtantenne zu senden.
D die Antenne unterhalb der Dachhöhe herabzulassen.

TK316 Falls sich eine Antenne in der Nähe und parallel zu einer 230-V-Wechselstrom-Freileitung befindet,
A können harmonische Schwingungen erzeugt werden.
B können HF-Ströme eingekoppelt werden.
C könnte erhebliche Überspannung im Netz erzeugt werden.
D kann 50-Hz-Modulation aller Signale auftreten.

TK317 Eine 435-MHz-Sendeantenne mit hohem Gewinn ist unmittelbar auf eine UHF-Fernseh-Empfangsantenne gerichtet. Dies führt gegebenenfalls zu
A Problemen mit dem 435-MHz-Empfänger.
B Eigenschwingungen des 435-MHz-Senders.
C einer Übersteuerung eines TV-Empfängers.
D dem Durchschlag des TV-Antennenkoaxialkabels.

TK318 Im Mittelwellenbereich ergeben sich häufig Spiegelfrequenzstörungen durch
A UHF-Sender.
B VHF-Sender.
C Sender im 160-m-Band.
D Sender im 10-m-Band.

TK319 Ein korrodierter Anschluss an der Fernseh-Empfangsantenne des Nachbarn
A kann in Verbindung mit dem Oszillatorsignal des Fernsehempfängers unerwünschte Mischprodukte erzeugen, die den Fernsehempfang stören.
B kann in Verbindung mit Einstreuungen aus dem Stromnetz durch Intermodulation Bild- und Tonstörungen hervorrufen.
C kann in Verbindung mit dem Signal naher Sender parametrische Schwingungen erzeugen, die einen überhöhten Nutzsignalpegel hervorrufen.
D kann in Verbindung mit dem Signal naher Sender unerwünschte Mischprodukte erzeugen, die den Fernsehempfang stören.

1.12 Elektromagnetische Verträglichkeit, Anwendung, Personen- u. Sachschutz (TL)

1.12.1 Störfestigkeit (TL1)

TL101 Um eine Amateurfunkstelle in Bezug auf EMV zu optimieren
A sollte der Sender mit der Wasserleitung im Haus verbunden werden.
B sollten alle schlechten Erdverbindungen entfernt werden.
C sollten alle Einrichtungen mit einer guten HF-Erdung versehen werden.
D sollten die Wasserleitungsanschlüsse aus Polyäthylen zur Isolation vorgesehen werden.

1.12.2 Schutz von Personen (TL2)

TL201 Nach welcher der Antworten kann die ERP (Effective Radiated Power) berechnet werden, und worauf ist die ERP bzw. der zu verwendende Antennengewinn bezogen?
A $P_{ERP} = (P_{Sender} - P_{Verluste}) \cdot G_{Antenne}$ bezogen auf einen Halbwellendipol
B $P_{ERP} = P_{Sender} \cdot G_{Antenne} - P_{Verluste}$ bezogen auf einen isotropen Kugelstrahler
C $P_{ERP} = (P_{Sender} + P_{Verluste}) \cdot G_{Antenne}$ bezogen auf einen Halbwellendipol
D $P_{ERP} = P_{Sender} + P_{Verluste} + G_{Antenne}$ bezogen auf einen isotropen Kugelstrahler

TL202 Nach welcher der Antworten kann die EIRP berechnet werden, und worauf ist die EIRP bzw. der zu verwendende Antennengewinn bezogen?
A $P_{EIRP} = (P_{Sender} - P_{Verluste}) \cdot G_{Antenne}$ bezogen auf einen isotropen Kugelstrahler
B $P_{EIRP} = P_{Sender} \cdot G_{Antenne} - P_{Verluste}$ bezogen auf einen Halbwellendipol
C $P_{EIRP} = (P_{Sender} + P_{Verluste}) \cdot G_{Antenne}$ bezogen auf einen Halbwellendipol
D $P_{EIRP} = P_{Sender} + P_{Verluste} + G_{Antenne}$ bezogen auf einen isotropen Kugelstrahler

TL203 Was versteht man unter dem Begriff "EIRP"?
A Es ist die Eingangsleistung des verwendeten Senders wie sie in der EMVU-Selbsterklärung anzugeben ist.
B Es ist das Produkt aus der zugeführten Leistung und dem Gewinnfaktor der Antenne und stellt die Leistung dar, die man einem isotropen Strahler zuführen müsste, damit dieser im Fernfeld dieselbe elektrische Feldstärke erzeugte wie die Antenne.
C Es handelt sich um die Leistung, die man im Maximum der Strahlungskeule einer Dipolantenne vorfindet.
D Es ist das Produkt aus der zugeführten Leistung und dem Antennengewinnfaktor und stellt die durchschnittliche isotrope Spitzenleistung am Senderausgang der Amateurfunkstelle dar, wie sie in der EMVU-Selbsterklärung anzugeben ist.

TL204 Ein Sender mit 0,6 Watt Ausgangsleistung ist über eine Antennenleitung, die 1 dB Kabelverluste hat, an eine Richtantenne mit 11 dB Gewinn (auf Dipol bezogen) angeschlossen. Welche EIRP wird von der Antenne maximal abgestrahlt?
A 6,0 Watt
B 7,8 Watt
C 9,8 Watt
D 12,7 Watt

TL205 Ein Sender mit 5 Watt Ausgangsleistung ist über eine Antennenleitung, die 2 dB Kabelverluste hat, an eine Antenne mit 5 dB Gewinn (auf Dipol bezogen) angeschlossen. Welche EIRP wird von der Antenne maximal abgestrahlt?
A 6,1 Watt
B 10,0 Watt
C 16,4 Watt
D 32,8 Watt

TL206 Ein Sender mit 75 Watt Ausgangsleistung ist über eine Antennenleitung, die 2,15 dB (Faktor 1,64) Kabelverluste hat, an eine Dipol-Antenne angeschlossen. Welche EIRP wird von der Antenne maximal abgestrahlt?
A 45,7 Watt   B 60,6 W
C 75 W   D 123 W

TL207 Muss ein Funkamateur als Betreiber einer ortsfesten Amateurfunkstelle bei der Sendeart F3E und einer Senderleistung von 6 Watt an einer 15-Element-Yagiantenne mit 13 dB Gewinn für 2 m die Einhaltung der Personenschutzgrenzwerte nachweisen?
A Nein, der Schutz von Personen in elektromagnetischen Feldern ist durch den Funkamateur erst bei einer Strahlungsleistung von mehr als 10 W EIRP sicherzustellen.
B Nein, aber er muss die Herzschrittmachergrenzwerte einhalten.
C Nein, bei der Sendeart F3E und Sendezeiten unter 6 Minuten in der Stunde kann der Schutz von Personen in elektromagnetischen Feldern durch den Funkamateur vernachlässigt werden.
D Ja, er ist in diesem Fall verpflichtet die Einhaltung der Personenschutzgrenzwerte nachzuweisen.

TL208 Sie besitzen einen $\lambda/4$-Vertikalstrahler. Da Sie für diese Antenne keine Selbsterklärung abgeben möchten und somit nur eine Strahlungsleistung von kleiner 10 W EIRP verwenden dürfen, müssen Sie die Sendeleistung soweit reduzieren, dass sie unter diesem Wert bleiben. Wie groß darf die Sendeleistung dabei sein, wenn man die Zuleitungsverluste vernachlässigt?
A kleiner 3 Watt
B kleiner 6 Watt
C kleiner 10 Watt
D kleiner 16,4 Watt

TL209 Sie möchten den Personenschutz-Sicherheitsabstand für die Antenne Ihrer Amateurfunkstelle für das 10-m-Band und die Betriebsart RTTY berechnen. Der Grenzwert im Fall des Personenschutzes beträgt 28 V/m. Sie betreiben einen Dipol, der von einem Sender mit einer Leistung von 100 W über ein Koaxialkabel gespeist wird. Die Kabeldämpfung sei vernachlässigbar. Wie groß muss der Sicherheitsabstand sein?
A 2,50 m   B 1,96 m
C 5,01 m   D 13,7 m

TL210 Sie möchten den Personenschutz-Sicherheitsabstand für die Antenne Ihrer Amateurfunkstelle für das 10-m-Band und die Betriebsart FM berechnen. Der Grenzwert im Fall des Personenschutzes beträgt 28 V/m. Sie betreiben eine Yagi-Antenne mit einem Gewinn von 7,5 dBd. Die Antenne wird von einem Sender mit einer Leistung von 100 W über ein langes Koaxialkabel gespeist. Die Kabeldämpfung beträgt 1,5 dB. Wie groß muss der Sicherheitsabstand sein?
A 2,50 m   B 3,91 m
C 5,01 m   D 20,70 m

TL211 Sie möchten den Personenschutz-Sicherheitsabstand für die Antenne Ihrer Amateurfunkstelle in Hauptstrahlrichtung für das 2-m-Band und die Betriebsart FM berechnen. Der Grenzwert im Fall des Personenschutzes beträgt 28 V/m. Sie betreiben eine Yagi-Antenne mit einem Gewinn von 11,5 dBd. Die Antenne wird von einem Sender mit einer Leistung von 75 W über ein Koaxialkabel gespeist. Die Kabeldämpfung beträgt 1,5 dB. Wie groß muss der Sicherheitsabstand sein?
A 5,35 m   B 6,86 m
C 2,17 m   D 36,3 m

TL212 Sie errechnen einen Sicherheitsabstand für Ihre Antenne. Von welchem Punkt aus muss dieser Sicherheitsabstand eingehalten werden, wenn Sie bei der Berechnung die Fernfeldnäherung verwendet haben?
A Vom untersten Punkt der Antenne
B Von jedem Punkt der Antenne
C Vom Einspeisepunkt der Antenne
D Von der Mitte der Antenne, d.h. dort, wo sie am Mast befestigt ist

TL213 Mit welcher Ausgangsleistung rechnen Sie im Fall des Personenschutzes, um den Sicherheitsabstand zu ermitteln?
A Mit der größten Ausgangsleistung des Transceivers zuzüglich Antennengewinns, korrigiert um den Gewichtungsfaktor für die verwendete Betriebsart.
B Mit dem Mittelwert der Ausgangsleistung gemittelt über ein Intervall von 6 Minuten.
C Mit der durchschnittlich benutzten Ausgangsleistung gemittelt über den Betriebszeitraum und korrigiert um den Gewichtungsfaktor für die verwendete Betriebsart.
D Mit der maximalen Ausgangsleistung des verwendeten Senders zuzüglich 3 dB Messfehler.

TL214 Herzschrittmacher können auch durch die Aussendung einer Amateurfunkstelle beeinflusst werden. Gibt es einen zeitlichen Grenzwert für die Einwirkdauer?
A Ja, Grenzwerte gelten im Zeitraum einer Kurzzeitexposition bis zu 6 Minuten.
B Ja, die Grenzwerte gelten im Zeitraum einer Exposition von 6 Minuten bis zu 8 Stunden.
C Nein, die Feldstärke beeinflusst unmittelbar, also zeitunabhängig.
D Ja, in Abhängigkeit von der körperlichen Verfassung des Herzschrittmacherträgers.

1.12.3 Sicherheit (TL3)

TL301 Unter welchen Bedingungen darf das Standrohr einer Amateurfunkantenne auf einem Gebäude mit einer vorhandenen Blitzschutzanlage verbunden werden?
A   Nach den geltenden Vorschriften muss das Standrohr der Amateurfunkantenne mit einer vorhandenen Gebäude-Blitzschutzanlage verbunden werden.
B   Nach den geltenden Vorschriften muss immer eine eigene Blitzschutzanlage für eine Amateurfunkantenne aufgebaut werden.
C   Die Bedingung ist ein ausreichend großer Querschnitt für die Verbindungsleitung zur Blitzschutzanlage.
D   Wenn die vorhandene Blitzschutzanlage fachgerecht aufgebaut ist und das Standrohr mit ihr auf dem kürzesten Wege verbunden werden kann.

TL302 Welches Material und welcher Mindestquerschnitt ist bei einer Erdungsleitung zwischen einem Antennenstandrohr und einer Erdungsanlage nach DIN VDE 0855 Teil 300 für Funksender bis 1 kW zu verwenden?
A   Ein- oder mehrdrähtiger - aber nicht feindrähtiger - isolierter oder blanker Kupferleiter mit mindestens 10 mm^2 Querschnitt oder ein Aluminiumleiter mit mindestens 16 mm^2 Querschnitt.
B   Ein- oder mehrdrähtiger - aber nicht feindrähtiger - isolierter oder blanker Kupferleiter mit mindestens 25 mm^2 Querschnitt oder ein Aluminiumleiter mit mindestens 50 mm^2 Querschnitt.
C   Als geeigneter Erdungsleiter gilt ein Einzelmassivdraht mit einem Mindestquerschnitt von 16 mm^2 Kupfer, isoliert oder blank, oder 25 mm^2 Aluminium isoliert oder 50 mm^2 Stahl.
D   Als geeigneter Erdungsleiter gilt ein Einzeldraht mit einem Mindestquerschnitt von 4 mm^2 Kupfer, isoliert oder blank, oder 10 mm^2 Aluminium isoliert.

TL303 Unter welchen Bedingungen darf ein Fundamenterder als Blitzschutzerder verwendet werden?
A   Nach den geltenden Vorschriften muss immer eine eigene Blitzschutzanlage, also auch ein eigener Fundamenterder, für eine Amateurfunkantenne aufgebaut werden.
B   Die in den Sicherheitsvorschriften festgelegte zulässige Leitungslänge des Erdungsleiters darf auf keinen Fall überschritten werden.
C   Die Ausdehnung des Fundamenterders muss größer oder wenigstens gleich der Ausdehnung der Antennenanlage sein.
D   Jeder ordnungsgemäß verlegte Fundamenterder kann verwendet werden, sofern alle Blitzschutzleitungen bis zur Potentialausgleichsschiene getrennt geführt werden.

TL304 Welche Sicherheitsmaßnahmen müssen zum Schutz gegen atmosphärische Überspannungen und zur Verhinderung von Spannungsunterschieden bei Koaxialkabel-Niederführungen ergriffen werden?
A   Für alle Koaxialkabel-Niederführungen sind entsprechend den Sicherheitsvorschriften Überspannungsableiter vorzusehen.
B   Die Außenleiter (Abschirmung) aller Koaxialkabel-Niederführungen müssen über einen Potentialausgleichsleiter normgerecht mit Erde verbunden werden.
C   Neben der Erdung des Antennenmastes sind keine weiteren Maßnahmen erforderlich.
D   Die Koaxialkabel müssen das entsprechende Schirmungsmaß aufweisen und entsprechend isoliert sein.

Anhang 1: Prüfungsfragen

TL305 Welche der Antworten A bis D enthält die heutzutage normgerechten Adern-Kennfarben von 3-adrigen, isolierten Energieleitungen und -kabeln in der Abfolge: Schutzleiter, Außenleiter, Neutralleiter?
A grüngelb, blau, braun oder schwarz
B grüngelb, braun, blau
C braun, grüngelb, blau
D grau, schwarz, rot

TL306 Damit die Zulassung eines Kraftfahrzeugs nicht ungültig wird, sind vor dem Einbau einer mobilen Sende-/Empfangseinrichtung grundsätzlich
A die Bedingungen der Bundesnetzagentur für den Einbau mobiler Sendeanlagen einzuhalten.
B die Ratschläge des Kfz-Händlers einzuhalten.
C die Anweisungen des Kfz-Herstellers zu beachten.
D die Anweisungen des Amateurfunkgeräte-Herstellers zu beachten.

TL307 Wo sollte aus funktechnischer Sicht eine mobile VHF-Antenne an einem PKW vorzugsweise installiert werden?
A Auf dem vorderen Kotflügel.
B Auf der Mitte des Daches.
C Auf der hinteren Stoßstange.
D Auf dem Armaturenbrett.

TL308 Um ein Zusammenwirken mit der Elektronik des Kraftfahrzeugs zu verhindern, sollte das Antennenkabel
A möglichst weit von der Fahrzeugverkabelung entfernt verlegt werden.
B im Kabelbaum des Kraftfahrzeugs geführt werden.
C über das Fahrzeugdach verlegt sein.
D entlang der Innenseite des Motorraumes verlegt werden.

Lösungen der Prüfungsfragen

Die Ziffer hinter dem Lösungsbuchstaben bedeutet die Seitenzahl, auf der Sie Informationen zu der entsprechenden Aufgabe finden. Es muss nicht sein, dass die Aufgabe selbst dort genannt wird.

TA101 D 13	TB505 A 62	TC102 A 34	TC509 D 105	TD302 A 27
TA102 A 13	TB601 A 63	TC103 A 34	TC601 C 108	TD303 A 27
TA103 C 14	TB602 B 63	TC104 D 34	TC602 B 108	TD304 D 106
TA104 D 13	TB603 C 63	TC105 C 32	TC603 B 109	TD305 B 106
TA201 D 12	TB604 D 63	TC106 D 33	TC604 A 109	TD306 D 192
TA202 B 12	TB605 A 63	TC107 D 33	TC605 D 109	TD401 B 113
TA203 C 12	TB606 B 21	TC108 B 35	TC606 C 109	TD402 C 112
TA204 C 12	TB607 C 22	TC109 A 33,155	TC607 B 111	TD403 A 112
TA205 B 11	TB608 C 64	TC110 B 35	TC608 A 107	TD404 D 112
TA206 A 14	TB609 B 64	TC111 C 35	TC609 D 108	TD405 B 113
TA207 B 14	TB610 A 22	TC201 A 42	TC610 C 108	TD501 A 115
TA208 A 12	TB611 C 22	TC202 B 46	TC611 B 110	TD502 D 117,122
	TB612 B 23	TC203 C 46	TC612 A 111	TD503 B 121
TB101 B 31	TB613 D 23	TC204 A 46		TD504 C 121
TB102 C 31	TB701 A 21	TC205 D 46	TD101 D 39	TD601 D 128
TB103 D 31	TB702 D 21	TC206 C 43	TD102 B 40	TD602 C 128
TB104 B 31	TB801 A 121	TC207 A 46	TD103 B 40	TD603 A 128
TB105 A 100	TB802 B 121	TC208 B 45	TD104 B 40	TD604 B 128
TB201 B 18	TB803 A 122	TC301 A 49	TD105 B 44	TD605 B 128
TB202 B 20	TB804 C 49	TC302 B 49	TD106 C 44	TD606 D 128
TB203 A 19	TB805 D 121	TC303 C 49	TD107 C 44	
TB204 C 19	TB806 A 121	TC304 D 49	TD108 A 37	TE101 D 120
TB205 D 20	TB901 D 28	TC305 A 48	TD109 C 39	TE102 D 124
TB301 D 60	TB902 A 26	TC306 C 50	TD110 D 39	TE103 A 118
TB302 A 60	TB903 C 26	TC401 B 51	TD201 B 55	TE104 C 118
TB303 B 61	TB904 D 26	TC402 C 51	TD202 C 57	TE105 C 121
TB401 C 60	TB905 A 29	TC403 C 51	TD203 A 57	TE106 D 121
TB402 D 47,60	TB906 D 28	TC501 C 101	TD204 D 53	TE201 D 123
TB403 B 60	TB907 D 28	TC502 A 100	TD205 A 57	TE202 C 124
TB404 A 61	TB908 B 28	TC503 B 102	TD206 B 58	TE203 A 123
TB405 C 48	TB909 C 28	TC504 C 102	TD207 C 57	TE204 B 123
TB501 A 62	TB910 C 28	TC505 C 102	TD208 A 58	TE301 B 144
TB502 B 61	TB911 C 28	TC506 D 102	TD209 B 55	TE302 B 144
TB503 C 62		TC507 B 103	TD210 C 58	TE303 A 144
TB504 B 62	TC101 B 34	TC508 A 103	TD301 D 27	TE304 D 143

Anhang 2: Lösungen der Prüfungsfragen

TE305 A 143	TG302 C 79	TH306 B 82	TJ103 C 155	TK316 B 160
TE306 C 144	TG303 A 155	TH307 D 81	TJ104 C 155	TK317 C 161
TE307 B 144	TG304 B 155	TH308 C 81	TJ105 D 155	TK318 C 225
TE308 D 143	TG305 B 79	TH309 D 81	TJ106 D 217	TK319 D 224
TE309 D 142	TG306 D 124	TH310 C 81	TJ107 A 153	
TE310 A 147	TG307 C 120	TH311 B 82	TJ108 B 153	TL101 C 167
TE311 C 145	TG401 B 122	TH312 A 84	TJ109 C 155	TL201 A 91
TE312 C 140	TG402 A 146	TH401 A 153	TJ110 D 155	TL202 A 90
	TG403 D 139	TH402 A 153	TJ201 A 152	TL203 B 90
TF101 D 134	TG404 B 139	TH403 B 84	TJ202 D 152	TL204 C 91
TF102 A 134	TG405 C 139	TH404 D 84	TJ203 A 153	TL205 C 91
TF103 B 134	TG501 A 129	TH405 C 84	TJ204 B 154	TL206 C 91
TF104 D 132	TG502 D 129	TH406 B 154	TJ205 A 150	TL207 D 164
TF105 C 134	TG503 A 129		TJ206 C 154	TL208 A 164
TF106 A 134	TG504 A 129	TI101 B 66,69	TJ207 C 154	TL209 A 162
TF107 D 134	TG505 D 129	TI102 B 66,71	TJ208 D 155	TL210 C 164
TF108 C 134	TG506 A 129	TI103 C 66,71	TJ209 D 154	TL211 B 163
TF109 A 134		TI104 A 68,71	TJ210 C 154	TL212 B 164
TF110 A 134	TH101 D 98	TI105 D 66,71	TJ211 A 154	TL213 B 163
TF201 C 136	TH102 C 98	TI106 D 69,71		TL214 C 163
TF202 D 136	TH103 A 95	TI107 D 67	TK101 C 157	TL301 D 168
TF203 B 136	TH104 A 96	TI201 C 63	TK102 C 157	TL302 C 167
TF204 A 134	TH105 C 96	TI202 C 70	TK103 B 157	TL303 D 168
TF205 A 134	TH106 C 96	TI203 C 66	TK104 B 157	TL304 B 168
TF301 C 132	TH107 A 93	TI204 B 69,73	TK105 D 158	TL305 B 166
TF302 A 124	TH108 D 96	TI205 D 67	TK106 C 161	TL306 C 170
TF303 D 133	TH109 C 96	TI206 D 70	TK107 A 157	TL307 B 170
TF401 C 135	TH110 C 92	TI207 A 68	TK201 B 158	TL308 A 170
TF402 A 131	TH111 D 96	TI208 B 68	TK202 A 159	
TF403 A 78	TH112 B 94	TI209 B 69,71	TK203 D 157	
TF404 C 78	TH113 A 94	TI210 B 68,71	TK204 A 123	ÜB101 B
TF405 A 78	TH201 D 88	TI211 C 73	TK301 D 122	ÜB102 A
TF406 C 78	TH202 A 96,98	TI212 B 67	TK302 D 158	ÜB103 C
TF407 D 137	TH203 A 96	TI213 A 68	TK303 A 94	ÜB104 D
TF408 B 133	TH204 C 87	TI301 D 72	TK304 A 161	ÜB105 C
TF409 B 137	TH205 B 93	TI302 B 72	TK305 B 222	ÜB301 A
	TH206 B 87,92	TI303 B 72	TK306 B 161	ÜB401 C
TG101 D 127	TH207 B 88	TI304 C 73	TK307 C 159	ÜB910 A
TG102 C 129	TH208 A 98	TI305 D 72	TK308 A 160	
TG103 B 127	TH209 A 98	TI306 A 73	TK309 B 160	
TG104 D 127	TH210 A 88	TI307 A 73	TK310 A 160	
TG105 B 127	TH301 B 82	TI308 A 73	TK311 C 223	
TG201 A 139	TH302 D 82	TI309 D 69	TK312 C 167	
TG202 B 139	TH303 C 82	TI310 A 72	TK313 B 160	
~~TG203 B~~	TH304 D 79	TJ101 B 149	TK314 A 160	
TG301 C 79	TH305 A 82	TJ102 B 151	TK315 B 161	

Anhang 3: Formelsammlung

Formelsammlung für die Prüfung Klasse E

Grundlagen

	Pegel	Leistungs-verhältnis	Spannungs-verhältnis
⋮	-20 dB	0,01	0,1
$10^{-3} = 0,001$	-10 dB	0,1	0,32
$10^{-2} = 0,01$	-6 dB	0,25	0,5
$10^{-1} = 0,1$	-3 dB	0,5	0,71
$10^0 = 1$	-1 dB	0,8	0,89
$10^1 = 10$	0 dB	1	1
$10^2 = 100$	1 dB	1,26	1,12
$10^3 = 1000$	3 dB	2	1,41
⋮	6 dB	4	2
	10 dB	10	3,16
	20 dB	100	10

Farbkennzeichnung

Kenn-farbe	Wert	Multi-plikator	Toleranz
silbern	-	10^{-2}	±10 %
gold	-	10^{-1}	±5 %
schwarz	0	10^0	-
braun	1	10^1	±1 %
rot	2	10^2	±2 %
orange	3	10^3	-
gelb	4	10^4	-
grün	5	10^5	±0,5 %
blau	6	10^6	±0,25 %
violett	7	10^7	±0,1 %
grau	8	10^8	-
weiß	9	10^9	-
keine	-	-	±20 %

Wertkennzeichnung

p	piko	10^{-12}
n	nano	10^{-9}
µ	mikro	10^{-6}
m	milli	10^{-3}
		10^0
k	kilo	10^3
M	Mega	10^6
G	Giga	10^9

Anhang 3: Formelsammlung

Ohmsches Gesetz $\qquad U = I \cdot R$

Ladungsmenge $\qquad Q = I \cdot t$

Leistung $\qquad P = U \cdot I$

Arbeit (Energie) $\qquad W = P \cdot t$

Widerstände in Reihenschaltung $\qquad R_G = R_1 + R_2 + R_3 + \ldots R_n$

Spannungsteiler $\qquad \dfrac{U_1}{U_2} = \dfrac{R_1}{R_2} \; ; \quad \dfrac{U_2}{U_G} = \dfrac{R_2}{R_1 + R_2}$

Widerstände in Parallelschaltung $\qquad \dfrac{1}{R_G} = \dfrac{1}{R_1} + \dfrac{1}{R_2} + \dfrac{1}{R_3} + \ldots \dfrac{1}{R_n}$

bei 2 Widerständen $\qquad \dfrac{I_2}{I_1} = \dfrac{R_1}{R_2} \; ; \qquad I_G = I_1 + I_2$

$\qquad R_G = \dfrac{R_1 \cdot R_2}{R_1 + R_2}$

bei n gleichen Widerständen R $\qquad R_G = \dfrac{R}{n}$

Effektiv- und Spitzenwerte bei sinusförmiger Wechselspannung

$\qquad U_{max} = \sqrt{2} \cdot U_{eff} \; ; \qquad U_{eff} = 0{,}707 \cdot U_{max} \; ; \qquad U_{ss} = 2 \cdot U_{max}$

Innenwiderstand $\qquad R_i = \dfrac{\Delta U}{\Delta I}$

Frequenz und Wellenlänge $\qquad c = f \cdot \lambda \quad$ mit $\; c = c_0 \approx 3 \cdot 10^8 \, \dfrac{m}{s}$

zugeschnittene Formel $\qquad f \, [\text{MHz}] = \dfrac{300}{\lambda \, [\text{m}]}$

Frequenz und Periodendauer $\qquad T = \dfrac{1}{f}$

Anhang 3: Formelsammlung

Induktiver Widerstand $\quad X_L = 2 \cdot \pi \cdot f \cdot L$

Induktivitäten in Reihenschaltung $\quad L_G = L_1 + L_2 + L_3 + \ldots L_n$

Induktivitäten in Parallelschaltung $\quad \dfrac{1}{L_G} = \dfrac{1}{L_1} + \dfrac{1}{L_2} + \dfrac{1}{L_3} + \ldots \dfrac{1}{L_n}$

Induktivität $\quad L = \dfrac{\mu \cdot A}{l_m} N^2 \qquad \mu = \mu_0 \cdot \mu_r$

$\quad L = N^2 \cdot A_L \qquad$ mit A_L in nH

Übertrager $\quad \dfrac{N_1}{N_2} = \dfrac{U_1}{U_2}$

Kapazitiver Widerstand $\quad X_C = \dfrac{1}{2 \cdot \pi \cdot f \cdot C}$

Kondensatoren in Reihenschaltung $\quad \dfrac{1}{C_G} = \dfrac{1}{C_1} + \dfrac{1}{C_2} + \dfrac{1}{C_3} + \ldots \dfrac{1}{C_n}$

bei zwei Kondensatoren $\quad C_G = \dfrac{C_1 \cdot C_2}{C_1 + C_2}$

Kondensatoren in Parallelschaltung $\quad C_G = C_1 + C_2 + C_3 + \ldots C_n$

Kapazität eines Kondensators $\quad C = \varepsilon \cdot \dfrac{A}{d} \qquad \varepsilon = \varepsilon_0 \cdot \varepsilon_r$

Elektrische Feldstärke $\quad E = \dfrac{U}{d}$

Schwingkreis $\quad f_0 = \dfrac{1}{2 \cdot \pi \cdot \sqrt{L \cdot C}}$

Anhang 3: Formelsammlung

Spiegelfrequenz / Zwischenfrequenz
$$f_{ZF} = f_E \pm f_O$$
$$f_S = f_E + 2 \cdot f_{ZF} \quad \text{für} \quad f_O > f_E$$
$$f_S = f_E - 2 \cdot f_{ZF} \quad \text{für} \quad f_O < f_E$$

Dämpfung
$$a = 20 \cdot \lg \frac{U_1}{U_2} \text{ in dB}; \quad a = 10 \cdot \lg \frac{P_1}{P_2} \text{ in dB}$$

Verstärkung/Gewinn
$$g = 20 \cdot \lg \frac{U_2}{U_1} \text{ in dB}; \quad g = 10 \cdot \lg \frac{P_2}{P_1} \text{ in dB}$$

Leistungspegel
$$p = 10 \cdot \lg \frac{P}{P_0} \text{ in dBm}$$

Absoluter Pegel: 0 dBm liegt bei $P_0 = 1$ mW

ERP/EIRP
$$P_{ERP} = (P_{Sender} - P_{Verluste}) \cdot G_{\text{Antenne Dipol}}$$
$$P_{EIRP} = (P_{Sender} - P_{Verluste}) \cdot G_{\text{Antenne isotrop}}$$

Gewinnfaktor von Antennen

Leistungsgewinnfaktor		in dBi
Dipol	1,64	2,15 dBi
λ/4 Vertikal	3,28	5,15 dBi

Feldstärke im Fernfeld einer Antenne[*)]
$$E = \frac{\sqrt{30\Omega \cdot P_{EIRP}}}{r}$$

Sicherheitsabstand[*)] (zugeschnittene Formel)
$$r = \frac{\sqrt{30 \cdot P_{EIRP}[\text{W}]}}{E[\frac{\text{V}}{\text{m}}]}$$

[*)] für Freiraumausbreitung ab $\quad r > \dfrac{\lambda}{2 \cdot \pi}$

Amplitudenmodulation

Modulationsgrad $\quad m = \dfrac{\hat{U}_{mod}}{\hat{U}_T}$;

Bandbreite $\quad B = 2 \cdot f_{mod\,max}$

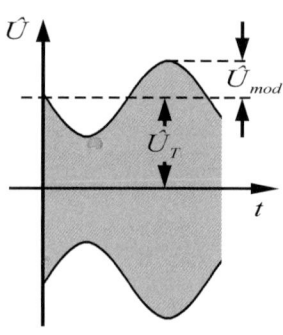

Frequenzmodulation

Modulationsindex $\quad m = \dfrac{\Delta f_T}{f_{mod}}$

Ungefähre Bandbreite (Carson-Bandbreite) *)

$$B = 2 \cdot (\Delta f_T + f_{mod\,max})$$

*) Bandbreite, in der etwa 99 % der Gesamtleistung eines FM-Signals enthalten sind. Um Nachbarkanalstörungen ausreichend zu vermindern sind jedoch höhere Frequenzabstände erforderlich.

Stehwellenverhältnis VSWR $\qquad s = \dfrac{U_{max}}{U_{min}} = \dfrac{U_v + U_r}{U_v - U_r}$

Reflektierte Leistung $\qquad P_r = P_v \cdot \left(\dfrac{s-1}{s+1}\right)^2$

Wirkungsgrad $\quad \eta = \dfrac{P_{ab}}{P_{zu}}$;

$\eta_{[\%]} = \dfrac{P_{ab}}{P_{zu}} \cdot 100\%$;

$P_{ab} = P_{zu} - P_V$

Anhang 4: Diagramm Kabeldämpfung

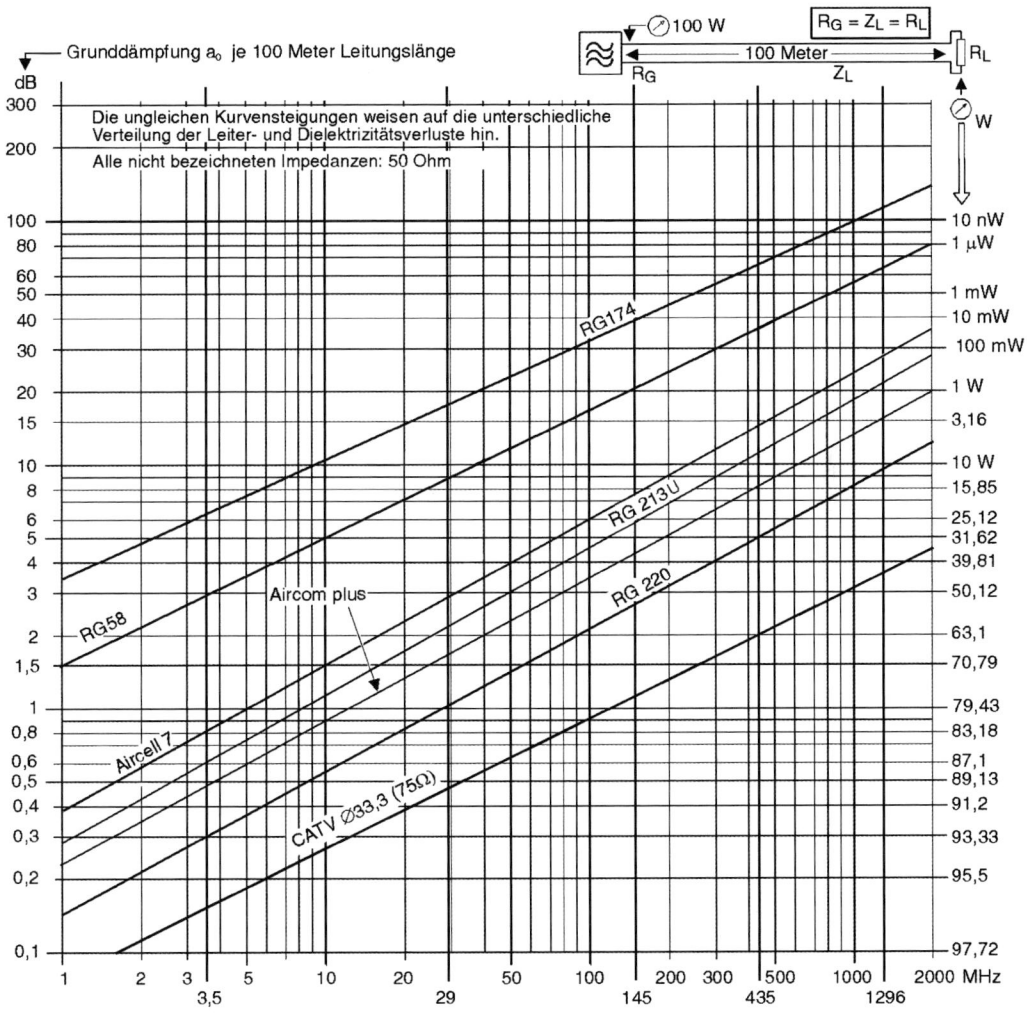

Grunddämpfung verschiedener gebräuchlicher Koaxleitungen in Abhängigkeit von der Betriebsfrequenz für eine Länge von 100 m.

Stichwortverzeichnis

AFSK 143	Duplex 144	Frequenzspektrum 119
Akku 20	Echolink 148	F-Schicht............................ 69
Amateurfunkzeugnis 9	Effektivwert........................ 23	Funkfernschreiben 142
Amplitudenmodulation 118	Einheiten 11	Funktechnik 115
AMTOR 146	Einseitenbandmodulation .. 120	Geradeausempfänger........ 129
Anpassung 83	Einstrahlungen 158	Gewinn der Antenne 90
Antennenimpedanz 87	EIRP 90	Gewinn in dB...................... 76
Antennentechnik 85	Elektrisches Feld 60	Gleichrichter..................... 106
APRS 145	Elektrolytkondensator 45	Grayline DX........................ 71
Arbeit, elektrische 29	Elektromagnetisches Feld ... 59	Großsignalfestigkeit 135
ATV 147	Elektronenröhre 113	Groundplane-Antenne 96
Aurora 73	Empfängertechnik 129	Halbleiter............................ 99
Bandbreite allg. 57	Empfindlichkeit 135	Halbwellendipol 87
Basiseinheiten 12	Energie 29	Hamnet 144
Baudrate 142	Erdungsleitung 167	Hellschreiben....................148
Berührschutz 165	ERP 91	HF-Leitungen 80
Biegemoment.................... 169	E-Schicht............................ 69	Hochpass 58
Bipolarer Transistor........... 109	Fading 68	Horizontaldiagramm............ 89
Blitzschutz 168	Faltdipol............................. 93	Impedanz der Antenne 87
Breitbandnetzfilter 160	Farbcode 34	Induktivität......................... 47
CB-Funk 7	Fax 147	Innenwiderstand 27
Cubical Quad 95	FD4.................................... 94	Integrierte Schaltung......... 112
Dämpfungsmaß 75	Fehlerstrom 166	Intermodulation 157
Delta Loop.......................... 93	Feldeffekt-Transistor 110	Ionosphäre 66
Demodulation SSB............ 121	FET 110	Kabel.................................. 80
Digipeater.........................143	FI-Schutzschalter 166	Kabeldämpfung 81, 236
Dipmeter 155	FM-Demodulation 125	Kapazität 42
Dipol 92	Formel umstellen 15	Kfz-Funk........................... 170
Doppelsuper..................... 133	Formelsammlung.............. 231	Koaxkabel 82
Drehkondensator 46	Fotodiode 103	Kollektorstrom 108
DSB 119	Fotoelement 103	Kompressor...................... 139
D-Schicht 68	Frequenz 21	Kondensator 41
Dummy Load 155	Frequenzmodulation.......... 123	Konverter 134

Stichwortverzeichnis

Kreuzyagi-Antenne 97
Kurzwellenausbreitung 66
Ladungsmenge 20
LED 104
Lehrplan 237
Leistung 28
Leitfähigkeit 31
Leuchtdiode 104
Magnetantenne 95
Magnetisches Feld 60
Mailbox 143
Mathematik 11
Messtechnik 149
Metalloxidwiderstand 33
Mischstufe 130
MKSA-System 11
Modulationsarten 117
Modulationsgrad 118
Morsetelegrafie 141
Multibanddipol 92
Multimeter 151
Nichtleiter 31
Normreihe 35
Notchfilter 137
NPN-Transistor 108
N-Stecker 84
Oberwellen 157
Offener Schwingkreis 61
Ohmsches Gesetz 24
Operationsverstärker 112
Optokoppler 105
Oszillator 128
Oszilloskop 152
Packet Radio 143
PACTOR 146
Paralleldrahtleitung 81
Parallelschaltung R 38
Parallelschwingkreis 56
Passband-Tuning 136
Pegel in dBm 79
PEP-Leistungsmessung 155
Periodendauer 22
Personenschutz 162
PMR-Funk 7
PN-Übergang 101
Polarisation 61

Produktdetektor 122
Prüfungsfragen 171
PSK31 145
PTT 139
Quad Loop 93
Raumwellen 67
Reduzierungsfaktor 163
Reflektor 94
Reihenschaltung C 43
Reihenschaltung R 36
Reihenschwingkreis 54
Resonanzfrequenz 53
Richtdiagramm 89
Ringmodulator 122
RIT 139
RTTY 142
Saugkreis 55
Schleifenantennen 93
Schutzisolierung 166
Schutzkleinspannung 165
Schwingkreis 52
Seefunkzeugnis 7
Sendearten 116, 164
Senderprinzip 115
Sendertechnik 126
Sicherheit 169
Sicherheitsabstand 162
Simplex 144
Skip 70
SMA-Stecker 84
SMD 35
Solarzelle 104
Sonnenflecken 67
Sonnenkollektor 104
Spannung 16
Spannungsteiler 37
Spiegelfrequenz 132
Spitzenwert 23
Sporadic-E 73
Sprechfunk 140
Spule 48
Squelch 136
SSB 120
S-Stufen 78
SSTV 147
Stecker 84

Stehende Wellen 80
Stehwellenmessgerät 154
Stehwellenverhältnis 83
Störbegrenzer 137
Störstellenleitfähigkeit 100
Störungen 156
Stromstärke 19
Stromverstärkung 108
SWR 83, 153
Symmetrierung 84
Tiefpass 58
TNC 143
Trägerunterdrückung 119
Transceiver 138
Transformator 51
Transistor 107
Transverter 129
Trap 92
Trennschärfe 135
Trimmer 32
Triode 113
Troposphäre 72
Überlagerungsempfänger .. 130
UKW-Yagi-Antenne 97
Ultrakurzwellen 72
USB 120
Verstärker 112
Vertikalantennen 96
VOX 139
VSWR 154
W3DZZ-Antenne 92
Wechselstrom 21
Wechselstromwiderstand 45, 50
Wellenausbreitung 66
Wellenausbreitung UKW 72
Wellenlänge 63
Wellenwiderstand 80
Widerstand 30
Windlast 169
Windom-Antenne 94
Yagi-Antenne 94
Z-Diode 103
Zehnerpotenzen 13
Zeppelinantenne 93
Zwischenfrequenz 130

Notizen

http://dj4uf.de Website des Autors mit Online-Lehrgang ....
http://amateurfunkpruefung.de Kostenloser Fernlehrgang ....
http://darc.de Deutscher Amateur Radio Club ....
http://emf3.bundesnetzagentur.de/afu.html Schutzabstände ....
http://de.wikipedia.org/wiki/Elektromagnetische_Verträglichkeit EMV ....
http://emf3.bundesnetzagentur.de/wattwächter.html EMV-Berechnungsprogramm ......
http://bundesnetzagentur.de/amateurfunk/ BNetzA Prüfungen, Fragenkataloge ......
http://vde.com/blitzschutzfunksysteme.de Blitzschutz ....
http://echolink.org Echolink ....
http://qrp-project.de Projekte aus dem Amateurfunk ....
http://qrz.com Info über Funkamateure und Online-Logbuch ....
http://aatis.org Die Website für Schüler und Lehrer ....
http://winlink.org E-Mail über Funk für Funkamateure (englisch) ....
http://amateurfunk-wiki.de Die Informationsquelle für Funkamateure ....
http://arrl.org/logbook-of-the-world Weltweites Online-Logbuch der ARRL ......
http://eqsl.cc Elektronische QSL (weltweit, kostenlos für Funkamateure) ......
http://darc.de/referate/hf/digimodes/psk31 Betriebsart PSK31 ....
http://darc.de/referate/hf/bandplaene Amateurfunk-Bandpläne ....

Anzeige

Amateurfunk-Lehrgang
Technik für das Amateurfunkzeugnis Klasse A
Eckart K. W. Moltrecht
7. überarbeitete Auflage
Umfang: 304 Seiten
ArtNr: 4110089
Preis: 39,90 €

Amateurfunk-Lehrgang
Betriebstechnik & Vorschriften
Eckart K. W. Moltrecht
5. überarbeitete Auflage
Umfang: 160 Seiten
ArtNr: 4110103
Preis: 34,90 €

Amateurfunk 2024
Software für den Funkamateur
Umfang: 60 Seiten
ArtNr: 3000110
Preis: 15,90 €

Chronik des Amateurfunks
Umfang: Ausgaben 1990-2023, Software 2021-2023
ArtNr: 6201299
Preis: 99,00 €

Chronik des Amateurfunks - Software
Umfang: Software 2000-2003 & 2005-2023
ArtNr: 6201307
Preis: 99,00 €

Jetzt bestellen!

 07221 - 5087-22
 07221 - 5087-33
✉ service@vth.de

 www.vth.de/shop
◯ vth_modellbauwelt
▶ VTH neue Medien GmbH

(f) VTH & FMT
(in) VTH Verlag